计算机前沿技术丛书

知识图谱
从理论到实践

孙洪淋　侯武　主编

滕霞　尹国东　张东升　副主编

清华大学出版社

北京

内 容 简 介

知识图谱是人工智能的重要部分，是增强机器智能的基础，其核心就是让计算机理解、表示和应用人类产生的知识。计算机对知识图谱的构建和表征能力，代表了人工智能的水平。本书从基础知识、理论和方法入手，逐步增加内容的深度和广度，帮助读者掌握知识图谱的概念、术语和任务，从理论、算法和应用的角度理解知识图谱的最新研究内容。

本书可作为高等院校计算机科学、人工智能、智能科学与技术等专业的教材，也适合对知识图谱感兴趣的初学者及相关领域的研究人员参考。

图书在版编目（CIP）数据

知识图谱：从理论到实践 / 孙洪淋，侯武主编. -- 北京：清华大学出版社，2025. 6.
（计算机前沿技术丛书）. -- ISBN 978-7-302-69181-5

Ⅰ. G302

中国国家版本馆 CIP 数据核字第 202536FC64 号

策划编辑：刘　星
责任编辑：李　晔
封面设计：傅瑞学
责任校对：郝美丽
责任印制：杨　艳

出版发行：清华大学出版社
　　　　网　　　址：https://www.tup.com.cn，https://www.wqxuetang.com
　　　　地　　　址：北京清华大学学研大厦 A 座　　　邮　　编：100084
　　　　社　总　机：010-83470000　　　　　　　　　邮　　购：010-62786544
　　　　投稿与读者服务：010-62776969，c-service@tup.tsinghua.edu.cn
　　　　质量反馈：010-62772015，zhiliang@tup.tsinghua.edu.cn
　　　　课件下载：https://www.tup.com.cn，010-83470236
印　装　者：三河市人民印务有限公司
经　　　销：全国新华书店
开　　　本：185mm×260mm　　　印　　张：17　　　字　　数：417 千字
版　　　次：2025 年 8 月第 1 版　　　　　　　　印　　次：2025 年 8 月第 1 次印刷
印　　　数：1～1500
定　　　价：59.00 元

产品编号：094921-01

陈　佳	桂林理工大学
何首武	桂林理工大学
李　莹	桂林理工大学
李晓英	桂林理工大学
韩振华	新疆师范大学
裴志松	长春工业大学
李　熹	广西民族大学
石　云	六盘水师范学院
王顺晔	廊坊师范学院
苏布达	呼和浩特民族学院
李　娟	呼和浩特民族学院
包乌格德勒	呼和浩特民族学院
陈逸怀	温州城市大学
李　敏	荆楚理工学院
徐　刚	云南工商学院
熊蜀峰	河南农业大学
孟宪伟	辽宁科技学院
董永胜	集宁师范学院
刘　洋	牡丹江大学
任世杰	聊城大学
李立军	聊城大学
杨　静	辽宁何氏医学院
周　帅	北京博海迪信息科技股份有限公司

前言
PREFACE

在人工智能技术迅猛发展的今天,以大模型为代表的新技术不断涌现,其核心仍聚焦于知识的整合与传递。知识图谱作为一种将知识结构化、可视化的工具,已成为人工智能研究和应用的关键环节。它不仅能为机器提供更加丰富的知识背景,提高理解和推理能力,还能在各种复杂任务中展现出其独特的优势。

知识图谱有着非常广泛的应用,涵盖了搜索引擎、智能问答、推荐系统、医疗诊断等多个领域。通过知识图谱,我们可以将分散的、异构的信息进行关联和整合,构建出一个更为全面和准确的知识网络。这不仅提升了数据的利用效率,也为实现更高层次的智能应用提供了基础。

本书旨在较为全面、系统地介绍知识图谱的基础理论、构建方法及其在各个领域的实际应用。通过本书的介绍,希望读者能够:

(1)了解知识图谱的概念——深入了解知识图谱的基本概念、组成要素及其在人工智能中的重要性;

(2)熟悉知识图谱的构建技术——从数据采集、清洗,到知识抽取和融合,全面掌握构建高质量知识图谱的流程和技术;

(3)探索知识图谱的实际应用——了解知识图谱在不同领域中的具体应用案例,掌握如何将知识图谱技术应用于实际问题中;

(4)跟踪前沿研究动态——了解知识图谱在深度学习、自然语言处理等领域的最新研究进展,展望未来的发展趋势。

本书面向希望深入了解和应用知识图谱的高校学生、数据工程师、人工智能研究者以及相关领域的专业人士。学习本书不仅能让读者掌握知识图谱的理论知识和实践技能,还能培养解决实际问题的能力,激发创新思维。

本书力求内容的系统性和实用性,通过丰富的实例和实践环节,帮助读者更好地理解和应用知识图谱技术。希望本书能够成为大家学习和研究知识图谱的一本有价值的参考书,并期待各位读者在使用过程中提出宝贵的意见和建议。

配套资源

- 教学课件、应用案例、课后作业、习题答案等资源:到清华大学出版社官方网站本书页面下载,或者扫描封底的"书圈"二维码在公众号下载。
- 微课视频(367 分钟,15 集):扫描书中相应章节中的二维码在线学习。

  注:请先扫描封底刮刮卡中的文泉云盘防盗码进行绑定后再获取配套资源。

　　本书由孙洪淋、侯武、滕霞、尹国东、张东升编写,同时,冯容、皮旭东、彭靓婵、陈靖英、刘珍也参与了本书部分章节的编写工作。

　　由于作者水平有限,书中难免存在不足之处。此外,由于知识图谱内容涉及面广,且相关技术发展迅速,本书内容难以全面覆盖,敬请各位专家学者和读者给予批评指正。

作　者

2025 年 5 月

目 录

CONTENTS

第1章

知识图谱

★本章导读★

  本章主要介绍知识图谱的基本概念、研究意义、应用价值以及分类。知识图谱是一种以图为基础的知识表达方式,将实体、属性和关系以节点、边和属性的形式表示,可以帮助人们更好地理解和应用知识。

  1.1节介绍知识图谱的基本概念,分为狭义概念、广义概念和历史沿革。狭义概念是指仅涵盖实体和关系的知识图谱,而广义概念则包括了属性、事件等更多的知识元素。1.2节探讨知识图谱的研究意义,指出知识图谱可以帮助人们更好地理解和应用知识,同时也能够促进信息技术的进步和创新。1.3节介绍知识图谱的应用价值,从多个方面探讨知识图谱的实际应用,包括数据分析、智慧搜索、智能问答等。1.4节介绍知识图谱的分类,根据所包含的不同知识对知识图谱进行分类,这里将其分为事实知识、概念知识、词汇知识和常识知识。

  本章最后给出了知识图谱的美团应用案例,通过构建知识图谱,美团可以更好地提供餐饮、旅游等服务,实现对用户的个性化推荐。此外,本章还提供了一个知识图谱实验,帮助读者更好地理解知识图谱的应用。

  本章对知识图谱进行了全面的介绍和分析,既有理论探讨,也有实践案例,对于理解和应用知识图谱具有重要意义。

★知识要点★

  (1) 了解知识图谱的基本概念,包括广义概念和狭义概念。

  (2) 了解和认识知识图谱的历史发展沿革。

  (3) 了解知识图谱的应用场景和研究价值。

  (4) 熟悉知识图谱的分类。

1.1 知识图谱的基本概念

1.1.1 知识图谱的狭义概念

1. 知识图谱概念的提出

2012年,Google公司提出"知识图谱"(knowledge graph),最初特指Google公司为了

支撑其语义搜索而建立的知识库。随着知识图谱技术应用的深化,知识图谱已经成为大数据时代最重要的知识表示形式。

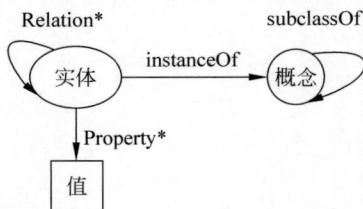

图1-1 语义网络结构实例

作为一种知识表示形式,知识图谱是一种大规模语义网络,包含实体(entity)、概念(concept)及其之间的各种语义关系。语义网络是一种以图形化的形式通过点和边表达知识的方式,其基本组成元素是点和边。语义网络中的点可以是实体、概念和值(value),如图1-1所示。

图1-2给出了一个典型的语义网络,其中柏拉图是一个实体,他是一个哲学家(概念),他的导师是苏格拉底。

(1)实体有时也会被称作对象(object)或实例(instance)。黑格尔在《小逻辑》一书里曾经给实体下过一个定义:"能够独立存在的,作为一切属性的基础和万物本源的东西。"也就是说,实体是属性赖以存在的基础,并且必须是自在的,即独立的、不依附于其他东西而存在的。

(2)概念又称为类别(type)或类(category或class)等。概念所对应的动词是"概念化"(conceptualize)或者"范畴化"(categorize)。概念化一般指识别文本中的相关概念的过程。范畴化在一些场景下指实体形成类别的过程,范畴化有时也指将特定实体归到相应类别的过程。

(3)每个实体都有一定的属性值。属性值可以是常见的数值类型、日期类型或者文本类型。

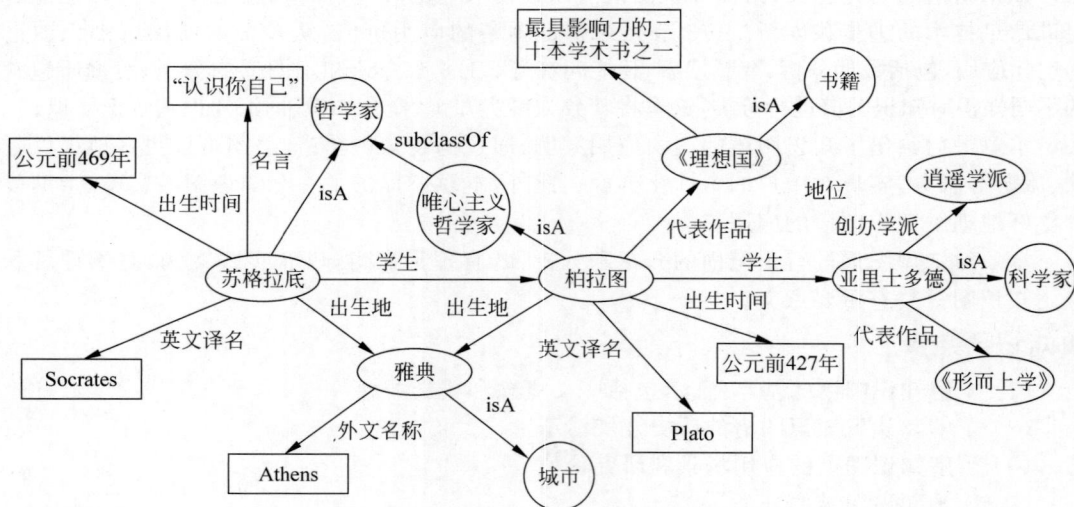

图1-2 语义网络实例

知识图谱中的边可以分为属性(property)与关系(relation)两类。属性描述实体某方面的特性。属性是人们认识世界、描述世界的基础。关系则可以认为是一类特殊的属性,当实体的某个属性值也是一个实体时,这个属性实质上就是关系。

语义网络中的边按照其两端节点的类型可以分为概念之间的子类(subclassOf)关系、实体与概念之间的实例(instanceOf)关系,以及实体之间的各种属性与关系。语义网络中的关联都是语义关联,这些语义关联发生在实体之间、概念之间或者实体与概念之间。实体与概念之间是实例关系。概念之间是子类关系。实体与实体之间的关系则十分多样。

2. 知识图谱与传统语义网络的区别

(1) 规模巨大。知识图谱具有巨大的规模,也就是说,知识图谱中的点、边的数量巨大。知识图谱的规模之所以如此巨大,是因为它强调对于实体的覆盖。知识图谱因为其规模巨大而被认为是大知识(big knowledge)的典型代表。

(2) 语义丰富。语义丰富体现在两方面。首先,知识图谱富含各类语义关系。关注不同语义关系的知识图谱互联到一起,基本能够涵盖现实世界中常见的语义关系。其次,语义关系的建模形式多样。一个语义关系可以被赋予权重或者概率,从而可以更精准地表达语义。

(3) 质量精良。知识图谱是典型的大数据时代的产物。大数据的多源特性使得我们可以通过多个来源验证简单事实。如果大部分来源支持某一事实,那么基本可以推断这一事实为真。此外,各类众包平台的出现也有助于实现大规模知识验证。

(4) 结构友好。知识图谱通常可以表示为三元组,这是典型的图结构。三元组也可以借助资源描述框架(Resource Description Framework,RDF)进行表示。无论是图数据还是RDF数据,均是数据库领域的重要研究对象,数据库领域已经针对这些数据类型发展出了大量有效的管理方法。这使得知识图谱相对于纯文本形式的知识而言,对机器更友好。因此,知识图谱可以作为机器认识世界所需要的背景知识来使用。

3. 知识图谱与本体的区别

本体源于哲学中的本体论,侧重于对存在进行规定和刻画。人工智能领域提出本体的一个重要动机是,知识的共享与复用,以及数据的互联与互通。不同的自治系统只有遵循相同的"世界观",才有可能形成类似的"理解"。

语义网(semantic Web)领域发展出了很多本体定义语言与资源交换标准。因此,计算机领域的本体侧重于表达认知的概念框架和概念之间的语义关系,其中伴随着刻画概念的公理系统。

本体刻画了人们认识一个领域的基本框架。框架与实例之间的关系好比人的骨骼与血肉。没有框架,无法支撑机器对于世界或者某个特定领域的理解,框架是认知的核心与灵魂。但是只有框架没有实例,就好比精神很好但四肢无力,也无法实现机器智能。

为机器定义本体,就好比将我们的世界观传递给机器。显然,这一工作需要人类专家完成,这也是人类不可推卸也愿意承担的责任,因为我们不希望机器违背人类的认知框架。相比较而言,知识图谱富含的是实体以及关系实例。在建设知识图谱的初期,模式(schema)定义实质上是在完成本体定义的任务。"哲学家"知识图谱对应的本体如图 1-3 所示。

1.1.2 知识图谱的广义概念

知识图谱技术发展到今天,其内涵已经远远超出了语义网络的范围,在实际应用中它被赋予了越来越丰富的内涵。如今,在更多实际场景下,知识图谱作为一种技术体系,指代大数据时代知识工程的一系列代表性技术的总和。

"知识工程"是指以开发专家系统(expert system,又称为 knowledge-based system)为主要内容,以让机器使用专家知识以及推理能力解决实际问题为主要目标的人工智能子领

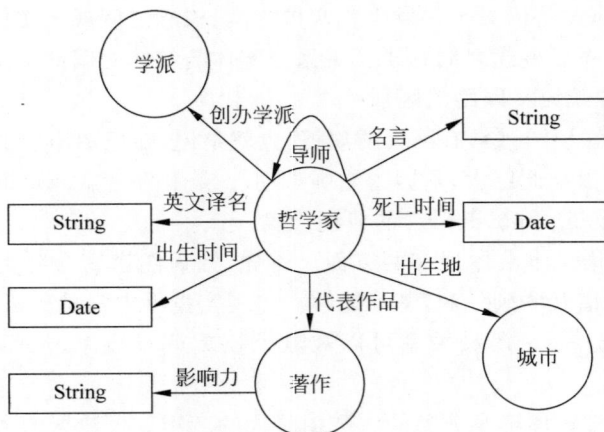

图 1-3　"哲学家"知识图谱对应的本体

域。知识图谱的诞生宣告了知识工程进入大数据时代。2017 年,我国的学科目录做了调整,首次出现了知识图谱学科方向,教育部对于知识图谱这一学科的定位是"大规模知识工程"。需要指出的是,知识图谱技术的发展是一个循序渐进的过程,其学科内涵也在不断发生变化。知识图谱的学科地位如图 1-4 所示。

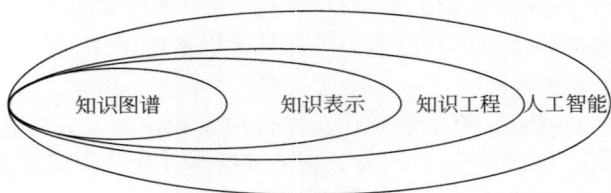

图 1-4　知识图谱的学科地位

作为一门学科,知识图谱属于人工智能范畴。在人工智能这个庞大的学科体系中,知识图谱有着非常清晰的学科定位。人工智能的基本目标是让机器具备像人一样理性地思考或者行事的能力。实现人工智能的思路众多,符号主义是主流思路之一。在符号主义思潮的引领下,在 Feigenbaum 等的推动下,知识工程在 20 世纪 70—80 年代进入快速发展时期。知识工程在很多领域,尤其是医疗诊断领域,取得了突破性的进展。

在整个知识工程分支下,知识表示是一个非常重要的任务。为了有效应用知识,首先要在计算机系统中合理地表示知识,所以知识表示是发展知识工程最关键的问题之一。而知识表示的一个重要方式就是知识图谱。知识图谱侧重于用关联方式表达实体与概念之间的语义关系。需要强调的是,知识图谱只是知识表示的一种。除了语义网络外,谓词逻辑、产生式规则、本体、框架、决策树、贝叶斯网络、马尔可夫逻辑网等都可以被认为是知识表示的形式。这些知识表示表达了现实世界中各种复杂的语义与逻辑。

1.1.3　知识图谱的历史沿革

1. 知识图谱溯源

知识工程源于符号主义。早期的人工智能专家认为,不管是机器智能还是人的智能,本质都是符号的操作和运算。符号主义认为知识是智能的基础。符号主义的思潮推动了知识工程的发展。传统知识工程曾经解决了一系列实际问题,比如计算机系统的自动配置、蛋白质结构的发现、机器数学定理的证明等。但是总体而言,传统知识工程解决的仍然是简单问题。

传统知识工程成功解决的问题普遍具有规则明确、应用封闭的特点,在整个推理过程中,规则是明确的,应用是封闭的。传统知识工程的上述局限性,归根结底是由于其严重依赖人的干预。

以人为基础的知识表达、获取与应用方式极大地限制了知识库的规模与质量,造成了知识表示与获取方面的诸多困难,主要体现在如下方面。

(1)隐性知识与过程知识等难以表达。隐性知识与过程知识难以外显与表达的一个重要原因在于,很多知识从根本上讲是很难表征的。

(2)知识表达的主观性与不一致性。每个人认识世界的角度不同,从个人视角所表达的知识存在主观性与不一致性。

(3)知识难以完备。很多开放性应用所需要的知识几乎是无穷无尽的。大部分知识表示系统需要十分复杂的理论证明过程才能证明其完备性。

(4)知识更新困难。知识是有时效性的,基于人工的知识获取很难做到实时更新,因为无论是知识工程师、领域专家,还是用户,都无法做到全天候在线。

2. 大数据知识工程

随着互联网的兴起,大数据时代到来,互联网和大数据催生了新时期的知识工程。传统知识工程难以适应互联网时代的大规模开放性应用的需求。互联网应用具有如下特点。

(1)规模巨大。互联网用户在不断地创新搜索需求,创造新的搜索关键词,搜索引擎是典型的大规模开放性应用。

(2)精度要求相对不高。搜索引擎从来不需要保证对每个搜索词的理解和检索都是正确的,虽然"搜索直达"一直是搜索引擎追求的目标,但是当前的搜索引擎结果仍然差强人意。

(3)知识推理简单。对于大部分搜索的理解与回答,只需要简单的推理,复杂推理在开放性应用中所占比例并不高。

大数据时代催生了知识图谱,也给知识图谱技术的发展奠定了必要的基础,主要体现在以下几方面。

(1)数据、算力和模型的飞速发展使得大规模自动化知识获取成为可能。

(2)众包技术使得知识的规模化验证成为可能。

(3)高质量的用户生成内容提供了高质量知识库来源。

1.2　知识图谱的研究意义

1.2.1　知识图谱是认知智能的基石

近年来,知识图谱的研究受到越来越多的关注。知识图谱的研究价值集中地体现在它是实现认知智能的基础。

所谓认知智能，是指让机器具备人类认知世界的能力。机器认知智能的两个核心能力是"理解"和"解释"，二者均与知识图谱有着密切关系。首先，需要给机器的"理解"和"解释"给出一个定义。机器理解数据的本质是从数据到知识图谱中的知识要素（包括实体、概念和关系）的映射。通过反思人类理解文本的过程，不难发现，"理解"可以视作建立从数据（包括文本、图片、语音、视频等数据）到知识图谱中的实体、概念、关系之间映射的过程。"解释"这一过程的本质就是将知识图谱中的知识与问题或者数据相关联。有了知识图谱，机器完全可以重现人类的这种理解与解释的过程。

知识图谱对于机器认知智能的重要性，还体现在以下几个具体方面。

1. 知识图谱使机器语言具有认知能力

认知智能的核心能力之一是自然语言理解。机器理解自然语言需要有与知识图谱类似的背景知识。人类的认知体验所形成的背景知识支撑了人类对语言的理解。我们之所以能够很自然地理解彼此的语言，是因为彼此共享类似的生活体验、类似的教育背景，因此有着类似的背景知识。所以，语言理解需要背景知识，机器理解自然语言也需要背景知识。

实现机器对自然语言的理解所需要的背景知识是有苛刻的条件的。

（1）规模必须足够巨大，才能理解不同的实体与概念。

（2）语义关系必须足够丰富，才能理解不同的关系。

（3）结构必须足够友好，才能为机器所处理。

（4）质量必须足够精良，才能让机器对现实世界产生正确的理解。

2. 知识图谱赋能可解释人工智能

近年来，在通用搜索引擎平台上，"how"和"why"之类的搜索日益增多，这说明人们希望搜索引擎平台能做"解释"。可解释性将是智能系统一个非常重要的体现，也是人们对智能系统的普遍期望。

知识图谱让可解释人工智能成为可能。"解释"与符号化知识图谱密切相关。因为解释的对象是人，人只能理解符号而无法理解数值，所以需要利用符号知识开展可解释人工智能的研究。人类倾向于利用概念、属性、关系等认知的基本元素去解释现象和事实。而对于机器而言，概念、属性和关系都在知识图谱中表达，因此，"解释"离不开知识图谱。

3. 知识有助于增强机器学习的能力

知识（这里特指符号知识）对于增强机器学习的能力有着积极意义。机器学习与人类的学习相比，在水平上仍然有着差距。机器学习样本需求量大，一些模型可解释性差、难以应对开放性挑战，模型不健壮易受到恶意样本攻击。相比较而言，人类的学习高效、健壮，能够适应开放性环境。其中的根本原因在于，人类的学习很少是从零开始的学习，人类擅长结合丰富的先验知识开展学习。

让机器学习模型有效利用已经大量累积的符号知识是突破机器学习瓶颈的重要思路之一。符号知识增强下的机器学习思路日渐清晰，无论是专家知识还是通过学习模型习得的统计规律经符号化表达而获得的知识，都显式地表达并且沉淀到知识库中，再利用知识增强的机器学习模型解决实际问题。这种知识增强下的学习模型，可以显著降低机器学习模型对于大样本的依赖，提高学习的经济性，提高模型对先验知识的利用率。

使用知识增强的机器学习的基本思路，如图 1-5 所示。

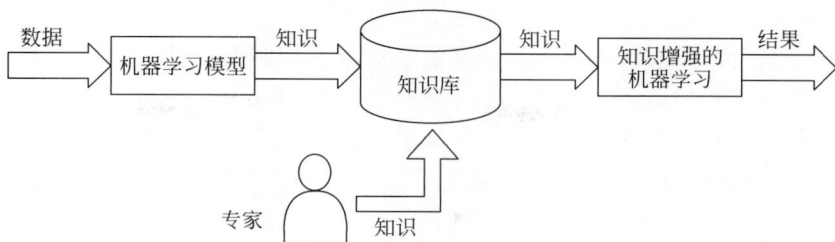

图 1-5 使用知识增强的机器学习的基本思路

1.2.2 知识引导成为解决问题的重要方式

知识图谱对于实现机器认知智能的重要作用,决定了知识引导将成为解决问题的主要方式之一。目前,计算机解决问题主要采取数据驱动的方法,为了提升效果,数据驱动的方法通常需要较多的样本数据。但是,即便样本数据量再大,单纯的数据驱动方法仍然面临效果的"天花板",如图 1-6 所示。

要突破这个"天花板",需要知识引导。很多知识密集型的应用对于知识引导提出了强烈诉求。数据驱动的方法单纯利用词频等文本统计特征,很难有效解决知识密集型的实际任务。实际应用越来越要求将数据驱动和知识引导相结合,以突破基于统计学习的纯数据驱动方法的效果瓶颈。

因此,知识将成为比数据更重要的资产。如果说数据是石油,那么知识就好比石油的萃取物。

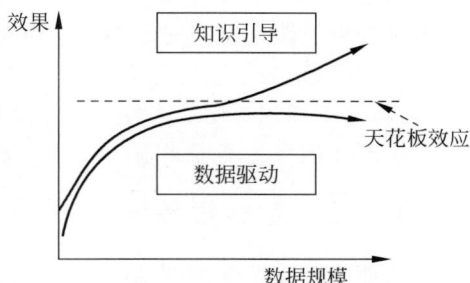

图 1-6 数据驱动方法带来的效果分析

如果我们只满足于直接从数据中获取价值,就好比通过直接输出石油来赢利。但是,石油更巨大的价值蕴含于其深加工的萃取物中。石油萃取的过程与知识加工的过程极为相似,都有着复杂的流程,都是大规模系统工程。

1.3 知识图谱的应用价值

1.3.1 数据分析

机器认知智能的发展过程本质上是人类脑力不断解放的过程。越来越多的知识工作将逐步被机器所代替,伴随而来的是机器生产力的进一步提升。基于知识图谱的认知智能的应用广泛而多样,各类应用都对知识图谱提出了需求。

大数据的精准与精细分析需要知识图谱。如今,越来越多的行业或者企业积累了规模可观的大数据,但是当前的机器缺乏诸如知识图谱这样的背景知识,无法准确理解数据,限制了大数据的精准与精细分析,制约了大数据的价值变现。事实上,舆情分析、互联网的商业洞察,还有军事情报分析和商业情报分析,都需要对大数据做精准分析,而这种精准分析必须以强大的背景知识作为支撑。

除了大数据的精准分析,数据分析领域另一个重要趋势——精细分析,也对知识图谱和认知智能提出了诉求。例如,很多汽车制造商希望实现个性化制造,即希望从互联网上搜集用户对汽车的评价与反馈,并以此为依据实现汽车的按需与个性化定制。为了实现个性化定制,厂商不仅需要知道消费者对汽车的褒贬态度,还需要进一步了解消费者对汽车产品不满意的细节以及希望如何改进,甚至需要知道消费者提及了哪些竞争品牌。显然,面向互联网数据的精细化数据分析要求机器具备关于汽车评价的背景知识(如汽车的车型、车饰、动力、能耗等)。

1.3.2　智慧搜索

智慧搜索需要知识图谱。智慧搜索体现在很多方面,分别有以下几方面。
(1)精准的搜索意图理解。
(2)搜索对象复杂化、多元化。
(3)搜索粒度多元化。
(4)跨媒体协同搜索。

为了实现一切皆可搜索,并且搜索必达,需要建立知识图谱之类的各类知识库,从而准确识别搜索意图。复杂对象的搜索需要建立标签图谱(由标签以及标签之间的关联关系构成的知识图谱)来增强对象的表示。多粒度搜索需要将文档内的知识进行碎片化,建立多层次、多粒度的知识表示。多模态搜索需要建立不同模态数据之间的语义关联,建立多模态知识图谱对于满足这类需求显得日益重要。

1.3.3　智能推荐

智能推荐需要知识图谱。各类智能推荐任务均对知识图谱提出了需求。

(1)场景化推荐。例如,用户在淘宝上搜"沙滩裤""沙滩鞋",可以推测出这个用户很可能要去海边度假。那么,平台就可以推荐"泳衣""防晒霜"等海边度假常用物品。事实上,任何搜索关键词、购物车里的任何一件商品背后,都体现着特定的消费意图,很有可能对应到特定的消费场景。建立场景图谱,实现基于场景图谱的精准推荐,对于电商推荐而言至关重要。

(2)冷启动阶段的推荐。冷启动阶段的推荐一直是传统的基于统计行为的推荐方法难以有效解决的问题。利用来自知识图谱的外部知识,特别是关于用户与物品的知识,增强用户与物品的描述,提升匹配精度,是让系统尽快度过冷启动阶段的重要思路。

(3)跨领域推荐。互联网上存在大量的异质平台,实现平台之间的跨领域推荐有着越来越多的应用需求。例如,如果一个微博用户经常晒九寨沟、黄山、泰山的照片,那么为这位用户推荐一些登山装备就十分合适。这是典型的跨领域推荐,其中微博是一个媒体平台,淘宝是一个电商平台。它们的语言体系、用户行为完全不同,实现这种跨领域推荐有着巨大的商业价值,但是需要跨越巨大的表达鸿沟。

(4)知识型的内容推荐。如果用户在电商平台上搜索"三段奶粉",那么我们应该能为用户推荐一些喝三段奶粉的婴儿每天的需水量、常见疾病的预防等育儿知识。对这些知识的推荐将显著增强用户对于所推荐内容的信任与接受程度。消费行为背后的内容与知识需求将成为推荐的重要考虑因素。显然,将各类知识片段与商品对象建立关联,是实现这类知识型内容推荐的关键。

1.3.4　自然人机交互

智能系统另一个非常重要的表现形式是自然人机交互。人机交互如今变得越来越自然、越来越简单。越是自然、简单的交互方式越要求机器具备强大的智能。自然人机交互包括自然语言问答、对话、体感交互、表情交互等。

自然语言交互的实现要求机器能够理解人类的自然语言。对话式（conversational）UI交互、问答式（Question Answer，QA）交互正逐步代替传统的关键词搜索式交互。另一个非常重要的现象是一切皆可问答。对话机器人可代替我们阅读文章、新闻，浏览图片、视频，甚至代替我们看电影、电视剧，然后回答我们所关心的问题。自然人机交互的实现需要机器具有较高的认知智能水平，并具备广泛的背景知识。无论是人机交互过程中的语言理解，还是对于各种类型的媒体内容的理解，都要求机器必须具备强大的背景知识，而知识图谱就是这类背景知识中的重要形式之一。

1.3.5　决策支持

知识图谱为决策支持提供深层关系发现与推理能力。人们越来越不满足于简单关联的发现，而是希望发现和挖掘一些深层、潜藏的关系。例如，在金融领域，我们可能十分关注投资关系。例如，为何某个投资人投资某家公司；我们十分关注金融安全，例如，信贷风险评估需要分析一个贷款人的关联人物和关联公司的信用评级。因此，建立包含各种语义关联的知识图谱，挖掘实体之间的深层关系，已经成为决策分析的重要辅助手段。

1.4　知识图谱的分类

1.4.1　知识图谱的知识分类

知识图谱类别众多。在为各种知识图谱分类之前，有必要先对"知识"这一概念加以澄清。关于知识的定义多种多样，知识的定义最早可以追溯到柏拉图时代，柏拉图认为知识是justified true belief，也就是经过证实为真的信念。这是从人类认识世界的角度做出的定义。这个定义明确了知识是人类认识世界的结果，因此知识与认知是密不可分的，知识必须是经过验证的，这意味着只有人类才需要为知识的对错负责，同时也意味着知识的对错往往是相对的，是随着时间、环境的变化而动态变化的。

考查知识内涵的另一个角度是数据、信息与知识之间的联系与区别。数据是对客观世界的符号化记录。信息是被赋予意义的数据。知识是人类对信息提炼与总结的结果，是人类认识世界的结果。知识通常体现为信息之间有意义的关联。这种信息之间的关联是人类通过长期的生活实践总结而获得的，或者是经由后天学习所获得的。

首先，可以根据所包含的不同知识对知识图谱进行分类。这里将其分为事实知识、概念知识、词汇知识和常识知识等。

（1）事实知识（factual knowledge）是关于某个特定实体的基本事实（如柏拉图、出生地、雅典）。事实知识是知识图谱中最常见的知识类型。大部分事实都是在描述实体的特定属性或者关系。需要说明的是，有些实体的相关事实未必存在典型的属性或者关系与之对应，只能通过复杂的文本来描述。很多以实体为中心组织的知识图谱均富含事实知识,例如DBpedia、Freebase 以及 CN-DBpedia 等。

(2) 概念知识(taxonomy knowledge)分为两类:一类是实体与概念之间的类属关系(isA 关系);另一类是子概念与父概念之间的子类关系(subclassOf)。一个概念可能有子概念也可能有父概念,这使得全体概念构成层级体系。概念之间的层级关系是本体定义中最重要的部分,是模式设计的重要内容。特定领域的概念知识是机器认知领域的基本框架。

(3) 词汇知识(lexical knowledge)主要包括实体与词汇之间的关系以及词汇之间的关系。词汇知识是知识图谱目前在实际应用中已经取得较好效果的一类知识。因为领域语料往往是丰富的,所以从这些语料中自动挖掘领域词汇,建立词汇之间的语义关联以及词汇与实体之间的关联,已经成为构建知识图谱最重要的一步。领域词汇知识也是相对简单的知识,人类对某个领域的了解往往是从学习该领域的词汇开始的。因此,让机器认知领域词汇是实现机器认知整个领域知识的第一步。

(4) 常识知识(commonsense knowledge)是人类与世界交互而积累的经验与知识,是人们在交流时无须言明就能理解的知识。常识知识的获取是构建知识图谱时的一大难点。常识的表征与定义、常识的获取与理解等问题一直都是人工智能发展的瓶颈问题。常识知识的基本特点是,每个人都知道,所以很少出现在文本里。面向文本的信息抽取方法对于常识获取显得无能为力。

除了上述分类,还有一些知识图谱侧重知识表示的不同维度。首先,很多事实的成立是有时空条件的。有些知识的存在是有时间限制的,必须为这些知识加上时间维度。其次,一些知识含有主观性因素。另外,有些知识关注实体的多模态表示。

1.4.2 知识图谱的领域特性

随着近几年知识图谱技术的进步,其研究与落地日益从通用领域转向特定领域和特定行业,于是就有了领域或行业知识图谱(Domain-specific Knowledge Graph,DKG)和通用知识图谱(General-purpose Knowledge Graph,GKG),二者之间既有显著区别也有十分密切的联系。DKG 与 GKG 之间的区别是明显的,体现在知识表示、知识获取和知识应用 3 个层面,如表 1-1 所示。

表 1-1　DKG 与 GKG 之间的区别

比 较 项 目		DKG	GKG
知识表示	广度	窄	宽
	深度	深	浅
	粒度	细	粗
知识获取	质量要求	苛刻	高
	专家参与	重度	轻度
	自动化程度	低	高
知识应用	推理链条	长	短
	应用复杂性	复杂	简单

1．知识表示层面

在知识表示层面的区别可以从广度、深度和粒度 3 个维度考查。

（1）从广度来看，GKG 涵盖的范围明显大于 DKG。

（2）从深度来看，DKG 通常更深，尤其体现在概念的层级体系上。如何表达与处理较深层次的概念，对于很多 DKG 应用而言是一个巨大的挑战。层次较深的细粒度概念往往不是基本概念（basic concept），这意味着不同人对这些深层次概念有着不同的认知体验，因而会有较大的主观分歧。

（3）第三个维度是知识表示的粒度，DKG 通常涵盖细粒度的知识。知识表示是有粒度的，传统的知识管理往往以文档为单位组织企业知识资源。知识表示的粒度也可以细化到知识图谱中的实体与属性级别，或者是逻辑规则中的条件与结果。

2．知识获取层面

在知识获取层面，DKG 对质量往往有着极为苛刻的要求。对质量的严苛要求自然意味着在构建 DKG 的过程中专家参与的程度相对较高。一般而言，我们期望构建过程尽可能自动化，但是由于对目标图谱有着严苛的质量要求，所以最终的知识验证过程还是需要诉诸人力。较多的人工干预决定了 DKG 自动化构建程度相对较低。而构建 GKG 一定要高度自动化，因为 GKG 规模巨大。

3．知识应用层面

在知识应用层面，DKG 的推理链条相对较长，应用相对复杂，主要体现在两方面。第一，DKG 相对密集。DKG 相对于 GKG 在单个实体的相关知识覆盖面上有明显优势。因此，DKG 上的推理链条可以较长。但是在 GKG 上，由于其相对稀疏，多步推理之后语义漂移（semantic drift）严重，其推理结果很容易"面目全非"，令人难以理解。所以，GKG 上的推理都是基于上下文的一到两步的推理。第二，DKG 上的计算操作也相对复杂。除了深度推理外，领域应用往往会涉及复杂查询。复杂计算和操作，在 DKG 中并不罕见。相反，GKG 的查询多为一到两步的邻居查询，相对简单。

1.4.3 典型知识图谱

近年来，随着互联网应用需求日益增加，越来越多的知识图谱应运而生。这些常见知识图谱可以从 4 个维度进行分类，如图 1-7 所示。

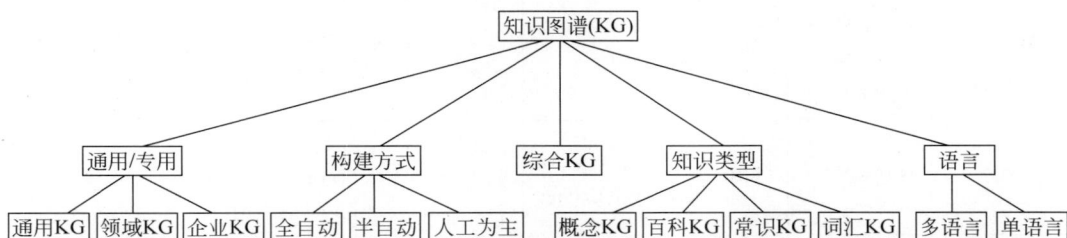

图 1-7 知识图谱分类

此外，OpenIE（开放域信息抽取工具）的主要目标是抽取基于文本表示的三元组，三元组的成分通常是一个短语，因而可以视作词汇图谱在文本上的拓展，我们将其归为文本图谱。

　　下面将按照时间顺序介绍一些具有代表性的知识图谱。这些常见知识图谱的总结,如表 1-2 所示。

表 1-2　常见知识图谱总结

知识图谱	构建团队	领域	特点	规模	构建方式	语言	类型
Cyc	Cycorp 公司	通用	通过人工方法将上百万条人类常识编码成机器可用的形式,用于进行智能推断	700 万条断言,63 万个概念,3.8 万条关系	人工	英语	常识图谱
WordNet	普林斯顿大学	通用	以同义词集合(Synset)作为一个基本单元	15 万个词,11 万组同义词集合,以及 20 万条关系	人工	英语	词汇图谱
ConceptNet	麻省理工学院	通用	多语言常识知识库	800 万个实体,2100 万条关系	自动	多语言	常识图谱
Freebase	MetaWeb 公司	通用	众包编辑	4400 万个概念,24 亿个事实	半自动	英语	百科图谱
GeoNames	Geonames.oig	领域	多语言地理位置信息	2500 万个实体	半自动	多语言	地理图谱
DBpedia	柏林自由大学、莱比锡大学、OpenLink	通用	多语言自动构建	2800 万个实体	半自动	多语言	百科图谱
YAGO	马克斯·普朗克计算机科学研究所	通用	人工校验,时空维度,多语言	1000 万个实体,1.2 亿条关系	自动	多语言	百科图谱
OpenIE	华盛顿大学	通用	开放性关系抽取,Never-Ending	50 亿条关系	自动	英语	文本图谱
BabelNet	罗马萨皮恩扎大学	通用	271 种语言,自动融合	1400 万个实体	自动	多语言	词汇图谱

续表

知识图谱	构建团队	领域	特点	规模	构建方式	语言	类型
Wikidata	维基媒体基金会	通用	众包编辑	540 万个实体	半自动	多语言	百科图谱
Google 知识图谱	Google	通用	规模最大	未知	自动	多语言	综合知识图谱
Probase	微软亚洲研究院	通用	概念规模最大	270 万个概念	自动	英语	概念图谱
搜狗知立方	搜狗公司	通用	侧重于娱乐领域	未知	自动	汉语	百科图谱
百度知心	百度公司	通用	支持百度搜索	未知	自动	汉语	百科图谱
CN-DBpedia	复旦大学	通用	实时更新,完整的数据/服务接口	1600 万个实体以及 2.2 亿条关系	自动	汉语	百科图谱

1.5　案例：知识图谱在美团中的应用

1.5.1　问题描述

海量数据和大规模分布式计算催生了以深度学习为代表的第三次人工智能发展的高潮。Web 2.0 产生的海量数据给机器学习和深度学习技术提供了大量标注数据,而 GPU 和云计算的发展为深度学习的复杂数值计算提供了必要的算力条件。深度学习技术在语音、图像领域均取得了突破性的进展,这表明学习技术使机器首次在感知能力上达到甚至超越了人类的水平,人工智能已经进入感知智能阶段。然而,随着深度学习被广泛应用,其局限性也愈发明显。

(1) 缺乏可解释性。神经网络端到端学习的“黑箱”特性使得很多模型不具有可解释性,导致很多时候需要人去参与决策,在这些应用场景中机器结果无法完全置信而需要谨慎使用,比如医学的疾病诊断、金融的智能投顾服务等。这些场景属于低容错、高风险场景,必须有显式的证据去支持模型结果,从而辅助人去做决策。

(2) 常识(common sense)缺失。人的日常活动需要大量的常识背景知识支持,数据驱动的机器学习和深度学习学习到的是样本空间的特征、表征,而大量的背景常识是隐式且模糊的,很难在样本数据中进行体现。比如下雨要打伞,但打伞不一定都是下雨天。这些特征数据背后的关联逻辑隐藏在我们的文化背景中。

(3) 缺乏语义理解。模型并不理解数据中的语义知识,缺乏推理和抽象能力,对于未见数据模型泛化能力差。

(4) 依赖大量样本数据:机器学习和深度学习需要大量标注样本数据去训练模型,而数据标注的成本很高,很多场景缺乏标注数据来进行冷启动。

1.5.2　思路描述

美团 NLP 中心曾构建大规模的餐饮娱乐知识图谱——美团大脑。美团作为在线本地生活服务平台,覆盖了餐饮娱乐领域的众多生活场景,连接了数亿用户和数千万商户,积累了宝贵的业务数据,蕴含着丰富的日常生活相关知识。美团大脑知识图谱有数十类概念,数十亿实体和数百亿三元组。

美团大脑充分挖掘关联各个场景数据,用 AI 技术让机器"阅读"用户评论和行为数据,理解用户在菜品、价格、服务、环境等方面的喜好,构建人、店、商品、场景之间的知识关联,从而形成一个"知识大脑"。相比于深度学习的"黑盒子",知识图谱具有很强的可解释性,在美团跨场景的多个业务中应用性非常强,目前已经在搜索、金融等场景中验证了知识图谱的有效性。近年来,深度学习和知识图谱技术都有很大的发展,并且存在一种互相融合的趋势,在美团大脑的知识构建过程中,也会使用深度学习技术,把数据背后的知识挖掘出来,从而赋能业务,实现智能化的本地生活服务,帮助每个人吃得更好,生活更好(Eat Better, Live Better)。

1.5.3　解决方法

1. 知识图谱赋能

知识图谱的源数据来自多个维度。通常来说,结构化数据处理简单、准确率高,其自有的数据结构设计,对数据模型的构建也有一定的指导意义,是初期构建图谱的首要选择。世界知名的高质量的大规模开放知识库(如 Wikidata、DBpedia、YAGO)是构建通用领域多语言知识图谱的首选,国内有 OpenKG 提供了诸多中文知识库的 Dump 文件或 API。工业界往往基于自有的海量结构化数据,进行图谱的设计与构建,并同时利用实体识别、关系抽取等方式处理非结构化数据,增加更多丰富的信息。

知识图谱通常以实体为节点形成一个大的网络,图谱的 Schema 相当于数据模型,描述了领域下包含的类型(type)与类型下描述实体的属性(property),属性中实体与实体之间的关系为边(relation),实体自带信息为特性(attribute)。除此之外,模式也会描述它们的约束关系。

美团大脑围绕用户打造吃喝玩乐全方位的知识图谱,从实际业务需求出发,在现有数据表之上抽象出数据模型,以商户、商品、用户等为主要实体,其基本信息作为特性,商户与商品、与用户的关联为边,将多领域的信息关联起来,同时利用评论数据、互联网数据等,结合知识获取方法,填充图谱信息,从而提供更加多元化的知识,其知识图谱架构如图 1-8 所示。

2. 知识获取

知识获取是指从不同来源、不同结构数据中,抽取相关实体、属性、关系、事件等知识。从数据结构划分可以分为结构化数据、半结构化数据和纯文本数据。结构化数据是指关系数据库表示和存储的二维形式数据,这类数据可以直接通过 Schema 融合、实体对齐等技术提取到知识图谱中。半结构化数据主要指有相关标记用来分隔语义元素,但又不存在数据库形式的强定义数据,如网页中的表格数据、维基百科中的 Infobox 等。这类数据通过爬虫、网页解析等技术可以将其转换为结构化数据。现实中结构化、半结构化数据都比较有

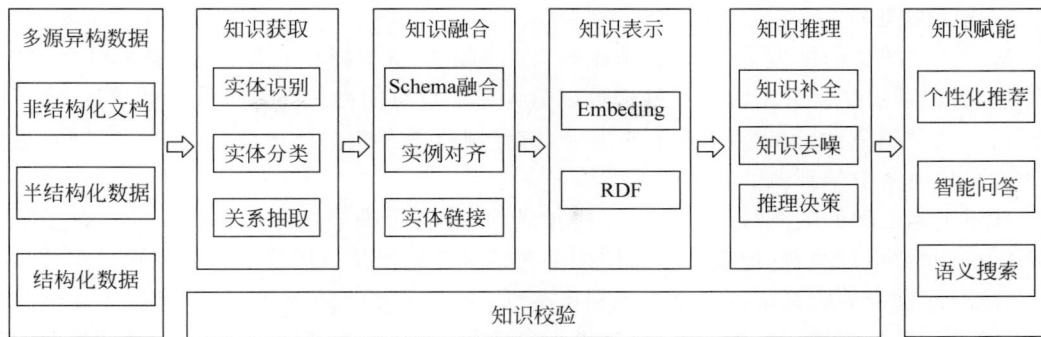

图 1-8　知识图谱架构

限,大量的知识往往存在于文本中,这也和人获取知识的方式一致。对应纯文本数据获取知识,主要包括实体识别、实体分类、关系抽取、实体链接等技术。

实体是知识图谱的核心单位,从文本中抽取实体是知识获取的一个关键技术。在文本中识别实体,一般可以作为一个序列标注问题来进行解决。传统的实体识别方法以统计模型,如隐马尔可夫模型(Hidden Markov Model,HMM)、条件随机场(Conditional Random Fields,CRF)等为主导,随着深度学习的兴起,BiLSTM+CRF 模型备受青睐,该模型避免了传统 CRF 的特征模板构建工作,同时双向长短期记忆网络(Long Short-Term Memory,LSTM)能更好地利用前后的语义信息,能够明显提高识别效果,其结构如图 1-9 所示。在美团-美食图谱子领域的建设中,每个店家下的推荐菜(简称店菜)是图谱中的重要实体之一,评论中用户对店菜的评价,能很好地反映用户偏好与店菜的实际特征,利用知识获取方法,从评论中提取出店菜实体、用户对店菜的评价内容与评价情感,对补充实体信息、分析用户偏好、指导店家进行改善有着非常重要的意义。

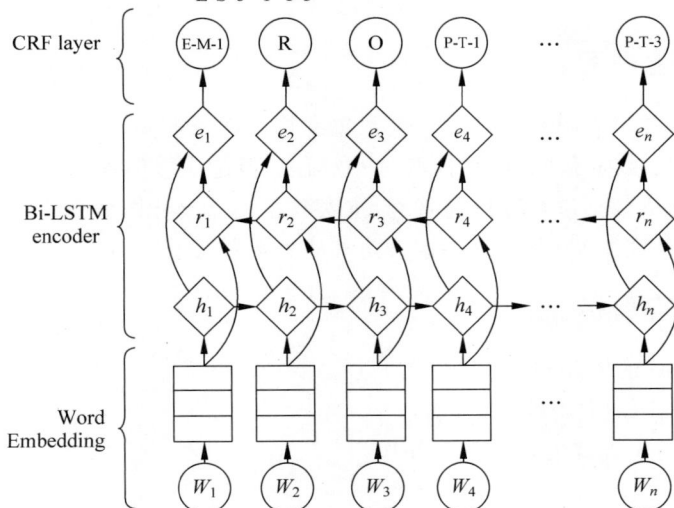

图 1-9　BiLSTM+CRF 结构图

3. 知识推理

基于知识图谱的推理工作,旨在依据现有的知识信息推导出新知识,包括实体关系、属性等,或者识别出错误关系。知识推理可以分为基于符号的推理与基于统计的推理,前者一般根据经典逻辑创建新的实体关系的规则,或者判断现有关系的矛盾之处;后者则是通过统计规律从图谱中学到新的实体关系。

利用实体之间的关系可以推导出一些场景,辅助进行决策判断。美团大脑金融子图谱利用用户行为、用户关系、地理位置去挖掘金融领域诈骗团伙。团伙通常会存在较多关联及相似特性,图谱中的关系可以帮助人识别出多层、多维度关联的欺诈团伙,再利用规则等方式,识别出批量具有相似行为的客户,辅助人工优化调查,同时可以优化策略,其知识图谱推理简约流程如图 1-10 所示。

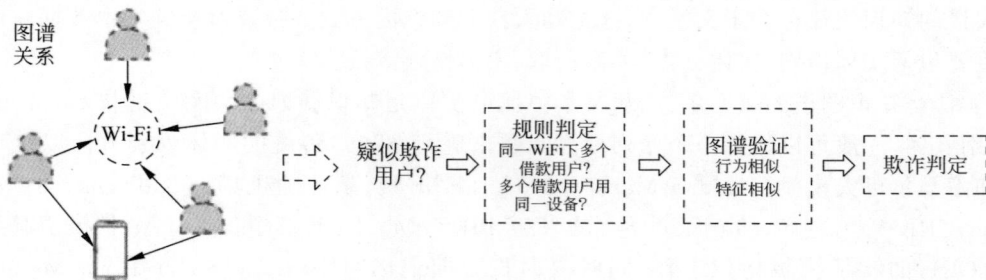

图 1-10   知识图谱推理简约流程

1.5.4   案例总结

依托深度学习模型,美团大脑充分挖掘、关联美团各个业务场景公开数据(如用户评价、菜品、标签等),构建餐饮娱乐"知识大脑",并且已在美团不同业务中落地,利用人工智能技术全面提升用户的生活体验。

1.6   实验:百科图谱实验

1.6.1   实验内容

百科图谱是一类以百科网站作为主要数据源构建而成的知识图谱。构建一个百科图谱通常包含 5 个步骤:数据获取、属性抽取、关系构建、概念层级体系构建、实体分类。

为了对知识图谱数据进行存储与管理,本实验采用 Neo4j 图数据库,对知识图谱数据构建百科知识图谱,并使用 Cypher 查询语言进行查询与检索。

1.6.2   实验目标

(1)掌握 Neo4j 的安装与配置。

(2)了解 Neo4j 如何构建知识图谱。

(3)了解 Cypher 查询语言的基本使用。

1.6.3 实验操作步骤

1. OpenJDK11 安装

本次实验选用 Ubuntu 18.04 操作系统,其他环境要求为 OpenJDK11,若未安装 JDK11,可从官网或相关开源软件镜像站下载并安装。如图 1-11 所示,在镜像站上双击 OpenJDK11U-jdk_x64_linux_hotspot_11.0.9.1_1.tar.gz,在弹出的对话框(见图 1-12)中,选中 Save File 单选按钮,单击 OK 按钮,开始下载文件。

图 1-11 开源软件镜像站界面

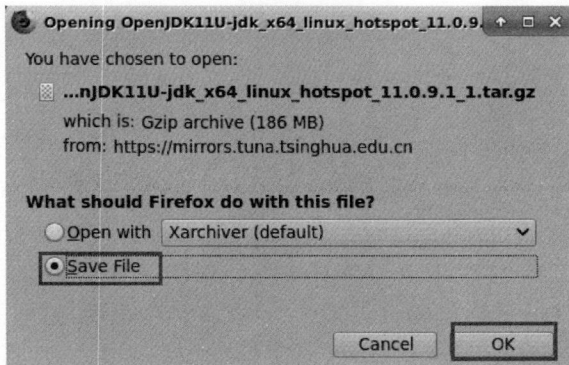

图 1-12 下载安装文件

等待文件下载完成后,进入/home/techuser/Downloads 目录,找到下载的文件。如图 1-13 所示,右击空白处,在弹出的快捷菜单中选择 Open Terminal Here 命令。

进入 Terminal 界面,输入命令:

```
tar - zxvf OpenJDK11U - jdk_x64_linux_hotspot_11.0.9.1_1.tar.gz
```

按 Enter 键,解压安装文件。输入如下命令并按 Enter 键:

```
vi ~/.bash_profile
```

开始修改~/.bash_profile 文件。按 A 键并输入:

```
export JAVA_HOME = /home/techuser/Downloads/jdk - 11.0.9.1 + 1
```

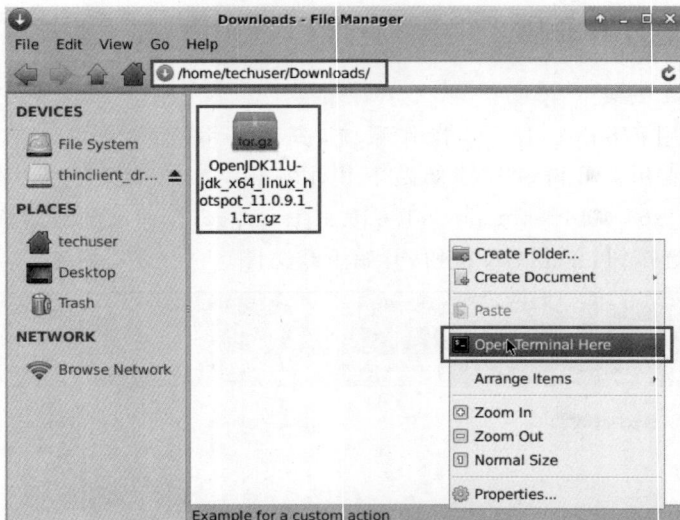

图 1-13　选择安装文件

```
export CLASSPATH = $ JAVA_HOME/lib: $ CLASSPATH
export PATH = $ JAVA_HOME/bin: $ PATH
```

然后按 Esc 键并输入：wq，按 Enter 键后退出编辑文件页面。

在以后想要使用该环境的时候，只需要输入以下命令即可调用该环境：

```
source ~/.bash_profile
```

输入命令：

```
java – version
```

可以查看配置环境是否成功。

2. Neo4j 图数据库简介与安装

Neo4j 是一种新型的图数据库（graph datebase），广义上属于 NoSQL 数据库的一种，采用 Java 语言开发，基于 Java 虚拟机（Java Virtual Machine，JVM）运行。初步使用并不需要了解背后的图算法，仅需通过 Web 管理界面使用 Cypher 查询语言即可与其交互；Neo4j 同样支持 Java、Python、PHP 等语言的二进制 Bolt 协议驱动程序，这些开发平台通过引入相应的驱动程序包即可与 Neo4j 相互集成，进而对 Neo4j 进行数据操作。

可以从如图 1-14 所示的微云资源共享网页下载 Neo4j 安装文件 neo4j-chs-community-4.2.1-unix.tar.gz。

等待文件下载完成后，进入/home/techuser/Downloads 目录，找到下载的安装文件。如图 1-15 所示，右击空白处，在弹出的快捷菜单中选择 Open Terminal Here 命令。

进入 Terminal 界面，按照图 1-16 完成 Neo4j 的安装。输入如下命令打开配置文件：

```
cd neo4j – chs – community – 4.2.1 – unix/conf
vim neo4j.conf
```

在配置文件中，修改第 88～97 行的 Bolt 与 HTTP 配置，目的是可以通过 Bolt 和 HTTP 以及其端口访问数据库，如图 1-17 所示。

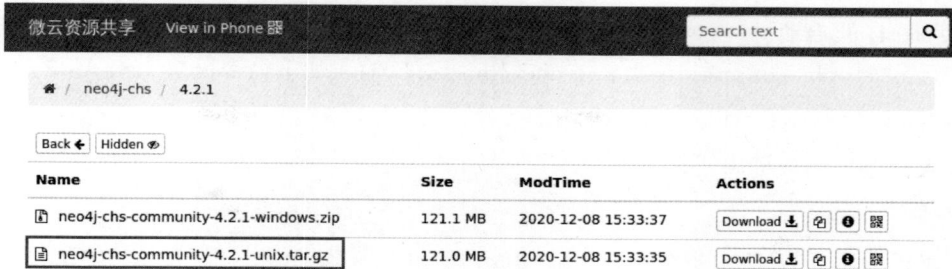

图 1-14 从资源共享网页下载安装 Neo4j 安装文件

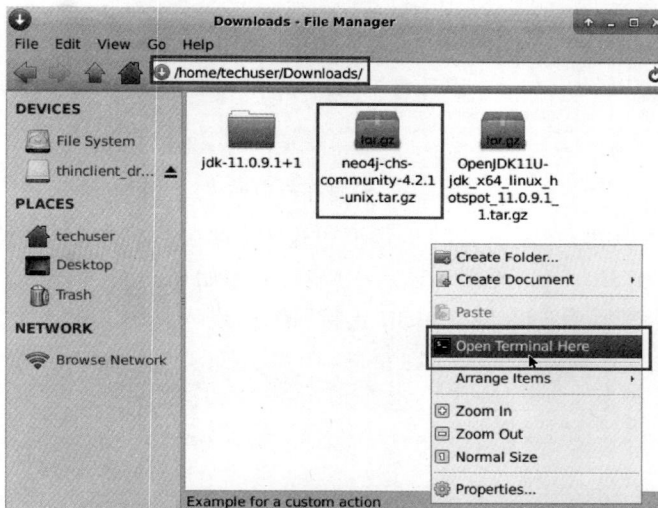

图 1-15 选择安装文件

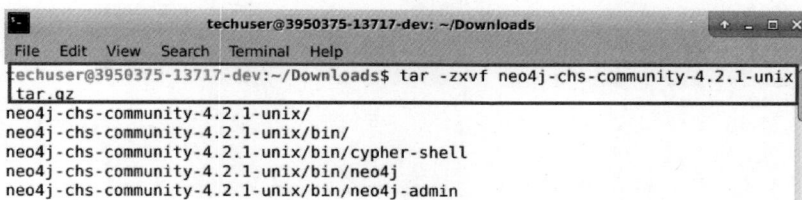

图 1-16 完成 Neo4j 的安装

图 1-17 修改配置文件

3. Neo4j 的启动

进入 neo4j-chs-community-4.2.1-unix/bin 目录,输入如下命令配置 Java 环境:

source ~/.bash_profile

输入命令启动数据库:

./neo4j start

若出现如图 1-18 所示指令则表示启动成功。

```
techuser@3950375-13717-dev:~/Downloads/neo4j-chs-community-4.2.1-unix/bin$ source ~/.bash_profile
techuser@3950375-13717-dev:~/Downloads/neo4j-chs-community-4.2.1-unix/bin$ ./neo4j start
Directories in use:
  home:         /home/techuser/Downloads/neo4j-chs-community-4.2.1-unix
  config:       /home/techuser/Downloads/neo4j-chs-community-4.2.1-unix/conf
  logs:         /home/techuser/Downloads/neo4j-chs-community-4.2.1-unix/logs
  plugins:      /home/techuser/Downloads/neo4j-chs-community-4.2.1-unix/plugins
  import:       /home/techuser/Downloads/neo4j-chs-community-4.2.1-unix/import
  data:         /home/techuser/Downloads/neo4j-chs-community-4.2.1-unix/data
  certificates: /home/techuser/Downloads/neo4j-chs-community-4.2.1-unix/certificates
  run:          /home/techuser/Downloads/neo4j-chs-community-4.2.1-unix/run
Starting Neo4j.
WARNING: Max 1024 open files allowed, minimum of 40000 recommended. See the Neo4j manual.
Started neo4j (pid 3086). It is available at http://localhost:7474
There may be a short delay until the server is ready.
See /home/techuser/Downloads/neo4j-chs-community-4.2.1-unix/logs/neo4j.log for current status.
techuser@3950375-13717-dev:~/Downloads/neo4j-chs-community-4.2.1-unix/bin$
```

图 1-18 数据库启动成功

打开 Firefox 浏览器,在浏览器的检索框中输入:0.0.0.0:7474,并按 Enter 键进入如图 1-19 所示的 Neo4j Browser 界面。输入密码(注:初始用户名密码均为 Neo4j,如直接使用作者的配置环境,密码为 123456),单击"连接"按钮,进入如图 1-20 所示的 Neo4j 数据库。

图 1-19 Neo4j Browser 界面

返回桌面,选择 Applications-> Accessories-> Screenshot 命令,打开 Screenshot 软件,如图 1-21 所示。在弹出的 Screenshot 对话框中选中 Select a region 单选按钮,单击 OK 按钮,如图 1-22 所示。拖动鼠标,选取截图区域,放开后弹出如图 1-23 所示的窗口。单击 OK

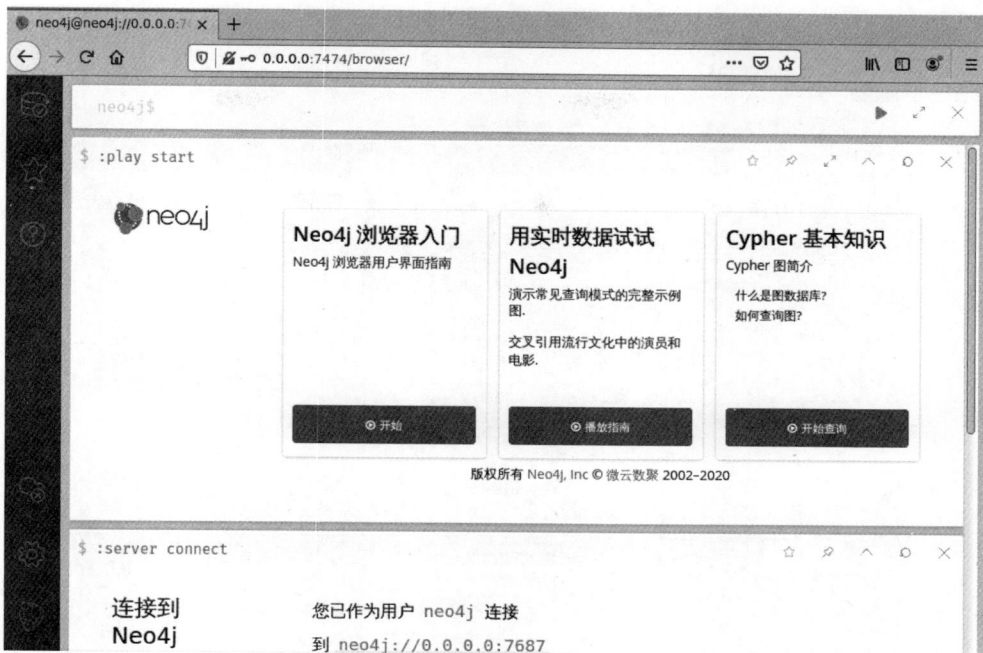

图 1-20 Neo4j 数据库

按钮，输入文件名 Neo4j_01.png，选择文件保存路径，单击 Save 按钮进行保存，如图 1-24 所示。

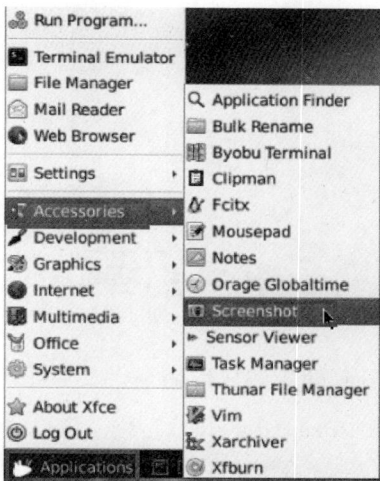

图 1-21 选择 Screenshot 软件

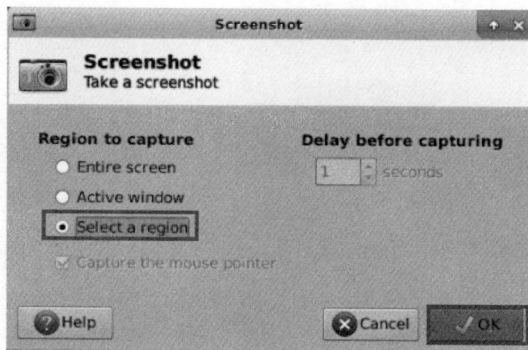

图 1-22 Screenshot 对话框

4. 知识图谱数据导入

在 Firefox 网络浏览器的检索框中输入命令：

http://file.ictedu.com/file/3707/baike_data.zip

在弹出的对话框中选中 Save File 单选按钮，单击 OK 按钮，开始下载数据。等待文件下载完成后，在/home/techuser/Downloads 目录下，找到下载的.zip 文件，右击，在弹出快捷菜

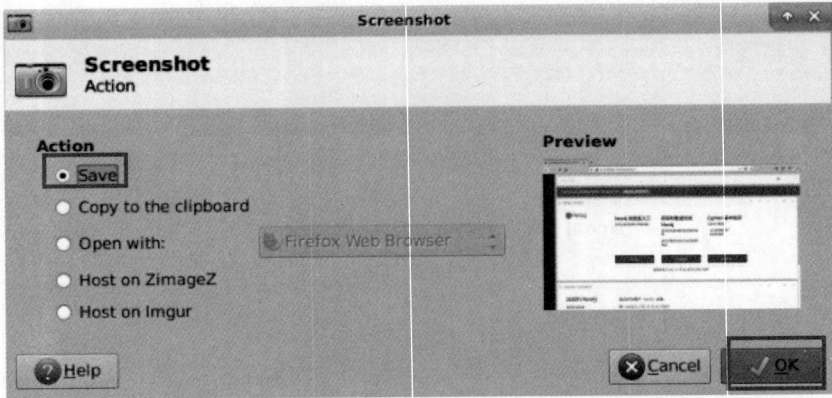

图 1-23 截图区域处理界面

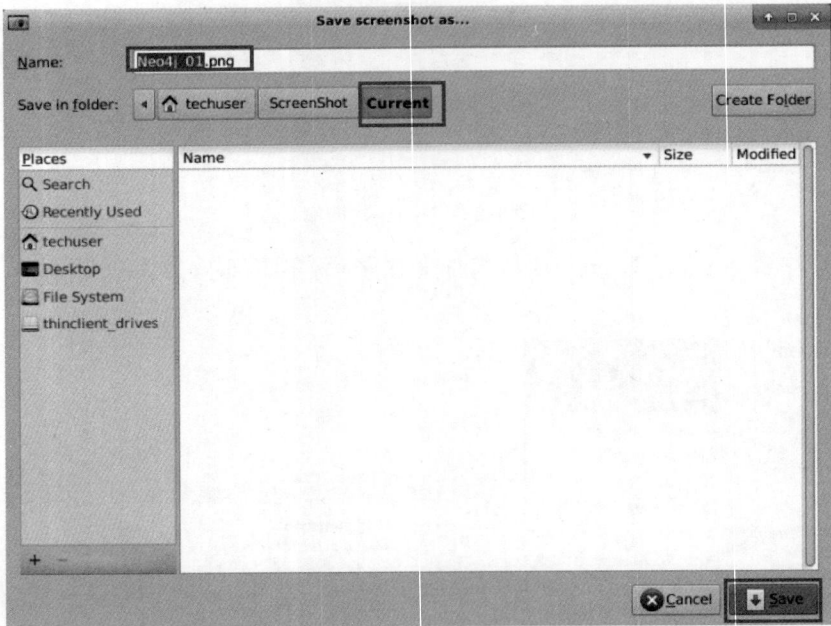

图 1-24 保存截图

单中选择 Open Terminal Here 命令，进入 Terminal 界面，输入解压缩命令：

```
unzip – d ./neo4j – chs – community – 4.2.1 – unix/import baike_data.zip
```

将文件解压到 ./neo4j-chs-community-4.2.1-unix/import 目录下。

如图 1-25 所示，在 Neo4j 的 Web 界面的指令框中输入命令启动 Neo4j。

导入电影节点数据，数据库反馈如图 1-26 所示，命令如下：

```
LOAD CSV WITH HEADERS FROM 'file:///movie.csv' AS line
CREATE (:Movie{
  id: line.id,
  name: line.title,
  url: line.url,
  image: line.cover,
```

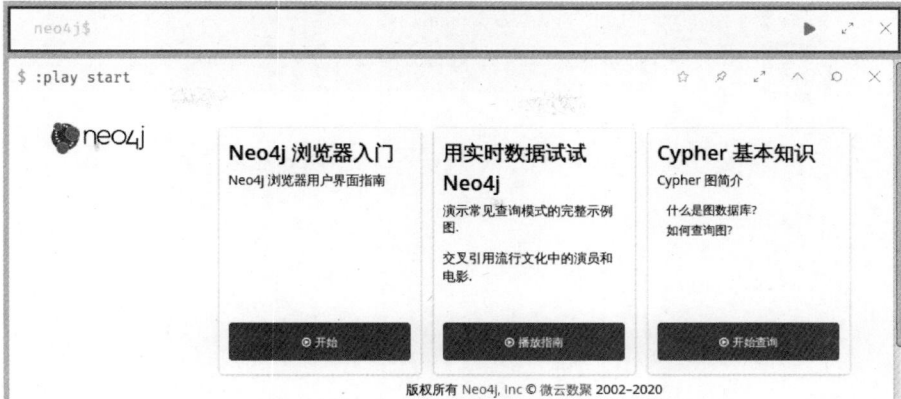

图 1-25　在 Neo4j 的 Web 界面输入命令

```
rate: toFloat(line.rate),
category: line.category,
district: line.district,
language: line.language,
showtime: toInteger(line.showtime),
length: toInteger(line.length),
othername: line.othername
})
```

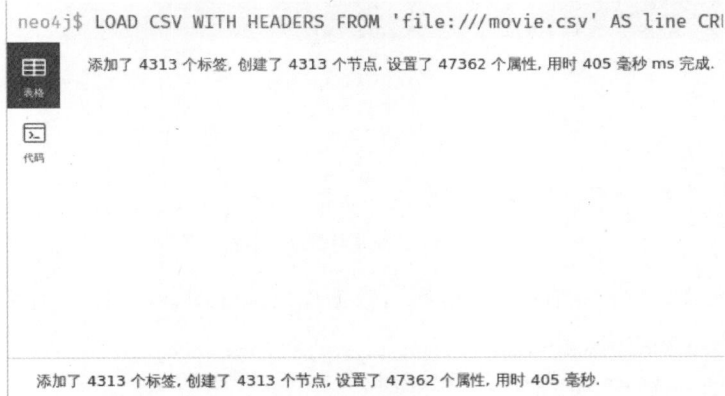

图 1-26　电影节点数据导入数据库反馈

导入人物数据，数据库反馈如图 1-27 所示，命令如下：

```
LOAD CSV FROM 'file:///person.csv' AS line
CREATE (:Person{
id: line[0],
name: line[1]})
```

在创建关系前，对节点字段设置索引，这样能加快创建关系节点查找的速度，命令如下：

```
CREATE INDEX ON :Movie(id);
CREATE INDEX ON :Movie(name);
CREATE INDEX ON :Person(name);
```

创建关系 1：（人物）-[:饰演]->（电影），数据库反馈如图 1-28 所示，命令如下：

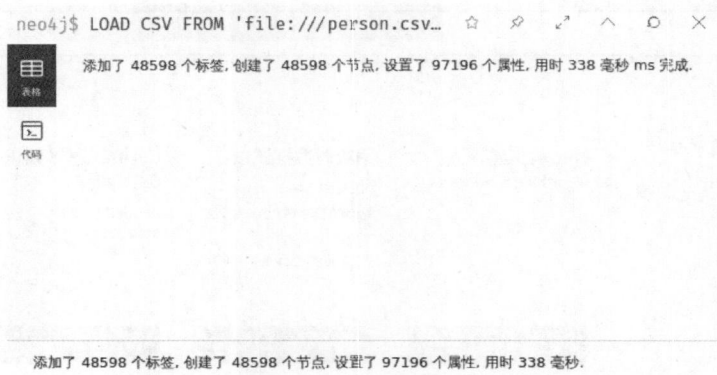

添加了 48598 个标签,创建了 48598 个节点,设置了 97196 个属性,用时 338 毫秒.

图 1-27　人物数据导入数据库反馈

```
LOAD CSV WITH HEADERS FROM 'file:///actor.csv' AS line
MATCH (p:Person) where p.name = line.actor WITH p,line
MATCH (m:Movie) where m.id = line.id
MERGE (p) - [:play] -> (m)
```

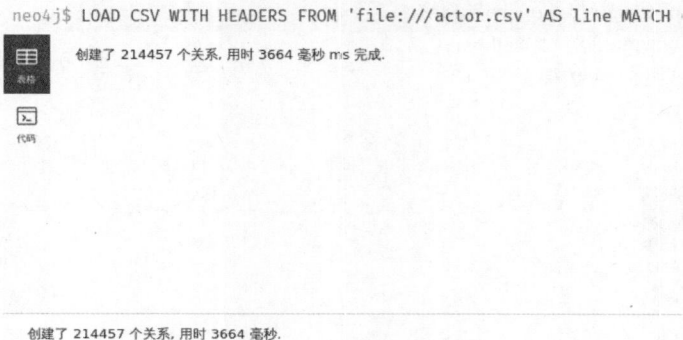

创建了 214457 个关系,用时 3664 毫秒.

图 1-28　创建关系 1 的数据库反馈

创建关系 2:(人物)-[:编剧]->(电影),数据库反馈如图 1-29 所示,命令如下:

```
LOAD CSV WITH HEADERS FROM 'file:///composer.csv' AS line
MATCH (p:Person) where p.name = line.composer WITH p,line
MATCH (m:Movie) where m.id = line.id
MERGE (p) - [:write] -> (m)
```

创建关系 3:(人物)-[:导演]->(电影),数据库反馈如图 1-30 所示,命令如下:

```
LOAD CSV WITH HEADERS FROM 'file:///director.csv' AS line
MATCH (p:Person) where p.name = line.director WITH p,line
MATCH (m:Movie) where m.id = line.id
MERGE (p) - [:direct] -> (m)
```

至此,电影知识图谱就构建完成了。

5. Cypher 语句实战百科图谱查询

Cypher 是一种声明式图数据库查询语言,专注于清晰地表达从图中检索什么,而不是去怎么检索。Cypher 通过模式匹配图数据库中的节点和关系,提取信息或者修改数据。语

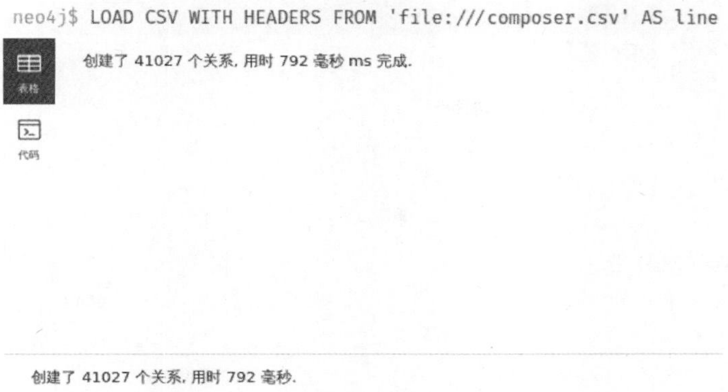

```
neo4j$ LOAD CSV WITH HEADERS FROM 'file:///composer.csv' AS line
```
创建了 41027 个关系,用时 792 毫秒 ms 完成.

创建了 41027 个关系,用时 792 毫秒.

图 1-29　创建关系 2 的数据库反馈

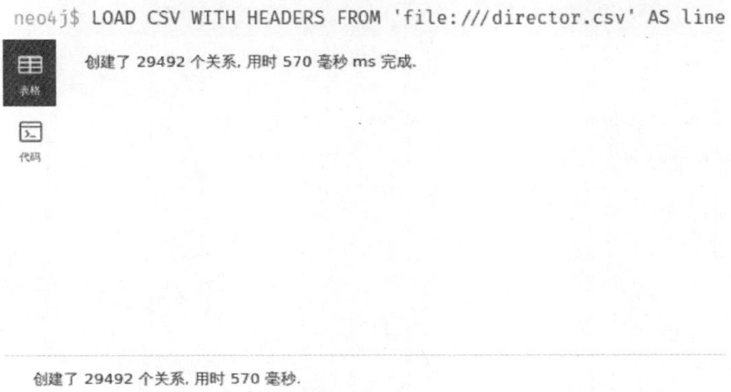

```
neo4j$ LOAD CSV WITH HEADERS FROM 'file:///director.csv' AS line
```
创建了 29492 个关系,用时 570 毫秒 ms 完成.

创建了 29492 个关系,用时 570 毫秒.

图 1-30　创建关系 3 的数据库反馈

句可分为 3 类:读语句、写语句、通用语句。下面分别举例介绍。

MATCH 语句为常用的读语句,用指定的模式检索数据库,具体示例如下。

(1)查询节点 name 为'星际穿越'的电影并返回,命令为

match(n name:'星际穿越')return n;

返回结果如图 1-31 所示。

(2)查询节点 language 为'日语'的电影并返回,命令为

match(n language:'日语')return n limit 10;

返回结果如图 1-32 所示。

MATCH 语句也可以用于查找关系,具体示例如下。

(1)查询与 name 为'吴京'的 Person 节点有关的所有 Movie 节点:

match(:Person name:'吴京') -->(movie:Movie)return movie;

返回结果如图 1-33 所示。

(2)为关系加上限定,检索数据库中'徐峥'导演的电影:

match(:Person name:'徐峥') - [:direct] ->(movie:Movie)return movie;

返回结果如图 1-34 所示。

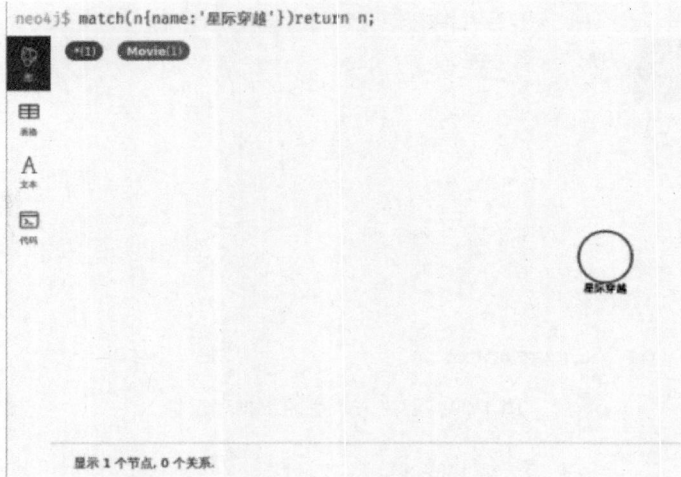

图 1-31　利用 MATCH 语句查询节点 1

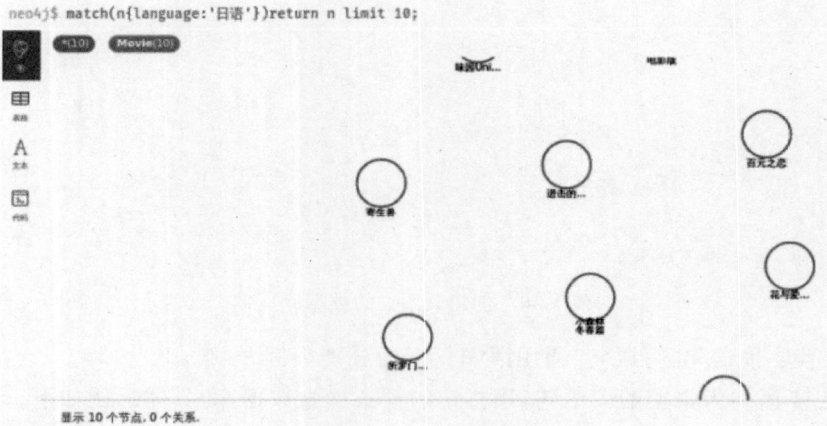

图 1-32　利用 MATCH 语句查询节点 2

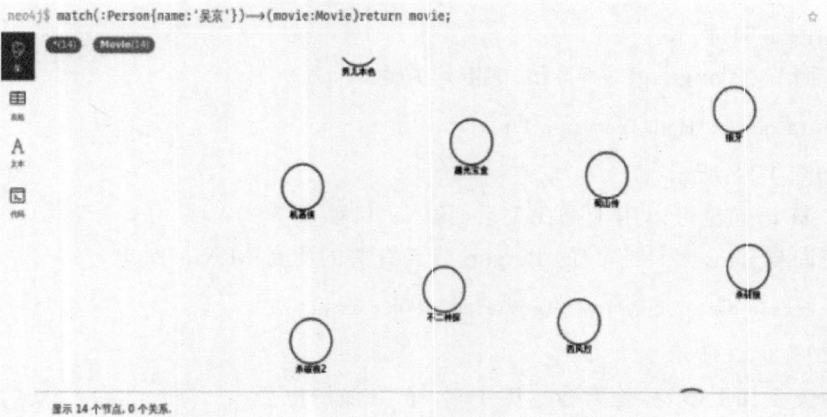

图 1-33　利用 MATCH 语句查询关系

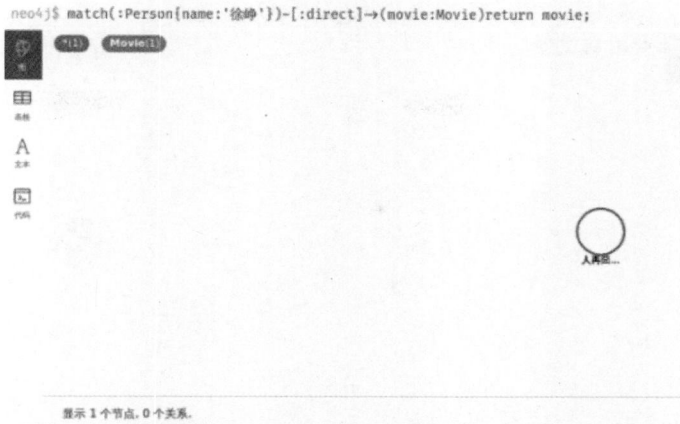

图 1-34　利用 MATCH 语句查询限定关系

CREATE 为常用的写语句,用于创建图元素、节点和关系。具体示例如下。

(1) 创建一个 name 为'张三'的 Person 并返回:

```
create(n:Person name:'张三')return n;
```

返回结果如图 1-35 所示。

(2) 创建一个 Movie 节点,并设置属性:

```
create(n:Movie name:'张三的故事',language:'汉语',category:'家庭') return n;
```

返回结果如图 1-36 所示。

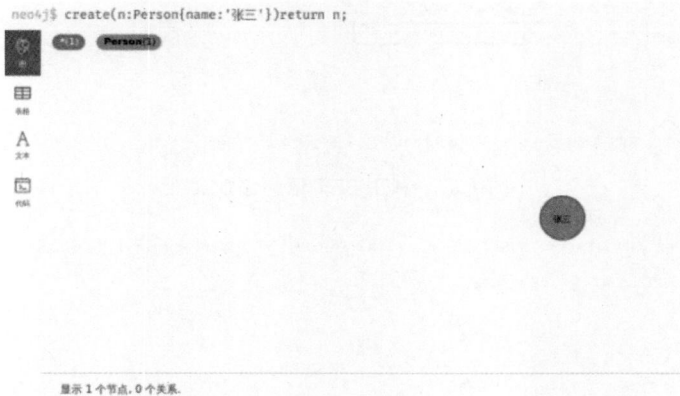

图 1-35　利用 CREATE 语句创建节点

SET 语句用于更新节点的标签以及节点和关系的属性,例如,在 Movie'张三的故事'添加 district 属性为'China-中国'(见图 1-37):

```
match(n name:'张三的故事') set n.district = 'China_中国' return n;
```

MERGE 语句用于匹配或创建关系,例如,创建'张三'参演'张三的故事'的关系(见图 1-38):

```
match(n1:Person[12]),(n2:Movie[13])merge(n1) - [r:play] ->(n2);
```

```
neo4j$ create(n:Movie{name:'张三的故事',language:'汉语',category:'家庭'}) return n;
```

显示 1 个节点, 0 个关系.

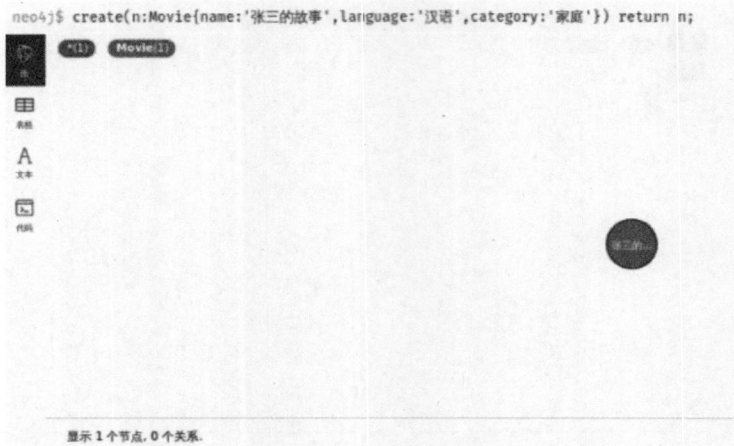

图 1-36　利用 CREATE 语句设置属性

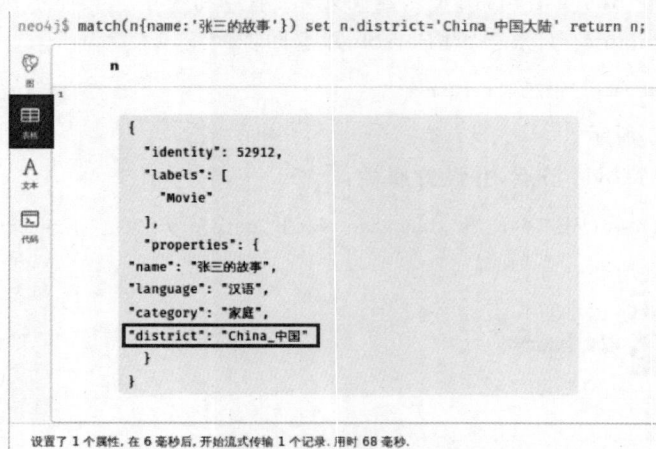

```
neo4j$ match(n{name:'张三的故事'}) set n.district='China_中国大陆' return n;
```

```
{
    "identity": 52912,
    "labels": [
        "Movie"
    ],
    "properties": {
        "name": "张三的故事",
        "language": "汉语",
        "category": "家庭",
        "district": "China_中国"
    }
}
```

设置了 1 个属性, 在 6 毫秒后, 开始流式传输 1 个记录. 用时 68 毫秒.

图 1-37　利用 SET 语句添加属性

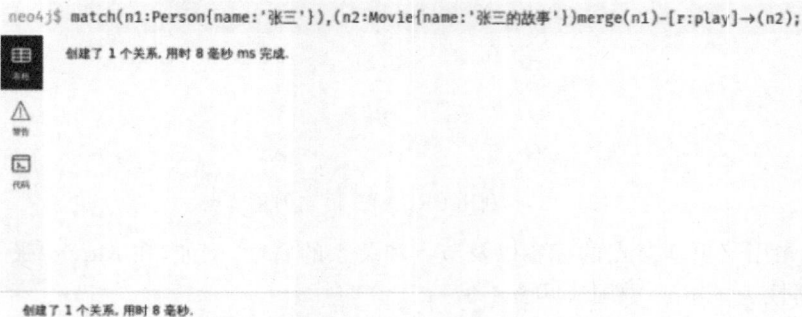

```
neo4j$ match(n1:Person{name:'张三'}),(n2:Movie{name:'张三的故事'})merge(n1)-[r:play]→(n2);
```

创建了 1 个关系. 用时 8 毫秒 ms 完成.

创建了 1 个关系. 用时 8 毫秒.

图 1-38　利用 MERGE 语句创建关系

DELETE 语句用于删除图元素(节点或关系),例如,删除了'张三的故事'这个节点以及其所有关系(见图 1-39):

```
match(n[14]) detach delete n;
```

```
neo4j$ match(n{name:'张三的故事'}) detach delete n;
```
删除了 1 个节点,删除了 1 个关系,用时 39 毫秒 ms 完成.

删除了 1 个节点,删除了 1 个关系,用时 39 毫秒.

图 1-39 利用 DELETE 语句删除关系

1.6.4 实验总结

本次实验初步了解了百科图谱的基本概念,完整地操作了 Neo4j 在 Linux 环境下的安装步骤与配置部署,通过 CSV 格式的数据利用 Neo4j 图数据库方便地构建百科图谱,并基于此图谱实现 Cypher 语句查询,初步掌握 Cypher 查询语句的使用。

课后习题

1. 选择题

1-1 下列技术与知识图谱最不相关的是( )。

    A. 概率图模型   B. 自然语言处理

    C. 本体建模   D. 计算机视觉

1-2 下列为知识图谱中的元素在机器中常见的表现形式的有( )。

    A. 命名空间   B. 关系   C. 属性   D. 概念

1-3 下列不是按通用/专用的标准划分知识图谱的是( )。

    A. 通用知识图谱   B. 百科图谱

    C. 领域图谱   D. 企业知识图谱

1-4 下列技术不属于知识图谱的应用的是( )。

    A. 关系推理   B. 大数据分析

    C. 智能问答   D. 目标检测

2. 判断题

2-1 在人工智能的发展中,符号派最关注的是知识的表示和推理。( )

2-2 知识图谱常见的形式是三元组。( )

2-3 计算机可以直接处理人类语言。( )

2-4 只要数据量足够大,机器就能基本实现智能。( )

2-5 知识图谱可以基于语义技术实现设备之间的语义互操作。( )

2-6 仅可通过自动化的方式构建知识图谱。( )

2-7 ConceptNet 为一种概念图谱。（　　）

2-8 Wikidata 的构建方式包括了自动化方式和人工方式。（　　）

3. 简答题

3-1 请简述知识图谱的基本概念，并说明其与传统的语义网络的区别。

3-2 什么是百科图谱？

3-3 知识图谱在当今互联网中有哪些典型应用？

3-4 知识图谱按照知识类型可以分为哪几类？

第2章

知 识 表 示

★本章导读★

　　本章介绍知识图谱的构建方法之一——知识表示,主要包括语义网知识表示、开放域知识表示、知识图谱的向量表示以及基于 RDF 三元组构建的实例案例。

　　2.1 节介绍语义网知识表示,即 RDF、RDFS、OWL 等方法,重点阐述这些方法的基本原理和应用场景。其中,RDF 是一种描述资源的元数据模型,RDFS 扩展了 RDF 的语义,OWL 则是一种用于建模复杂知识的语言。这些方法使得知识得以用结构化的方式表示,方便计算机处理和应用。2.2 节介绍开放域知识表示,主要包括 Freebase、Wikidata、ConceptNet 等。这些开放域知识库具有很高的可扩展性和可用性,可以为知识图谱的构建提供大量的知识资源。同时,本节还介绍了这些知识库的特点和应用场景,为读者提供参考和指导。2.3 节介绍知识图谱的向量表示方法,包括分布式表示、词嵌入、词向量、神经语言网络模型和 Word2vec 等技术。这些方法可以将知识表示为向量或矩阵的形式,以便计算机进行计算和处理。本节还介绍了这些技术的特点和应用场景,为读者提供实践指导和思路引导。

　　最后,本章给出了一个基于 RDF 三元组构建的实例案例,详细介绍如何通过 RDF 三元组表示知识,并将其存储在图数据库中。该案例通过实际操作和演示,为读者提供了一个清晰的知识表示和存储的实例。

★知识要点★

　　(1) 语义网知识表示包括 RDF、RDFS、OWL 等方法,可以将知识以结构化的方式表示。

　　(2) 开放域知识表示包括 Freebase、Wikidata、ConceptNet 等,具有很高的可扩展性和可用性,为知识图谱的构建提供了大量的知识资源。

　　(3) 知识图谱的向量表示方法包括分布式表示、词嵌入、词向量、神经语言网络模型和 Word2vec 等技术,可以将知识表示为向量或矩阵的形式,以便计算机进行计算和处理。

　　(4) 基于 RDF 三元组构建的实例案例,为读者提供了一个清晰的知识表示和存储的实例。

2.1 语义网知识表示

2.1.1 概述

知识必须经过合理的表示才能被计算机处理。知识表示是对现实世界的一种抽象表达。评价知识表示的两个重要因素是表达能力与计算效率。一个知识表示应该具有足够强的表达能力，才能充分、完整地表达特定领域或者问题所需的知识，同时，基于这一知识表示的计算求解过程也应该有足够高的执行效率。

知识的表达方式主要分为符号表示和数值表示。在实际应用中，根据不同的学科背景，人们发展了基于图论、逻辑学、概率论的各种知识表示。图通过点、边的关系对现实世界进行表示，具有形象、直观的特点，是传统知识表示最常用的一种方式。

20 世纪 90 年代，研究人员定义了知识表示的五大用途或特点。

（1）知识表示首先需要定义客观实体的机器指代或名称。

（2）知识表示还需要定义用于描述客观事物的概念和类别体系。

（3）知识表示还需要提供机器推理的模型与方法。

（4）知识表示也是一种用于高效计算的数据结构。

（5）知识表示还必须接近于人的认知，是人可以理解的机器语言。

语义网络用于表达人类的语义知识并且支持推理。语义网络又称联想网络，它在形式上是一个带标识的有向图。从图的角度来看，知识图谱是一个语义网络，即一种用互连的节点和弧表示知识的结构。语义网络中的节点可以代表一个概念（concept）、一个属性（attribute）、一个事件（event）或者一个实体（entity），而弧（又称联想弧）表示节点之间的关系，弧的标签指明了关系的类型。语义网络中的语义主要体现在图中边的含义。

语义网络的单元是三元组：（节点 1，联想弧，节点 2）。由于所有的节点均通过联想弧彼此相连，语义网络可以通过图上的操作进行知识推理。

语义网络具有如下优点。

（1）联想性。它最初是作为人类联想记忆模型提出来的。

（2）易用性。直观地把事物的属性及其语义联系表示出来，便于理解，自然语言与语义网络的转换比较容易实现，故语义网络表示方法在自然语言理解系统中的应用最为广泛。

（3）结构性。语义网络是一种结构化的知识表示方法，对数据子图特别有效。它能把事物的属性以及事物的各种语义联想清晰地表示出来。

语义网络具有如下缺点。

（1）无形式化语法。语义网络表示知识的手段多种多样，虽然灵活性很高，但同时由于表示形式的不一致提高了对其处理的复杂性。

（2）无形式化语义。语义网络没有公认的形式表示体系。一个给定的语义网络表达的含义完全依赖于处理程序如何对它进行解释。通过推理网络而实现的推理不能保证其正确性。此外，目前采用量词（包括全称量词和存在量词）的语义网络表示法在逻辑上是不充分的，不能保证不存在二义性。

例如，有如图 2-1 所示的语义网络。在图 2-1(a)中，GS 表示一个概念节点，指的是具有全称量化的一般事件，g 是一个实例节点，代表 GS 中的一个具体例子，而 s 是一个全称变量，是"学生"这个概念的一个个体，r 和 b 都是存在变量，其中，r 是"读"这个概念的一个个体，b 是"书"这个概念的一个个体，F 指 g 覆盖的子空间及其具体形式，而 ∀ 代表全称量词。而图 2-1(b)则把"每个学生都读过一本书"表示成：任何一个学生 s_1 都是"读过一本书"这个概念的元素。

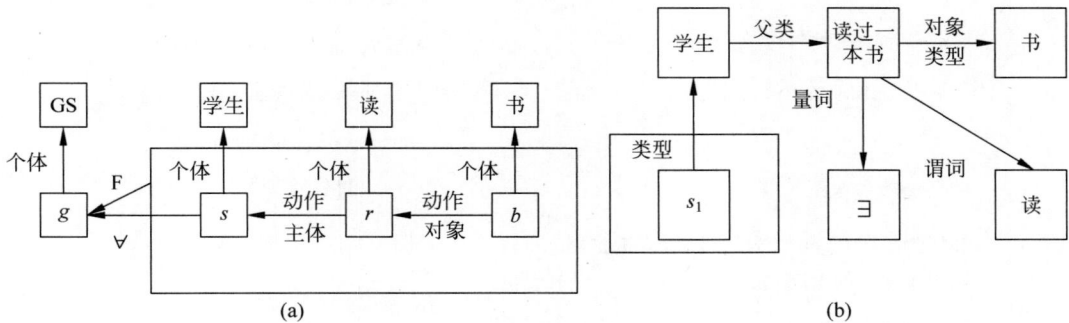

图 2-1 语义网络

2.1.2 语义网知识表示框架

随着语义网的提出，早期 Web 的标准语言 HTML 和 XML 无法适应语义网对知识表示的要求，所以 W3C 提出了新的标准语言 RDF、RDFS 和 OWL。这些语言的语法与 XML 兼容。资源描述框架（Resource Description Framework，RDF）是 W3C 工作组制定的关于知识图谱的国际标准。RDF 是 W3C 一系列语义网标准的核心，如图 2-2 所示。

（1）表示组（representation）包括 URI/IRI、XML 和 RDF。前两者主要是为 RDF 提供语法基础。

（2）推理组（reasoning）包括 RDFS、本体 OWL、规则 RIF 和统一逻辑。

（3）信任组和用户互动组。

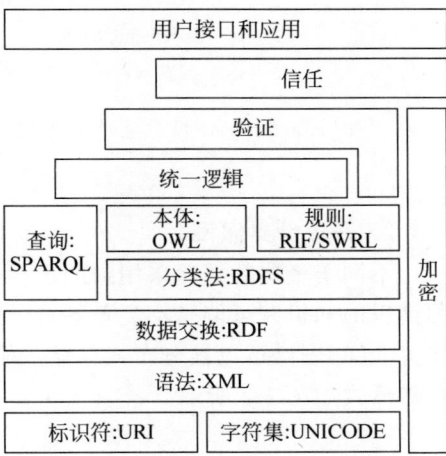

图 2-2 语义网标准核心

1. RDF 简介

在 RDF 中，知识总是以三元组的形式出现。知识表示可以被分解为如下形式：(subject, predicate, object)。RDF 中的主语是一个个体（individual），个体是类的实例。RDF 的谓语是一个属性。属性可以连接两个个体，或者连接一个个体和一个数据类型的实例。换言之，RDF 中的宾语可以是一个个体，也可以是一个数据类型的实例。

如果把三元组的主语和宾语看成图的节点，三元组的谓语看成边，那么一个 RDF 知识库则可以被看成一个图或一个知识图谱。

如"IBM 邀请 Jeff Pan 作为演讲者，演讲主题是知识图谱"用 RDF 表示，如图 2-3 所示。

在 RDF 中,三元组中的主谓宾都有一个全局标识 URL,包括以上例子中的 Jeff、IBM_Talk 和 KG,如图 2-4 所示。全局标识 URI 可以被简化成前缀 URI,如图 2-5 所示。RDF 允许没有全局标识的空白节点。空白节点的前缀为"_"。例如,"Jeff 是某一次关于 KG 讲座的演讲者"的 RDF 表示如图 2-6 所示。

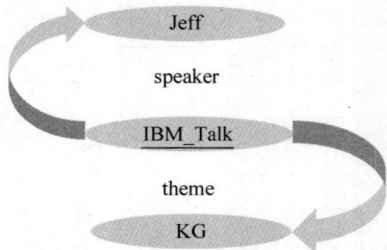

图 2-3 "IBM 邀请 Jeff Pan 作为演讲者,演讲主题是知识图谱"的 RDF 表示

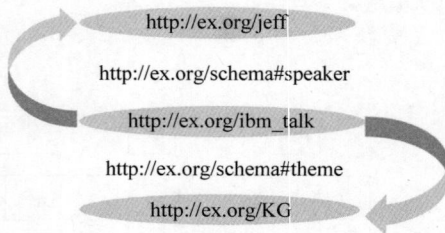

图 2-4 全局标识 URL

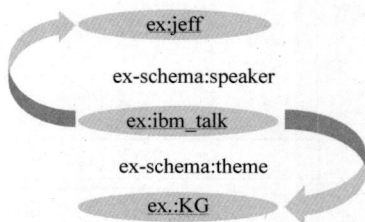

图 2-5 RDF 中没有全局标识的空白节点

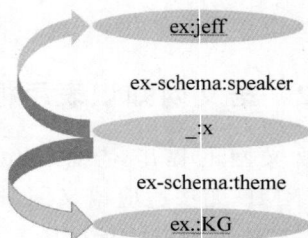

图 2-6 "Jeff 是某一次关于 KG 讲座的演讲者"的 RDF 表示

2. 开放世界假设

不同于经典数据库采用封闭世界假设,RDF 采用的是开放世界假设。也就是说,RDF 图谱里的知识有可能是不完备的,这符合 Web 的开放性特点和要求。采用开放世界假设意味着 RDF 图谱可以被分布式存储。例如,"Jeff 是某一次关于 KG 讲座的演讲者"的分布式存储形式如图 2-7 所示。

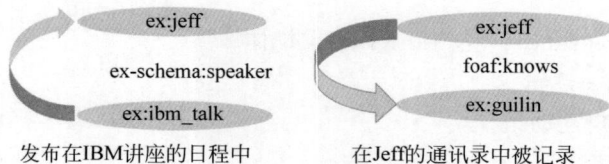

发布在IBM讲座的日程中   在Jeff的通讯录中被记录

图 2-7 "Jeff 是某一次关于 KG 讲座的演讲者"的分布式存储形式

3. RDFS 简介

RDF 用到了类以及属性描述个体之间的关系。这些类和属性由模式定义。RDF 模式(RDF Schema,RDFS)提供了对类和属性的简单描述,从而给 RDF 数据提供词汇建模的语言。更丰富的定义则需要用到 OWL 本体描述语言。

RDFS 提供了最基本的对类和属性的描述元语。

(1) rdfstype:指定个体的类;

（2）rdfs:subClassOf：指定类的父类；

（3）rdfs:subPropertyOf：指定属性的父属性；

（4）rdfs:domain：指定属性的定义域；

（5）rdfs:range：指定属性的值域。

例如，如图 2-8 所示的三元组表示用户自定义的元数据 Author 是 Dublin Core 的元数据 Creator 的子类。RDF Schema 通过这样的方式描述不同词汇集的元数据之间的关系，从而为网络上统一格式的元数据交换打下基础。下面用图 2-9 说明 RDFS，为了简便，边的标签省略了 RDF 或者 RDFS。知识被分为两类：一类是数据层面的知识，例如，haofen type Person（haofen 是 Person 类的一个实例），另一类是模式层面的知识，例如，speaker domain Person（speaker 属性的定义域是 Person 类）。

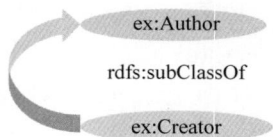

图 2-8　Author 是 Dublin Core 的元数据 Creator 的子类

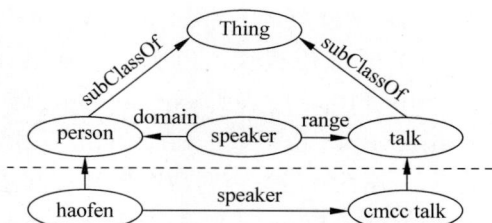

图 2-9　RDFS 实例

4. OWL 语言

W3C 于 2002 年 7 月 31 日发布了 OWL Web 本体语言（OWL Web Ontology Language）工作草案的细节，是为了更好地开发语义网。OWL 1.0 的主要子语言，如图 2-10 所示。3 类子语言的特征和使用限制举例如表 2-1 所示。

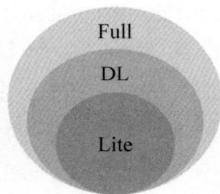

图 2-10　OWL 1.0 的主要子语言

表 2-1　3 类子语言的特征和使用限制举例

子语言	特　　征	使用限制举例
OWL Lite	用于提供给那些只需要一个分类层次和简单的属性约束的用户	支持基数（cardinality），但允许基数为 0 或 1
OWL DL	在 OWL Lite 基础上包括了 OWL 语言的所有约束。该语言上的逻辑蕴涵是可判定的	当一个类可以是多个类的一个子类时，它被约束不能是另外一个类的实例
OWL Full	它允许在预定义的（RDF、OWL）词汇表上增加词汇，从而任何推理软件均不能支持 OWL Full 的所有特征。OWL Full 语言上的逻辑蕴涵通常是不可判定的	一个类可以被同时表达为许多个体的一个集合以及这个集合中的一个个体。具有二阶逻辑特点

OWL 子语言选择的原则如下：

（1）选择 OWL Lite 还是 OWL DL 主要取决于用户需要整个语言在多大程度上给出约束的表达性。

（2）选择 OWL DL 还是 OWL Full 主要取决于用户在多大程度上需要 RDF 的元模型机制，如定义类型的类型以及类型赋予属性。

（3）当使用 OWL Full 而不是 OWL DL 时，推理支持可能无法工作，因为目前还没有完全 OWL Full 的系统实现。

OWL Full 可以看成是 RDF 的扩展；OWL Lite 和 OWL Full 可以看成是一个约束化的 RDF 扩展；所有的 OWL 文档（Lite、DL、Full）都是一个 RDF 文档，所有的 RDF 文档都是一个 OWL Full 文档，只有一些 RDF 文档是一个合法的 OWL Lite 和 OWL DL 文档。

下面介绍 OWL 中的几个重要概念。

（1）等价性。声明两个类、属性和实例是等价的。例如，exp：运动员 owl：equivalentClass exp：体育选手、exp：获得 owl：equivalentProperty exp：取得、exp：运动员 owl：sameIndividualAs exp：小明，以上 3 个三元组分别声明了两个类、两个属性以及两个个体是等价的，exp 是命名空间 http://www.example.org 的别称，命名空间是唯一识别的一套名字，用来避免名字冲突，在 OWL 中可以是一个 URL。

（2）属性传递性。声明一个属性是传递关系。例如，exp：ancestor rdf：type owl：TransitiveProperty 表明 exp：ancestor 是一个传递关系。如果一个属性被声明为传递，则由 a exp：ancestor b 和 b exp：ancestor c 可以推出 a exp：ancestor c。

（3）属性互逆。声明两个属性有互逆的关系。例如，exp：ancestor owkinverseOf exp：descendant 是指 exp：ancestor 和 exp：descendant 是互逆的。

（4）属性的函数性。声明一个属性是函数。例如，exprhasMother rdf：type owl：FunctionalProperty 是指 exp：hasMother 是一个函数，即一个生物只能有一个母亲。

（5）属性的对称性。声明一个属性是对称的。例如，exp：firiend rdf：type owlrSymmetricProperty 是指 exp：friend 是一个具有对称性的属性；如果 exp：小明 exp：friendexp：小林，那么根据上述声明，有 exp：小林 exp：friend exp：小明。

（6）属性的全称限定。声明一个属性是全称限定。例如，exp：Person owkallValuesFrom exp：Women、exp：Person owl：onProperty exp：hasMother，说明 exp：hasMother 在主语属于 exp：Person 类的条件下，宾语的取值只能来自 exp：Women 类。

（7）属性的存在限定声明。声明一个属性是存在限定。例如，

```
exp: Semantic WebPaper owl: someValuesFrom exp: AAAI
exp: SemanticWebPaper owl:onProperty exp:publishedln
```

说明 exp：publishedln 在主语属于 exp：SemanticWebPaper 类的条件下，宾语的取值部分来自 exp：AAAI 类。

（8）属性的基数限定声明。声明一个属性的基数。例如，

```
exp:Person owl cardinality " 1 " AAxsd:integer
exp:Person owl:onProperty exp:hasMother
```

说明 exp：hasMother 在主语属于 exp：Person 类的条件下，宾语的取值只能有一个，"1"的数据类型被声明为 xsdrinteger，这是基数约束，本质上属于属性的局部约束。

（9）相交的类声明。声明一个类等价于两个类相交。例如，

```
exp:Mother owl: intersectionOf _tmp
_tap rdf:type rdfs: Collection
_tmp rdfs:member exprPerson
_tmp rdfs:member exp:HasChildren
```

其中, _temp 是临时资源, 它是 rdfs: Collection 类型, 是一个容器, 它的两个成员是 exp: Person 和 exp: HasChildren。上述三元组说明 exp: Mother 是 exp: Person 和 exp: HasChildren 两个类的交集。

5. 知识图谱查询语言的表示

RDF 支持类似数据库的查询语言, 叫作 SPARQL, 它提供了查询 RDF 数据的标准语法、处理 SPARQL 查询的规则以及结果返回形式。

1) SPARQL 知识图谱查询基本构成

(1) 变量。RDF 中的资源, 以"?"或者"$"指示;

(2) 三元组模板。在 WHERE 子句中列出关联的三元组模板, 之所以称之为模板, 是因为三元组中允许存在变量。

(3) SELECT 子句中指示要查询的目标变量。

下面是一个简单的 SPARQL 查询例子:

```
PREFIX exp: http://www.example.org/
SELECT ?student
WHERE {
    ?student exp:studies exp:CS328.
}
```

这个 SPARQL 查询是指查询所有选修 CS328 课程的学生, PREFIX 部分进行命名空间的声明, 使得下面查询的书写更为简洁。

2) 常见的 SPARQL 查询算子

(1) 可选算子 OPTIONAL 是指在这个算子覆盖范围的查询语句是可选的。例如,

```
SELECT ?student ?email
WHERE {
        ?student exp:studies exp:CS328 .
OPTIONAL {
        ?student foaf:mbox ?email .
        }
    }
```

是指查询所有选修 CS328 课程的学生姓名以及他们的邮箱。OPTIONAL 关键词指示如果没有邮箱, 则依然返回学生姓名, 邮箱处空缺。

(2) 过滤算子 FILTER 是指这个算子覆盖范围的查询语句可以用来过滤查询结果。例如,

```
SELECT ?module ?name ?age
WHERE {
    ?student exp:studies ?module .
    ?student foaf:name ?name .
 OPTIONAL {
    ?student exp:age ?age .
FILTER (?age > 25)}
    }
```

是指查询学生姓名、选修课程及他们的年龄; 如果有年龄, 则年龄必须大于 25 岁。

（3）并算子 UNION 是指将两个查询的结果合并起来。例如，

```
SELECT ?student ?email
    WHERE {
        {
            ?student foaf:mbox ?email .
            ?student exp:studies exp:CS328 .
        }
    UNION
        {
            ?student foaf:mbox ?email .
            ?student exp:studies exp:CS329 .
        }
    }
```

是指查询选修课程 CS328 的学生姓名以及邮件。注意，这里的邮件是必须返回的，如果没有邮件值，则不返回这条记录。需要注意 UNION 和 OPTIONAL 的区别。

2.2　开放域知识表示

2.2.1　概述

不同的知识图谱项目会根据实际的需要选择不同的知识表示框架。这些框架有不同的描述术语、表达能力、数据格式等方面的考虑，但本质上有相似之处。这里以 3 个最典型的开放域知识图谱（Freebase、Wikidata、ConceptNet）为例，尝试比较不同的知识图谱项目选用的知识表示框架，并总结影响知识表示框架选择的主要因素。为便于比较分析，以 RDF、OWL 的描述术语和表达能力为主要比较对象。

2.2.2　Freebase

Freebase 是一个由元数据组成的大型合作知识库，内容主要来自其社区成员的贡献。它整合了许多网上的资源，包括部分私人 Wiki 站点中的内容。Freebase 致力于打造一个允许全球所有人（和机器）快捷访问的资源库，由美国软件公司 Metaweb 开发并于 2007 年 3 月公开运营。Metaweb2010 年 7 月 16 日被 Google 收购。2014 年 12 月 16 日，Google 宣布将在 6 个月后关闭 Freebase，并将全部数据迁移至 Wikidata。Freebase 的整体设计很有意思，在知识图谱设计上很具代表性。

2015 年 12 月 16 日，Google 正式宣布知识图谱 API 页面存档备份保存于互联网档案馆，用于替代 Freebase API。Freebase.com 于 2016 年 5 月 2 日正式关闭。

Freebase 的知识表示框架主要包含如下要素。

（1）Object（对象）。Object 代表实体。每个 Object 有唯一的 ID，称为 MID（Machine ID）。一个 Object 可以有一个或多个 Types。

（2）Facts（事实）。Properties 用来描述 Facts。例如，Barack Obama 是一个 Object，并拥有一个唯一的 MID："/m/02mjmr"。

（3）Types（类型）。

(4) Properties(属性)。

通过类型及其配置的属性,可结构化一个 Topic,如果 Topic 属于多个 Type,则其结构为这些 Type 属性的集合。如果属性是基本类型,则存储该 Topic;若是 CVT,则作为另一个 Topic 存储,通过边进行关联。如图 2-11(a)所示为模型,图 2-11(b)所示为 Topic。

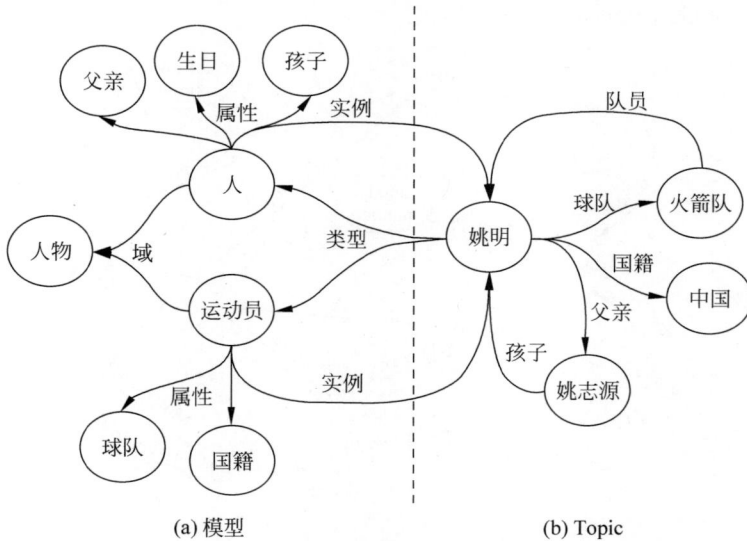

图 2-11　属性通过边进行关联

2.2.3　Wikidata

Wikidata(维基数据)是一个可协同编辑的知识库,是继 2006 年的维基学院之后,第一个新的维基媒体基金会项目。这一项目与维基共享资源的工作方式类似,将为其他维基计划及各语种维基百科中的信息框、列表及跨语言链接等提供统一存放的数据,该项目在 2012 年 10 月 30 日投入使用。Wikidata 借由软件 Wikibase 运行。

Wikidata 的知识表示框架主要包含 Pages(页面)、Entities(实体)、Item(条目)、Properties(属性)、Statements(陈述)、Qualifiers(修饰)、Reference(引用)等要素。

2.2.4　ConceptNet5

ConceptNet 是免费提供的语义网络,旨在帮助计算机理解人们使用的单词的含义。ConceptNet 源自 1999 年在麻省理工学院媒体实验室启动的项目"开放思维常识"。从那时起,它就已经包括来自其他众包资源、专家创建的资源以及有目的游戏的知识。

ConceptNet 知识表示框架主要包含 Concepts(概念)、Words(词)、Phrases(短语)、Assertions(断言)、Relations(关系)、Edges(边)等要素。

Concepts 由 Words 或 Phrases 组成,构成了图谱中的节点。与其他知识图谱的节点不同,这些 Concepts 通常是从自然语言文本中提取出来的,更接近自然语言描述,而不是形式化的命名。Assertions 描述了 Concepts 之间的关系,类似于 RDF 中的 Statements。Edges 类似于 RDF 中的 Property。一个 Concepts 包含多条边,而一条边可能有多个产生来源。例如,一个"化妆可以使人漂亮"的断言可能来源于文本抽取,也可能来源于用户的手工输入。来源越多,该断言就越可靠。ConceptNet5 根据来源的多少和可靠程度计算每个断言的置信度。

ConceptNet5 中的关系包含 21 个预定义的、多语言通用的关系,如 IsA、UsedFor 等,以及从自然语言文本中抽取的更加接近自然语言描述的非形式化的关系,如 on topof、caused by 等。图 2-12 为 ConceptNet5 示例。

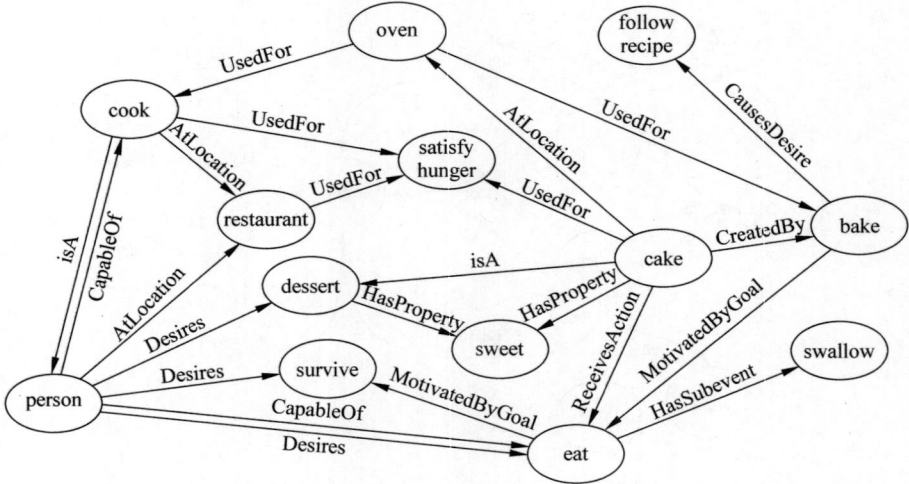

图 2-12 ConceptNet5 示例

2.3 知识图谱向量表示

2.3.1 表示

知识图谱将人类知识组织整理成结构化知识库,在很多领域发挥了重要的基础作用,知识的向量表示旨在研究如何更好地表示知识(实体的关系)的语义信息,将知识库中的实体和关系表示为低维稠密的实体向量,以便更好地利用知识图谱信息。

知识表示的前提是表示学习,就是把图像、文本、语音等的语义信息表示为低维稠密的实体向量,如图 2-13 所示。将表示学习应用于知识图谱,即是知识表示学习。

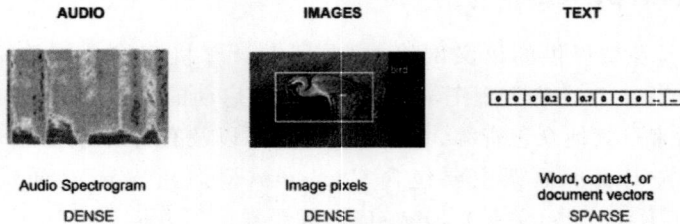

图 2-13 知识表示学习

2.3.2 语言的表示方法

1. 独热表示

独热表示(one-hot representation)是非分布式表示,又称为一位有效编码。独热表示

的方法是使用 N 位状态寄存器来对 N 个状态进行编码,每个状态都有它独立的寄存器位,并且在任意时候,其中只有一位有效。即,只有一位是 1,其余都是 0。

举个例子:

"话筒"表示为 $[0\ 0\ 0\ 1\ 0\ 0\ 0\ 0\ 0\ 0\ 0\ 0\ 0\ 0\ 0\ 0\ 0 \cdots]$

"麦克"表示为 $[0\ 0\ 0\ 0\ 0\ 0\ 0\ 0\ 1\ 0\ 0\ 0\ 0\ 0\ 0\ 0\ 0 \cdots]$

独热表示采用稀疏方式存储,也就是给每个词分配一个数字 ID,因此非常简洁。例如,在刚才的例子中,话筒记为 3,麦克记为 8。

独热表示的缺点如下:

(1) 向量的维度会随着句子的词的数量类型增大而增大。

(2) 任意两个词之间都是孤立的,无法表示出在语义层面上词语词之间的相关信息。

(3) 它得到的向量或矩阵是离散稀疏的。

例如,对"hello world"进行独热编码,得到的独热编码如图 2-14 所示。

分类变量	a	b	c	d	e	f	g	h	i	j	k	l	m	n	o	p	q	r	s	t	u	v	w	x	y	z	空	
h	0	0	0	0	0	0	0	1	0	0	0	0	0	0	0	0	0	0	0	0	0	0	0	0	0	0	0	→ 二进制向量
e	0	0	0	0	1	0	0	0	0	0	0	0	0	0	0	0	0	0	0	0	0	0	0	0	0	0	0	
l	0	0	0	0	0	0	0	0	0	0	0	1	0	0	0	0	0	0	0	0	0	0	0	0	0	0	0	
l	0	0	0	0	0	0	0	0	0	0	0	1	0	0	0	0	0	0	0	0	0	0	0	0	0	0	0	
o	0	0	0	0	0	0	0	0	0	0	0	0	0	0	1	0	0	0	0	0	0	0	0	0	0	0	0	
空	0	0	0	0	0	0	0	0	0	0	0	0	0	0	0	0	0	0	0	0	0	0	0	0	0	0	1	
w	0	0	0	0	0	0	0	0	0	0	0	0	0	0	0	0	0	0	0	0	0	0	1	0	0	0	0	
o	0	0	0	0	0	0	0	0	0	0	0	0	0	0	1	0	0	0	0	0	0	0	0	0	0	0	0	
r	0	0	0	0	0	0	0	0	0	0	0	0	0	0	0	0	0	1	0	0	0	0	0	0	0	0	0	
l	0	0	0	0	0	0	0	0	0	0	0	1	0	0	0	0	0	0	0	0	0	0	0	0	0	0	0	
d	0	0	0	1	0	0	0	0	0	0	0	0	0	0	0	0	0	0	0	0	0	0	0	0	0	0	0	

图 2-14　独热编码

传统的独热表示仅仅将词符号化,不包含任何语义信息。如何将语义融入词表示中? Harris 在 1954 年提出的分布假说(distributional hypothesis)为这一设想提供了理论基础: 上下文相似的词,其语义也相似。Firth 在 1957 年对分布假说进行了进一步的阐述和明确: 词的语义由其上下文决定。

基于分布假说的词表示方法,根据建模方式的不同,主要可以分为 3 类: 基于矩阵的分布式表示、基于聚类的分布式表示和基于神经网络的分布式表示。尽管这些不同的分布式表示方法使用了不同的技术手段获取词表示,但由于这些方法均基于分布假说,所以它们的核心思想也都由两部分组成: 第一,选择一种方式描述上下文; 第二,选择一种模型刻画某个词(下文称"目标词")与其上下文之间的关系。

2. 分布式表示

基于神经网络的分布式表示一般称为词向量、词嵌入(word embedding),典型的分布式表示(distributed representation)中,来自词汇表的单词或短语被映射到实数的向量。从概念上讲,它涉及从每个单词一维的空间到具有更低维度的连续向量空间的数学嵌入。

神经网络词向量表示技术通过神经网络技术对上下文,以及上下文与目标词之间的关系进行建模。由于神经网络较为灵活,这类方法的最大优势在于可以表示复杂的上下文。在前面基于矩阵的分布式表示方法中,最常用的上下文是词。如果使用包含词序信息的 n-gram 作为上下文,当 n 增加时,n-gram 的总数会呈指数级增长,此时会遇到维数灾难问题。而神经网络在表示 n-gram 时,可以通过一些组合方式对 n 个词进行组合,参数个数仅以线性速度增长。有了这一优势,神经网络模型可以对更复杂的上下文进行建模,在词向量中包含更丰富的语义信息。

分布式表示的优势如下:

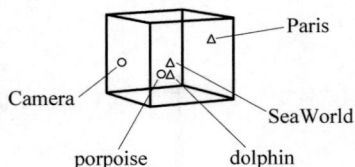

图 2-15　分布式表示

（1）词向量可以解决独热方法的缺点,它的思路是通过训练,将每个词都映射为一个较短的词向量。

（2）所有的这些词向量就构成了向量空间,进而可以用普通的统计学的方法来研究词与词之间的关系。

（3）对象均被表示成稠密、实值、低维向量。

图 2-15 给出了分布式表示的一个示例。

2.3.3　词嵌入、词向量

基于神经网络的分布式表示又称为词向量、词嵌入,神经网络词向量模型与其他分布式表示方法一样,均基于分布假说,核心依然是上下文的表示以及上下文与目标词之间关系的建模。

前面提到过,为了选择一种模型刻画某个词(下文称"目标词")与其上下文之间的关系,我们需要在词向量中捕捉到一个词的上下文信息。同时,上面我们提到了统计语言模型正好具有捕捉上下文信息的能力。那么构建上下文与目标词之间的关系,最自然的一种思路就是使用语言模型。从历史上看,早期的词向量只是神经网络语言模型的副产品。

2001 年,Bengio 等正式提出神经网络语言模型（Neural Network Language Model, NNLM）,该模型在学习语言模型的同时,也得到了词向量。所以,词向量可认为是神经网络训练语言模型的副产品。

前面提过,独热表示法具有维度过大的缺点,那么现在将向量做如下改进。

（1）将向量的每一个元素由整型改为浮点型,变为整个实数范围的表示。

（2）将原来稀疏的巨大维度压缩嵌入一个更小维度的空间,如图 2-16 所示。

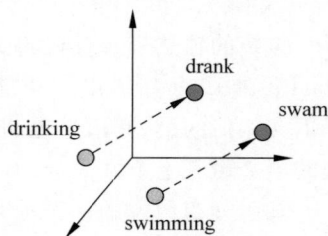

图 2-16　维度压缩嵌入

2.3.4　神经网络语言模型与 Word2vec

通过神经网络训练语言模型可以得到词向量,常见的神经网络语言模型类型如下。

（1）NNLM（Neural Network Language Model）。

（2）对数双线性语言模型（Log-Bilinear Language Model,LBL）。

（3）基于递归神经网络的语言模型（Recurrent Neural Network based Language Model,RNNLM）。

（4）连续词袋模型（Continuous Bag-of-Word,CBOW）。

（5）Skip-gram。

上面提到的 5 个神经网络语言模型,只是逻辑上的概念,具体还需要通过设计将其实现出来,而实现 CBOW 和 Skip-gram 语言模型的工具正是 Word2vec。

Word2vec 是一群用来产生词向量的相关模型,使用的是分布式表示的词向量表示方式。这些模型为浅而双层的神经网络,用来训练以重新建构语言学之词文本。网络以词表现,并且需要猜测相邻位置的输入词,在 Word2vec 中词袋模型假设下,词的顺序是不重要的。训练完成之后,Word2vec 模型可用来将每个词映射到一个向量,并可用来表示词对词之间的关系,该向量为神经网络的隐藏层。

Word2vec 基本思想是通过训练将每个词映射成 K 维实数向量后,可通过词之间的距离(如 cosine 相似度、欧氏距离等)来判断它们之间的语义相似度,输出的词向量可以被用来做很多 NLP 相关的工作,比如聚类、找同义词、词性分析等。同时,Word2vec 还发现有趣的单词类比推理现象,即

$$V(king) - V(man) + V(woman) \approx V(queue)$$

这为自然语言处理领域的应用研究提供了新的工具。Word2vec 依赖 Skip-gram 或连续词袋来建立神经网络词嵌入。

在 Word2vec 模型中,主要有 Skip-gram 和 CBOW 两种模型,从直观上理解,Skip-gram 是通过给定的输入词来预测上下文。而 CBOW 通过给定上下文来预测输入词,如图 2-17 所示。

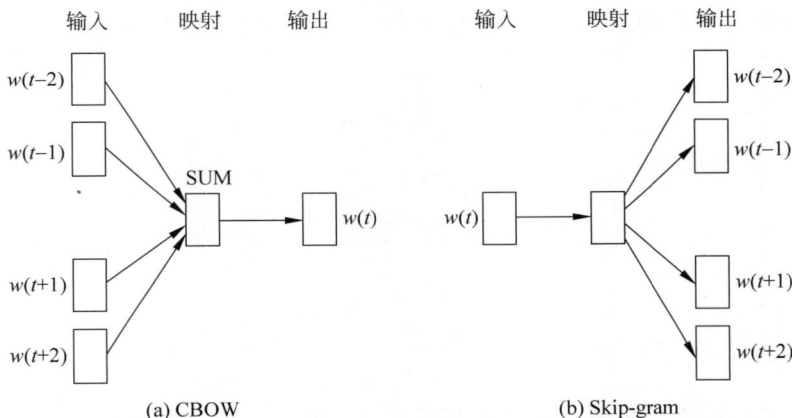

图 2-17　CBOW 和 Skip-gram 模型结构图

2.3.5　表示学习

通过挖掘现实文本中的实体与关系信息,我们能够将世界知识组织成结构化的知识网络,诸如 Freebase、DBpedia、YAGO 等大规模的世界知识图谱蕴含着大量结构化的世界知识。利用这些丰富的结构化信息有助于我们在知识驱动下更好地完成各种场景下的具体任务。但是,正如我们在前文提到的那样,采用传统的特征提取方法来处理知识图谱将会面临计算效率低与结构稀疏等问题,这将在很大程度上影响知识图谱在具体任务场景中的部署与使用。因此,为了能够将知识图谱中丰富的结构化信息运用到下游应用中,对知识图谱进行表示学习,并进一步得到图谱中实体与关系的低维稠密向量表示是十分必要的。

世界知识表示的核心在于对世界知识图谱中的实体与关系进行表示,并能够通过表示向量来捕捉实体与关系之间的关联。当下已有不少模型对世界知识图谱进行表示学习,其中平移模型 TransE 作为其中极具代表性的模型,将实体和关系映射至同一个低维向量空间,并将实体与实体之间的关系表示为实体向量之间的平移操作,在结构简单的同时能够取

得显著的效果。

知识图谱的表示学习即将知识图谱构建成一个（head，relation，tail）的三元组形式，通过目标函数将实体和关系分别以低维的向量来表示。Trans 系列的知识图谱表示方法均采用同样的函数思想，即 $|h+r| \approx t$，其中，h、t 分别表示知识图谱中的头实体和尾实体的向量表示，r 表示为关系的向量表示。Trans 方法主要有 TransE、TransH、TransR、CtransR、TransD、TransA 及 TransG 等。

TransE 是基于实体和关系的分布式向量表示，由 Bordes 等于 2013 年提出，受Word2vec 启发，利用了词向量的平移不变现象。将每个三元组实例（head，relation，tail）中的关系（relation）看作从实体 head 到实体 tail 的翻译，通过不断调整 h、t 和 r（head、relation 和 tail 的向量），使 $h+r$ 尽可能与 t 相等，即 $h+r \approx t$。该优化目标如图 2-18 所示。

在 TransE 中，实体和关系全都在一个平面上，然而实体和关系都是不同类型的数据，全在一个平面上并不合适。一个实体是多种属性的综合体，不同关系关注实体的不同属性。直觉上一些相似的实体在实体空间中应该彼此靠近，但是同样地，在一些特定的不同的方面在对应的关系空间中应该彼此远离。TransR 为每个关系 r 设置了对应的矩阵 M_r 和向量 r、h 和 t 通过映射矩阵 M_r 转换为关系 r 相关的实体，如图 2-19 所示。

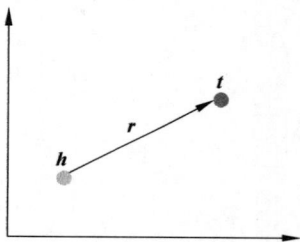

图 2-18　优化目标　　　　　　图 2-19　向量转化

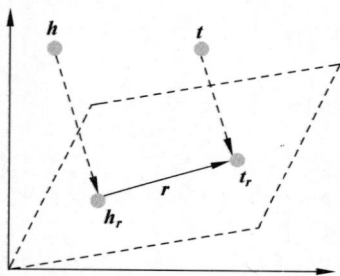

TransR 中的映射矩阵 M 只和关系 r 有关，TransD 是 TransR 的加强，它为每个实体和关系定义了两个向量：一个向量用来标识实体或关系；另一个向量是映射向量（projection vector），用来将实体转换为不同关系空间上的向量并用来生成映射矩阵。与 TransR/CTransR 的计算相比，TransD 需要的属性更少，计算使用的各项公式中没有矩阵乘以向量的运算，便于在大规模的图计算中使用。

知识表示学习是面向知识库中实体和关系的表示学习。通过将实体或关系映射到低维向量空间，我们能够实现对实体和关系的语义信息的表示，可以高效地计算实体、关系及其之间的复杂语义关联。这对知识库的构建、推理与应用均有重要意义。知识表示学习得到的分布式表示有以下典型应用。

（1）相似度计算。利用实体的分布式表示，可以快速计算实体间的语义相似度，这对于自然语言处理和信息检索的很多任务具有重要意义。

（2）知识图谱补全。构建大规模知识图谱，需要不断补充实体间的关系。利用知识表示学习模型，可以预测两个实体的关系，一般称为知识库的链接预测，又称为知识图谱补全。

（3）其他应用。知识表示学习已被广泛用于关系抽取、自动问答、实体链接等任务，展现出巨大的应用潜力。随着深度学习在自然语言处理各项重要任务中得到广泛应用，这将为知识表示学习带来更广阔的应用空间。

2.4 案例：RDF 三元组构建实例

2.4.1 问题描述

RDF 数据是一个图模型，其中的节点是 URI 引用、空白节点或字面量。在 RDFLib 中，这些节点类型由 URIRef、BNode 和 Literal 类表示。URIRef 和 BNodes 都可以被视为资源，例如，个人、公司、网站等。

(1) BNode 是不知道确切 URI 的节点。

(2) URIRef 是一个确切 URI 为已知的节点。URIRef 也用于表示 RDF 图中的属性/谓词。

(3) 文字表示属性值，如名称、日期、数字等。最常见的文字值是 XML 数据类型，例如，字符串、整数等。

2.4.2 思路描述

此处使用 Python 中的 RDFLib 库，可以方便地完成 RDF 的 Triple 格式的建模。

2.4.3 解决方法

1. 创建节点

节点可以由节点类的构造函数创建：

```
from rdflib import URIRef, BNode, Literal
bob = URIRef("http://example.org/people/Bob")
linda = BNode() # a GUID is generated
name = Literal('Bob') # passing a string
age = Literal(24) # passing a python int
height = Literal(76.5) # passing a python float
```

可以从 Python 对象创建字面量，这将创建数据类型的字面量。

为了在同一个命名空间中创建更多 URIRef，即具有相同前缀的 URI，RDFLib 定义了 rdflib.namespace.Namespace 类：

```
from rdflib import Namespace
n = Namespace("http://example.org/people/")
n.bob # = rdflib.term.URIRef(u'http://example.org/people/bob')
n.eve # = rdflib.term.URIRef(u'http://example.org/people/eve')
```

这对于所有属性和类都具有相同 URI 前缀的架构非常有用。RDFLib 为一些常见的 RDF / OWL 模式定义了命名空间，包括大多数 W3C 模式：

```
from rdflib.namespace import CSVW, DC, DCAT, DCTERMS, DOAP, FOAF, ODRL2, ORG, OWL, PROF, PROV,
RDF, RDFS, SDO, SH, SKOS, SOSA, SSN, TIME, VOID, XMLNS, XSD RDF.type
# = rdflib.term.URIRef("http://www.w3.org/1999/02/22 - rdf - syntax - ns#type")
FOAF.knows
# = rdflib.term.URIRef("http://xmlns.com/foaf/0.1/knows")
```

```
PROF.isProfileOf
#  = rdflib.term.URIRef("http://www.w3.org/ns/dx/prof/isProfileOf")
SOSA.Sensor
#  = rdflib.term.URIRef("http://www.w3.org/ns/sosa/Sensor")
```

2. 添加三元组

可以使用 add()函数直接在 Python 代码中添加三元组：Graph.add(triple)[源代码]。add()接受一个三元组的 RDFLib 节点，此处还使用了前面已定义的节点和命名空间：

```
from rdflib import Graph
g = Graph()
g.bind("foaf", FOAF)
g.add((bob, RDF.type, FOAF.Person))
g.add((bob, FOAF.name, name))
g.add((bob, FOAF.knows, linda))
g.add((linda, RDF.type, FOAF.Person))
g.add((linda, FOAF.name, Literal("Linda")))
print(g.serialize(format = "turtle").decode("utf - 8"))
```

输出

```
@prefix foaf: < http://xmlns.com/foaf/0.1/> .
< http://example.org/people/Bob > a foaf:Person ;
    foaf:knows [ a foaf:Person ;
              foaf:name "Linda" ] ;
    foaf:name "Bob" .
```

对于某些属性，每个资源只有一个值才有意义（即它们是功能属性，或最大基数为 1）。set()方法对此有用：

```
g.add((bob, FOAF.age, Literal(42)))
print("Bob is ", g.value(bob, FOAF.age))
#  prints: Bob is 42
g.set((bob, FOAF.age, Literal(43)))    #  replaces 42 set above
print("Bob is now ", g.value(bob, FOAF.age))
#  prints: Bob is now 43
```

rdflib.graph.Graph.value()是匹配的查询方法，它将返回属性的单个值。如果有更多值，则可能引发异常。

3. 删除三元组

同样，调用 remove()完成删除三元组的操作，语句为：Graph.remove(triple)[源代码]，表示从 Graph 中删除三元组。如果三元组不提供上下文属性，则从所有上下文中删除三元组。删除时，如果不指定删除三元组的哪一部分（即无传递），则会删除所有匹配的三元组：

```
g. remove((bob, None, None)) #  remove all triples about bob
```

4. 示例

LiveJournal 为用户生成 FOAF 数据，但似乎使用了 foaf：member_name 作为一个人的全名。为了与其他来源的数据保持一致，最好以 foaf：name 替代 foaf：member_name（个穷人的单向猫头鹰：equivalentProperty)的同义词：

```
from rdflib.namespace import FOAF
g.parse("http://danbri.livejournal.com/data/foaf")
for s, p, o in g.triples((None, FOAF['member_name'], None)):
    g.add((s, FOAF['name'], o))
```

注意，自 RDFLib 5.0.0 起，由于 FOAF 被声明为 ClosedNamespace()类实例，该实例具有一组封闭的成员，而 foaf:member_name 不是其中之一，因此在 RDFLib 中禁止使用 foaf:member_name。

2.4.4 案例总结

通过本案例可以了解三元组作为 RDF 的一种格式及其建模方法，并通过示例代码初步掌握了 RDFLib 库的基本使用。

2.5 实验：知识本体建模实验

2.5.1 实验内容

本体是语义网的描述载体，知识图谱中需要一个本体来形式化地描述和界定它所描述的知识和事实的范围。Protege 是斯坦福大学开发的本体构建工具，是目前最流行的知识建模工具。

使用 Protege 进行知识本体建模，并进行可视化。同时了解 RDF、RDFS 和 OWL，理解实体与本体之间的关系。

2.5.2 实验目标

(1) 了解 RDF、RDFS 和 OWL。
(2) 掌握 Protege 的安装方法。
(3) 掌握 Protege 的基本操作。
(4) 使用 Protege 进行本体建模。

2.5.3 实验操作步骤

1. 实验环境准备

在网络浏览器的检索框中输入 http://file.ictedu.com/file/3740/Protege-5.5.0-linux.tar.gz 并按 Enter 键，在弹出的对话框中，选中 Save File 单选按钮，单击 OK 按钮，开始下载数据。文件下载完成后，进入/home/techuser/Downloads 目录，找到下载的文件 Protege-5.5.0-linux.tar.gz，右击，在弹出的快捷菜单中选择 Open Terminal Here 命令，如图 2-20 所示。进入控制台界面，输入

```
tar - zxvf Protege - 5.5.0 - linux.tar.gz
```

即可完成环境准备。

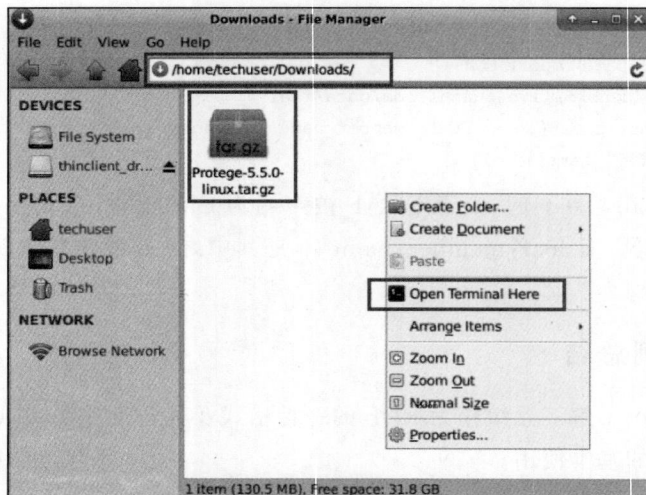

图 2-20　打开控制台界面

2. 知识建模

这里以巴西著名球星罗纳尔多的知识本体举例,如图 2-21 所示,这个例子比较简单,但可方便地了解知识本体建模的过程和方法。

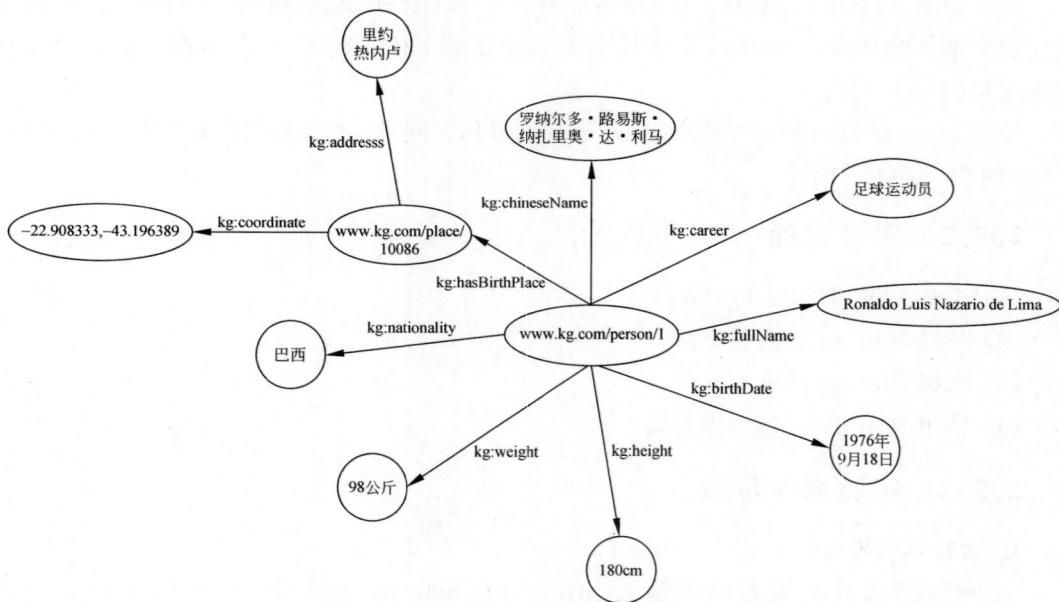

图 2-21　罗纳尔多的知识本体

在/home/techuser/Downloads 目录下的 Terminal 中输入

```
cd Protege - 5.5.0
```

进入/home/techuser/Downloads/Protege-5.5.0 目录,输入

```
./run.sh
```

即可打开 Protege,如图 2-22 所示。之后出现一个新建的本体页面,也可以选择 File-> New

命令创建新的本体页面。如图 2-23 所示,创建本体时,要在 Ontology IRI 中填写新建本体资源的 IRI。这里一定要先填写符合自己标准的 IRI。

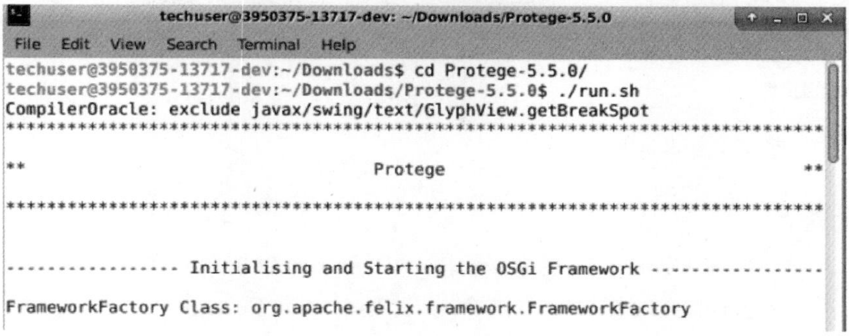

图 2-22　打开 Protege

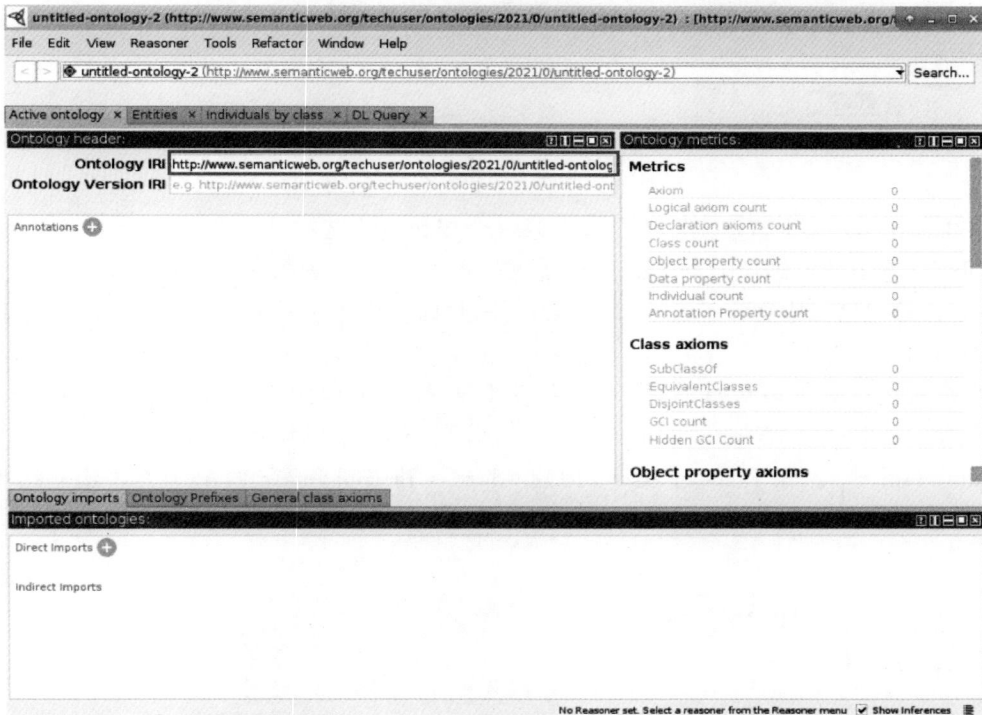

图 2-23　填写新建本体资源的 IRI

新建好本体文件之后,开始建立本体,选择 Entities,出现如图 2-24 所示的界面。可以在这个界面中进行本体的构建。这个界面包含以下标签(label)。

(1) Classes 用于类的添加、删除。

(2) Object properties 是对象属性,定义类之间的关系。

(3) Data properties 是数据属性,定义类具有的属性。

(4) Annotation properties 是注释属性,可以对本体进行相关信息的注释。

(5) Datatypes 是数据类型,可以修改数据的类型。

(6) Individuals 是实例,可以进行实例的创建。

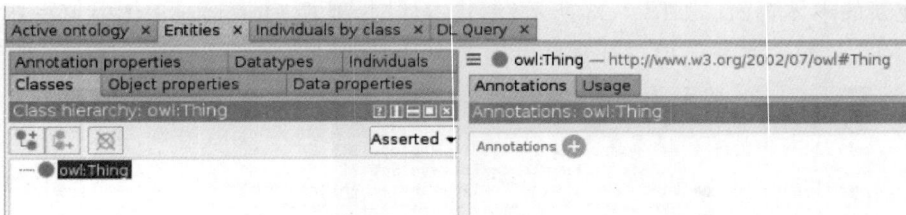

图 2-24　本体构建界面

3. 类的建立

如图 2-25 所示，在 Classes 标签中，选中 owl:Thing，单击 ，在 owl:Thing 节点下新建一个子节点，新建子节点时需要给节点命名，此处命名为 Person。

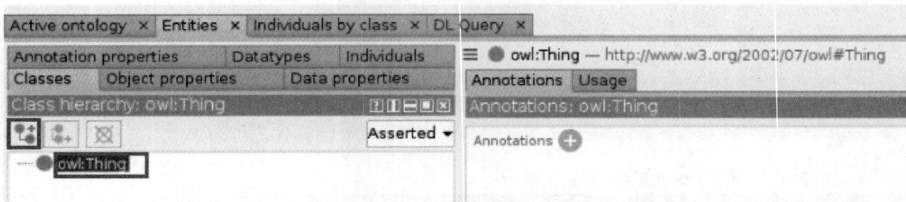

图 2-25　创建子节点

在 Classes 标签中， 从左往右第一个按钮可为选中节点添加一个子节点，第二个按钮可为选中节点添加一个兄弟节点，最后一个按钮用于删除选中节点。单击第一个按钮，在弹出的对话框中输入子类名，单击 OK 按钮，即可构建一个子类，如图 2-26 所示，建立的子类为 Birthday。

根据构建罗纳尔多信息的例子，需要在 Person 类中构建 Birthday、Career、Country、Hight、Name、Place、Weight 等几个子类，然后在 Name 子类下，构建 ChineseName 和 fullName 两个子类，在 Place 子类下，构建 address 和 coordinate 两个子类。建立结果如图 2-27 所示。

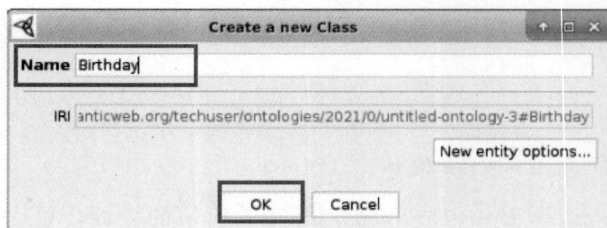

图 2-26　创建子类

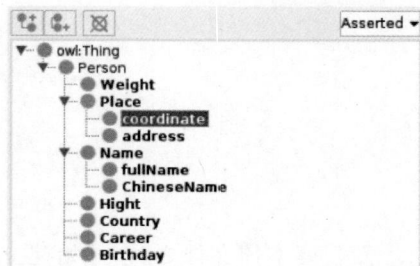

图 2-27　子类构建结果

4. 建立对象属性

本体或者语义网最基础的元素是(s,p,o)三元组，前面提到的类的定义方式可以看作是 s 和 o 的定义方式，这里这个对象属性就是 p 的定义。要理解对象属性，可以从定义一个人的性别开始。人有男人和女人，人是一个对象，男和女又是两个不同的对象，通过性别这一属性将人这个对象把男和女这两个对象联系起来。

选择 Object properties,进入如图 2-28 所示的界面。选择 owl:topObjectProperty,使用上方的 3 个按钮 进行属性的创建和删除,与类的按钮功能划分一致。单击第一个按钮,然后输入子类名,单击 OK 按钮,即可构建一个子属性(例如 career),如图 2-29 所示。

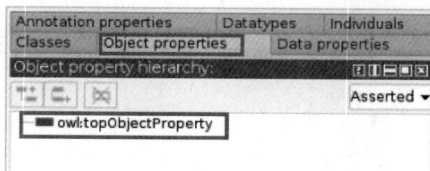

图 2-28 Object properties 界面

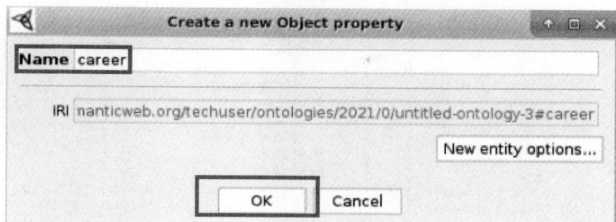

图 2-29 创建子属性

这里需要创建的属性有 weight、country、height、coordinate、fullname、chinesename、career、birthdate、address,结果如图 2-30 所示。

添加完这些属性后,要用这些属性将对象关联起来。这里以子属性 weight 为例,如图 2-31 所示,单击 Domains(intersection)后的加号,即可弹出如图 2-32 所示界面。在界面中选中 Class hierarchy,添加 Person。

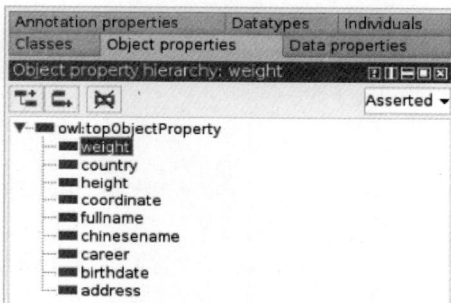

单击图 2-31 中 Ranges(intersection)后的加号,添加 Weight,如图 2-32 所示。这表示 Person 和 Weight 之间是通过子属性 weight 联系起来的(见图 2-33)。其他属性的关联只需在 Domains(intersection)中填入 Person,修改 Ranges(intersection)为属性的对应值即可。

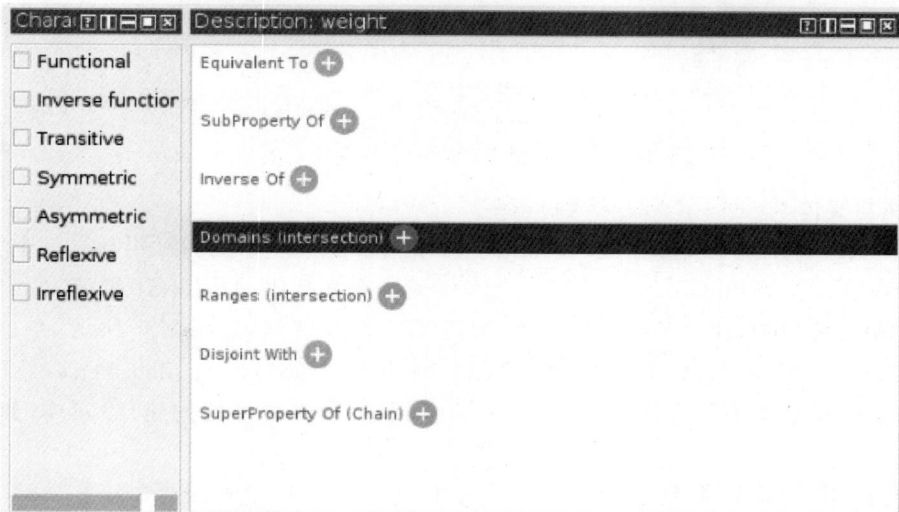

图 2-30 需要创建的属性

图 2-31 子属性 weight

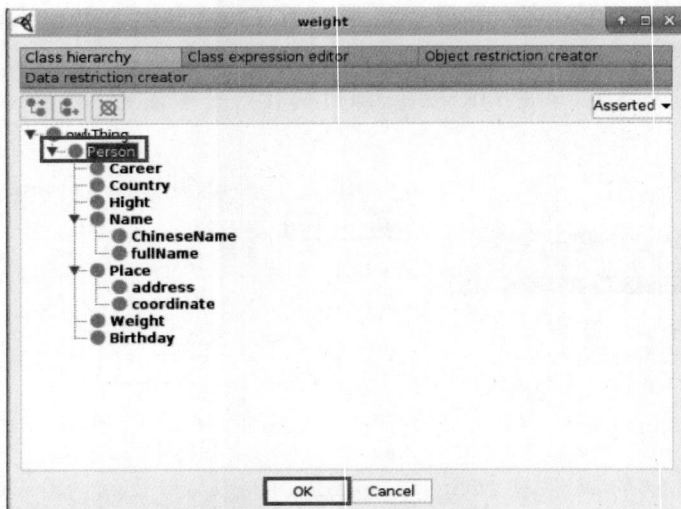

图 2-32　子属性 weight 界面

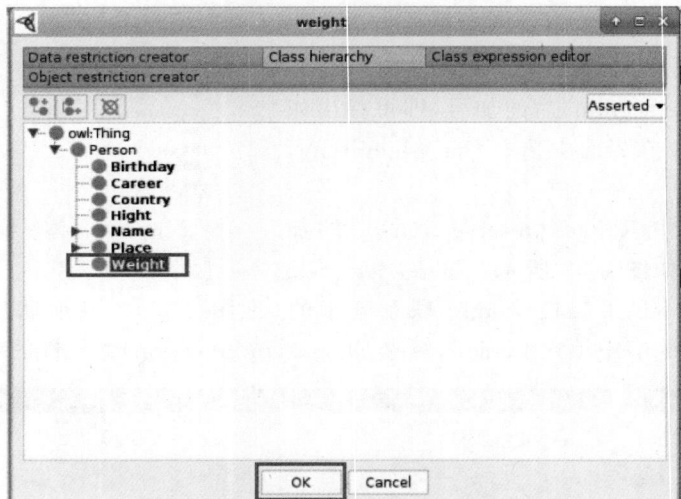

图 2-33　通过子属性 weight 关联对象

5．建立实体

顾名思义,实体就是实际存在的事物。例如,有一个叫小明的男孩,男孩是一个类型,小明是一个实体。选择 Individuals,单击左上角的菱形图案按钮,如图 2-34 所示。

在弹出的窗口中,输入名字,单击 OK 按钮,即可添加实体,如图 2-35 所示。

依次添加 180cm、1976. 9. 18、98kg、Brazil、footballer、luo_na_er_duo、Person1、Rio_de_Janeiro、Ronaldo(这里为了方便,修改了部分信息,但不影响模型的构建)等实体,如图 2-36所示。

接下来,将实体添加到相应的类中,这里以 Person1 举例,找到如图 2-37 所示的 Description 窗口中的 Types,单击后面的加号,选择相应的类后单击 OK 按钮,如图 2-38所示。

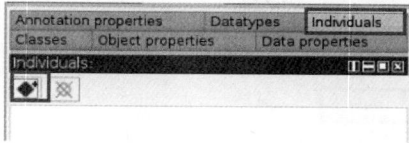

图 2-34 Individuals 界面

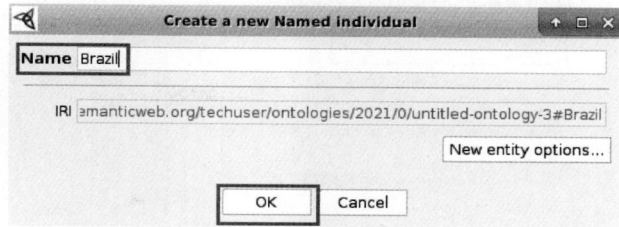

图 2-35 添加单个实体

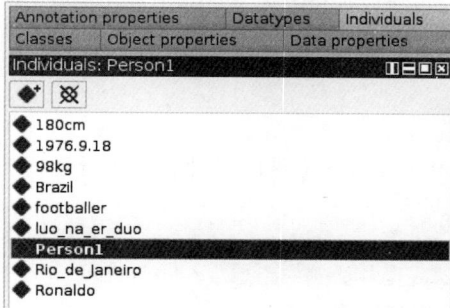

图 2-36 为 Person1 添加的实体

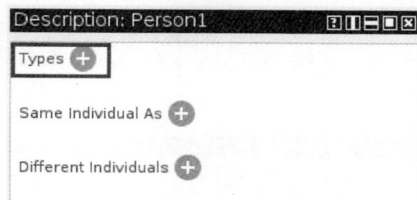

图 2-37 Description 窗口

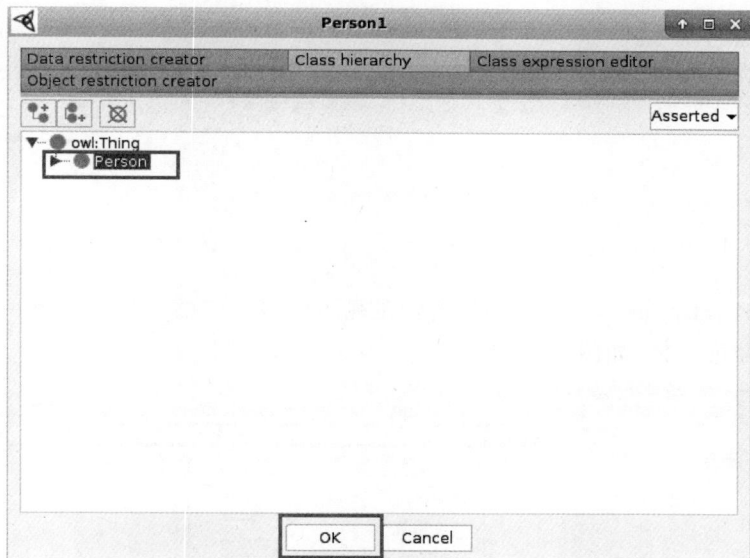

图 2-38 为实体选择相应的类

之后,还需要添加各个实体间的关系(即类与类之间的属性,这里添加的关系必须在之前的对象属性中建立,否则会报错),比如这里的 Person1 是指罗纳尔多这个人,这里添加的关系就包括他的中文名、全名、国家、身高及体重等信息。以国家举例,在如图 2-39 所示的 Property assertions 窗口中找到 Object property assertions,单击后面的加号,输入对象属性 country 和实体 Brazil,单击 OK 按钮即可,如图 2-40 所示。

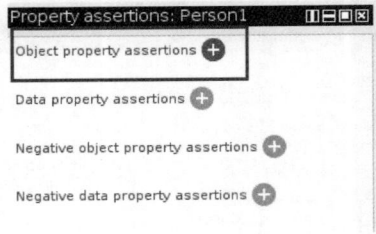

图 2-39 Property assertions 窗口

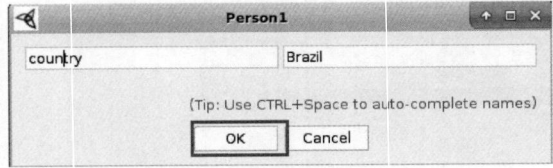

图 2-40 建立实体的关系

接下来用同样的方法，为 Person1 添加 height、country、weight、address、fullname、birthdate、chinesename、career 等关系，结果如图 2-41 所示。

至此，罗纳尔多的知识本体就建好了。

6. 可视化

选择 Window-> Tabs-> OntoGraf 命令，打开 OntoGraf 界面，如图 2-42 所示。

图 2-41 Person1 各实体的关系

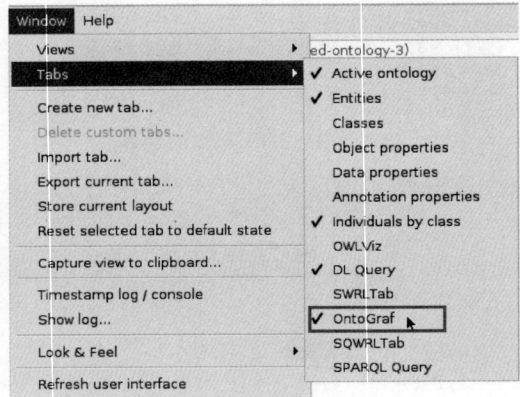

图 2-42 选择 OntoGraf 命令

单击 OntoGraf 标签，选中 Person，然后在视图中将左侧的三角符号▶一个一个点开，就可以看到构建的本体，如图 2-43 所示。

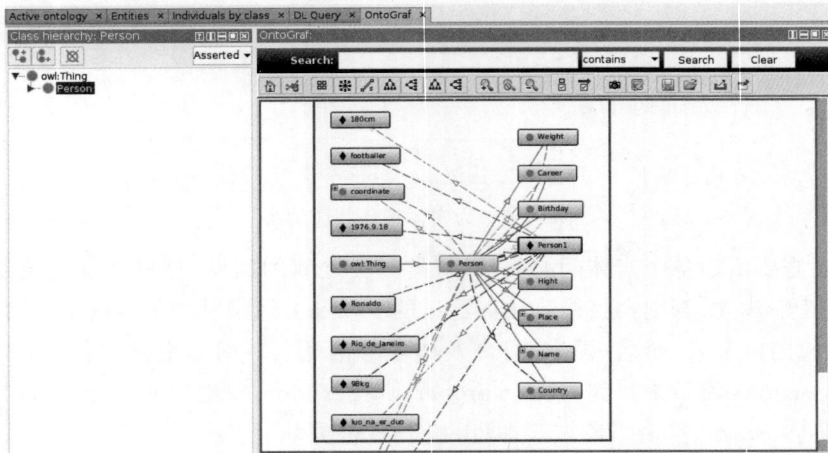

图 2-43 为罗纳尔多构建的知识本体

2.5.4 实验总结

本实验通过罗纳尔多的例子完成了本体知识建模，了解了本体知识建模的基本过程，以及 RDF、RDFS 和 OWL 之间的关系。使用 Protege 进行知识本体建模时，需要理解对象、对象属性、实体和数据属性，重点把握对象属性描述不同对象之间的关系，数据属性描述实体之间的关系，可以结合面向对象编程的思想来理解。

课后习题

1. 选择题

1-1 在 Protege 中，类要在（　　　）标签中建立。

    A. Individuals   B. Classes

    C. Object properties   D. Data properties

1-2 在"小明是一个健康的男孩子"中，"小明"属于（　　　）。

    A. 类   B. 属性   C. 本体   D. 实体

1-3 Freebase 处理多元关系的类型是（　　　）。

    A. RDF   B. CVT   C. RDFS   D. OWL

1-4 自然状态码为 000,001,010,011，那么其独热编码为（　　　）。

    A. 0000, 0001, 0010, 0100   B. 0001, 0010, 0001, 0100

    C. 1000, 0100, 0010, 0001   D. 0000, 0001, 0100, 1000

1-5 下面（　　　）向量用于表示"父亲""母亲""子女"三者的关系是最合理的。

    A. [1, 1, 0], [2, 0, 1], [3, 0, 4]

    B. [0, 0, 0], [2, 3, 0], [1.4, 0.4, 0]

    C. [0, 2.5, 1], [1, 3, 0], [1, 5.5, 1]

    D. [1000, 400, 0], [200, 330, 110], [340, 100, 450]

2. 判断题

2-1 RDF 的表示组有 URI/IRI、XML 和 RDFS，其中，URI/IRI 和 XML 为 RDF 提供的基础语法。（　　　）

2-2 Wikidata 中每个实体只能有一个陈述。（　　　）

2-3 ConceptNet 的断言可能来自人工输入。（　　　）

2-4 表示学习主要是学习自然语言的分布式表示。（　　　）

3. 简答题

3-1 简述 RDF（资源描述框架），以及它与 RDFS 和 OWL 的关系。

3-2 简述 ConceptNet5 中 URI 的特点。

3-3 分布式表示和非分布式表示的代表方法是什么？简述知识表示学习的优点。

第3章

实体与关系挖掘

★本章导读★

　　本章是关于知识图谱中实体和关系的挖掘与抽取的内容,分别介绍领域短语挖掘、同义词挖掘、缩略词挖掘、实体识别。

　　3.1 节介绍领域短语挖掘的定义、与 LDA 的区别、与关键词抽取的区别,以及领域短语挖掘的无监督方法和挖掘结果的统计指标特征:词频-逆文档频率(Term Frequency-Inverse Document Frequency,TF-IDF)、点互信息(Pointwise Mutual Information,PMI)、子短语频次减去负短语频次(C-value)、左邻字熵与右邻字熵(NC-value)等。3.2 节介绍同义词的定义以及同义词挖掘的方法,包括基于同义词资源的方法、基于模式匹配的方法和自举法。3.3 节介绍缩略词挖掘的内容,包括缩略词的概念和形式、缩略词的检测与提取方法以及缩略词的预测等内容。通过对缩略词的挖掘可以更好地理解文本中的含义,并且可以提高实体识别和关系抽取的精度。3.4 节主要介绍实体识别的内容,包括任务概述、传统的实体识别方法和基于深度学习的实体识别方法。实体识别是知识图谱构建的关键技术之一,它可以识别文本中的实体并将其映射到知识图谱的实体节点上。传统的实体识别方法主要是基于规则和模板的方法,而深度学习的实体识别方法则是利用神经网络模型进行实体识别,其准确率和效率均有很大的提高。

　　本章内容是知识图谱实现中不可或缺的一部分,对于构建高质量的知识图谱具有重要的作用。掌握本章的内容,可以帮助读者更好地理解知识图谱的实现过程,并具备实际操作的能力。

★知识要点★

　　(1)知识图谱中的信息提取技术包括领域短语挖掘、同义词挖掘、缩略词挖掘、实体识别以及基于规则模型的实体抽取与关系挖掘构建知识图谱的方法。

　　(2)领域短语挖掘的统计指标特征包括 TF-IDF、PMI、C-value、NC-value 等。

　　(3)同义词挖掘包括基于同义词资源、基于模式匹配和自举法的方法。

　　(4)缩略词挖掘包括检测与提取方法以及预测方法。

　　(5)实体识别方法包括传统和深度学习方法。

3.1　领域短语挖掘

3.1.1　问题描述

人类学习一个领域的知识一般是从该领域的词汇和术语开始。例如,对于知识图谱领域的学习,就要从"关系抽取""词汇挖掘""实体识别"等领域词汇的理解开始。短语挖掘一般应用于构建领域知识图谱,用于发现领域相关的短语,进而找到其中领域相关的实体。

领域短语挖掘是指从给定的领域语料(将大量的文档融合在一起组成一个语料)中自动挖掘该领域的高质量短语的过程。领域短语挖掘的输入是领域语料,输出是该领域中的高质量短语(high quality phrase)。

在给定的文档中,一个高质量短语是指连续出现的单词序列:$w_1\ w_2\ w_3\cdots\ w_n$,其本质上是一个 n-gram,其中 n 是指短语的长度。对于中文短语挖掘,可以是词(比如,可以认为是由"四川"与"大学"构成的词序列),也可以是字符(比如,"四川大学"可以认为是由 4 个字符构成的字符序列)。一个高质量的短语通常独立描述了一个完整、不可分割的语义单元。

对于短语的质量,一般从以下几个角度来评估。

(1)频率。一般来说,一个 n-gram 在给定的文档集合中要出现得足够频繁才能被视作高质量短语。

(2)一致性。一致性是指 n-gram 的搭配频率明显高于其各部分偶然组合在一起的可能性,即反映的是 n-gram 中不同单词的搭配是否合理或者是否常见。

(3)信息量。一般来说,一个高质量短语应该传达一定的信息,即表达一定的主题或者概念。

(4)完整性。一个高质量短语在特定的上下文中还必须是一个完整的语义单元。

领域短语挖掘和隐含狄利克雷分布(Latent Dirichlet Allocation,LDA)主题模型的区别在于,LDA 主题模型的输入是若干篇文档,输出是每篇文档的主题分布和每个主题的词分布,根据这两个分布可以得到每篇文档中不同词的分数。领域短语挖掘的输入不区分多篇文档,而是直接将它们合并为一个大文档,输出是该领域的高质量短语。LDA 关注的是主题下的字(词)分布,并不关心如何得到短语。

领域短语挖掘和关键词抽取的区别在于:关键词抽取是从语料中提取最重要、最有代表性的短语,抽取的短语数量一般比较少。例如,写论文的时候在摘要(abstract)下面一般会附上 5 或 6 个关键词(keyword)。

领域短语挖掘和新词发现的区别在于:新词发现的主要目标是发现词汇库中不存在的新词汇,而领域短语挖掘不区别新短语和词汇库中已有的短语。新词发现可以通过在领域短语挖掘的基础上进一步过滤已有词汇来实现。

早期的短语挖掘主要基于规则来挖掘名词性短语。最直接的方法是通过预定义的词性标签(POS tag)规则来识别文档中的高质量名词短语。为了避免人工定义规则的高昂代价,可利用标注好词性的语料来自动学习规则,如使用马尔可夫模型来完成这一任务。但是,词性标注不能做到百分百准确,这会在一定程度上影响后续规则学习的准确率。

近年来,利用短语的统计指标特征来挖掘词汇成为主流方法之一。基于统计指标的领域短语挖掘方法可以分为无监督学习和监督学习两大类方法。无监督学习适用于缺乏标注数据的场景,监督学习适用于有标注数据的场景。

3.1.2 领域短语挖掘方法

无监督方法主要通过计算候选短语的统计指标特征来挖掘领域短语,主要流程如图 3-1 所示。

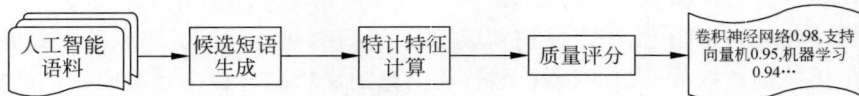

图 3-1 无监督方法挖掘领域短语主要流程

无监督方法主要包括以下几步。

(1) 候选短语生成。这里的候选短语就是高频的 n-gram(连续的 n 个字/词序列)。首先设定 n-gram 出现的最低阈值(阈值和语料的大小成正比,语料越大,阈值越大。对于较大的语料,阈值一般取 30),通过频繁模式挖掘得到出现次数大于或等于阈值的 n-gram 作为候选短语。

(2) 统计特征计算。根据语料计算候选短语的统计指标特征,如 TF-IDF、PMI、左邻字熵与右邻字熵等。

(3) 质量评分。将这些特征的值融合(如加权求和等)得到候选短语的最终分数,用该分数来评估短语的质量。

(4) 排序输出。对所有候选短语按照分数由高到低排序,通常取前 K 个短语或者取根据阈值筛选出的短语作为输出。

基于监督学习的领域短语挖掘在无监督方法的基础上增加了两个步骤:样本标注和分类器学习。前者负责构造训练样本,后者根据样本训练一个二元分类器以预测候选短语是否是高质量短语。基于监督学习的领域短语挖掘主要流程如图 3-2 所示。

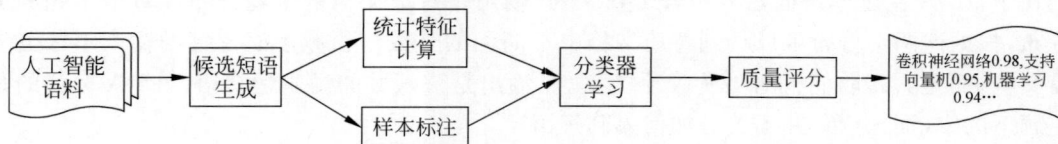

图 3-2 基于监督学习的领域短语挖掘主要流程

样本标注的具体实现可以是人工标注或者远程监督标注两种常见形式。人工标注指由人手工标注候选短语是否是高质量的。远程监督标注一般用在线知识库(如百度百科、维基百科等)作为高质量短语的来源,如果候选短语是在线知识库的一个词条,则其被视作高质量短语,否则被视作负例样本。

分类器学习是根据正负例样本,学习一个二元分类器。分类器模型可以是决策树、随机森林或者支持向量机。对于每个样本,使用 TF-IDF、C-value、NC-value 以及 PMI 等构造相应的特征向量。

上述方法根据原始词频的相关统计特征(如词频、PMI 和左/右邻字熵等)来判定候选短语的质量,因此词频统计的准确性会对最终的打分产生显著影响。直接的统计方法会从

文本中枚举所有的 n-gram 并统计其相应的出现次数作为词频,这就导致了子短语的词频一定大于父短语,因此基于原始词频的质量估计有偏差,不足以采信。导致这一估计偏差的根本原因在于:一旦认定某个父短语(如"支持向量机")是高质量短语,那么它的出现就不应该重复累积到其任何子短语上。

因此,基于 n-gram 的原始频次统计方法需要修正与优化。考虑到在构建了高质量候选短语的判定模型之后,可以尝试利用模型来识别高质量短语,再根据已经发现的高质量短语对语料进行切割,在切割的基础上重新统计词频,改进词频统计的精度。

基于监督学习的领域短语挖掘方法经过优化后,采取迭代式计算框架,在迭代的每一轮先后进行语料切割和统计指标更新。由于切割可以提升频次统计的精度,基于相应统计特征构建的高质量短语识别模型也就更加精准,从而能更好地识别高质量短语。而高质量短语的精准识别又可以进一步更好地指导语料切割。语料切割与高质量短语识别两者之间相互增强。经过多次迭代,直至候选短语得分收敛。最终,依据每个候选短语的最后得分识别语料中的高质量短语。

迭代式短语挖掘过程,如图 3-3 所示。

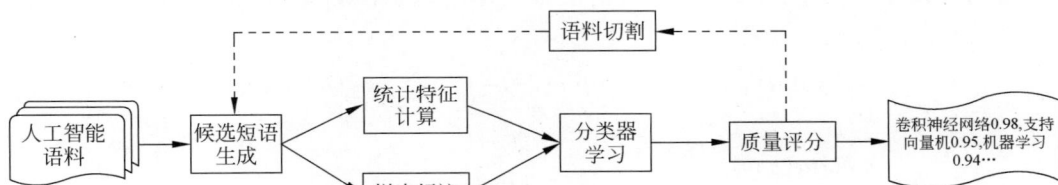

图 3-3 迭代式短语挖掘过程

3.1.3 统计指标特征

1. TF-IDF

TF-IDF 一般用来评价一个短语在语料中的重要性。考虑到通用词汇通常在外部文档中也以很高的频率出现,但是领域词汇在外部文档中出现的频率则要低很多,因此通常引入逆文档频率来识别领域特有的高质量短语。如果某个短语在领域语料中频繁出现但在外部文档中很少出现,则该短语很可能是该领域的高质量短语。

TF-IDF 形式化地表示为 TF 乘以 IDF。对于某个词汇 u,其 TF 值定义为语料中该词汇出现的频次 $f(u)$ 除以该语料中所有词汇的累计词频:

$$\mathrm{TF}(u) = \frac{f(u)}{\sum_{u'} f(u')}$$

IDF 定义为外部文档总数除以包含该词汇的外部文档数(通常使用比值的对数形式):

$$\mathrm{IDF}(u) = \log \frac{|D| + \delta}{|\{j : u \in d_j\}| + \delta}$$

其中,d_j 是第 j 篇外部文档,$|D|$ 是外部文档的总数。

一个词的重要程度与其在该语料中出现的频次(TF)呈正向关系,与其在外部文档中出现的频次(DF)呈反向关系(也就是与 IDF 呈正向关系)。

2. C-value

C-value 在词频基础上还考虑了短语的长度,以及父子短语对于词频统计的影响。C-value 首先考虑候选短语长度对其质量的影响。一般而言,在很多专业领域(比如医学领域),越长的短语越有可能是专有名词,从而极可能是高质量短语。其次,C-value 考虑了统计候选短语频率时父短语的重复统计对于短语频次估计所带来的偏差。在统计一个短语的频次时,需要减去该短语所有父短语的频次,其具体定义为

$$
\text{C-value}(u)=\begin{cases} \log_2|u|\cdot f(u), & u\ \text{没有父短语} \\ \log_2|u|\left(f(u)-\dfrac{1}{|T_u|}\sum_{b\in T_u}f(b)\right), & u\ \text{有父短语}\end{cases}
\tag{3-1}
$$

其中,T_u 是 u 的所有父短语;$|T_u|$ 是父短语的数量。同时式(3-1)的第二个式子中减去了短语 u 的父短语出现的平均频次,可以消除因父短语重复计数所带来的偏差。

3. NC-value

C-value 只使用了短语及其父短语出现的频次信息,没有充分利用短语丰富的上下文信息。充分考虑上下文信息可以改进对高质量短语的识别,NC-value 正是基于这一思想对 C-value 进行了改进:

$$
\text{NC-value}(u)=0.8\text{C-value}(u)+0.2\sum_{b\in C_u}f_u(b)\text{weight}(b)
$$

$$
\text{weight}(b)=\frac{t(b)}{n}
$$

NC-value 在 C-value 的基础上,考虑候选短语 u 的上下文单词 $b\in C_u$ 的影响,其中,$f_u(b)$ 是指 b 作为 u 的上下文出现的次数,weight(b) 是衡量 b 重要性的权重。

4. PMI

PMI 也是在抽取领域短语时常用的指标。PMI 值刻画了短语组成部分之间的一致性(concordance)程度。假设某个短语 u 由 u_1 和 u_r 两部分组成,u_1 和 u_r 的 PMI 值越大,u 越可能是 u_1 和 u_r 的一个有意义的组合。PMI 具体定义如下:

$$
\text{PMI}(u_1,u_r)=\log\frac{p(u)}{p(u_1)p(u_r)}
$$

5. 左邻字熵与右邻字熵

左邻字熵与右邻字熵用来刻画短语的自由运用程度,即用来衡量一个词左邻字集合与右邻字集合的丰富程度。熵表达了事件的不确定性(随机性),熵越大则不确定程度越高。给定某候选短语 u,其左(右)邻字熵计算为

$$
H(u)=-\sum_{x\in\chi}p(x)\log p(x)
$$

其中,$p(x)$ 为某个左邻(右邻)字 x 出现大概率,χ 是 u 的所有左邻(右邻)字的集合。

统计指标特征及其作用如表 3-1 所示。

表 3-1　统计指标特征及其作用

统 计 指 标	特征及其作用
TF-IDF	挖掘能够有效代表某篇文档特征的短语
C-value	考虑了短语与其父短语的关系来挖掘高质量短语

续表

统 计 指 标	特征及其作用
NC-value	在 C-value 的基础上进一步考虑了上下文来挖掘高质量短语
PMI	挖掘组成部分一致性较高(经常一起搭配)的短语
左(右)邻字熵	挖掘左(右)邻丰富的短语

3.2 同义词挖掘

3.2.1 概述

同义词是指意义相同或相近的词。同义词的主要特征是它们在语义上相同或相似。语言中的同义关系十分复杂,同义关系至少包含以下几类。

(1) 不同国家的语言互译。

(2) 具有相同含义的词。

(3) 中国人的字、名、号、雅称、尊称、官职、谥号等。

(4) 动植物、药品、疾病等的别称或俗称。

(5) 简称。

需要注意的是,同义词表达的是词汇之间的语义相似性,而不是相关性。此外,同义词的一种特例是缩略词,但同义词远不止缩略词一种形式。缩略词是与全称强相关的,一般要求保留来自全称的部分字符,而同义词之间在形式上可能完全不相关。

3.2.2 典型方法

1. 基于同义词资源的方法

已有的同义词资源主要来自字典、网络字典以及百科词条。其中,字典中的同义词资源是经由专家手工整理而成的,通常质量较高,但难以完整收录(因为人力成本高昂)。近年来,随着网络百科的发展,互联网上的知识资源日益丰富,维基百科、百度百科成了新的同义词来源。利用字典和百科词条挖掘同义词准确度极高,所以是一种十分流行、广为采用的方法。这些同义词资源也为构建基于学习模型的同义词挖掘方法提供了丰富的样本。从同义词资源挖掘得到的同义词往往只包含书面用语,收录不完整,这是该方法的缺点所在。

首先介绍字典和网络字典,典型的字典资源包括 WordNet、汉语大词典等。通过查询一个词在这些字典中收录的同义词,便可以挖掘其同义词,这种方法简单、有效,但挖掘出的词条偏向书面用语。

类似地,通过查询百科词条,也可以获得一个词语的同义词。常见的百科词条资源有维基百科、百度百科等。通过爬取一个词语的百科词条页面,并解析其 Infobox 中的信息,便可获取同义词。通过这种方法挖掘出来的同义词通常质量较高,并且百科词条往往涵盖了各领域的词汇,覆盖面很广。

以百度百科词条"彼岸花"为例,在其 Infobox 中可以提取"别称""拉丁名"等属性,从而可以提取"龙爪花、蟑螂花"等同义词,如图 3-4 所示。

2. 基于模式匹配的方法

基于模式匹配的方法,利用同义词在句子中被提及的文本模式,从句子中挖掘同义词。

中文学名	红花石蒜	纲	单子叶植物纲
拉丁学名	*Lycoris radiata* (L'Her.) Herb.	目	百合目
别　称	龙爪花、蟑螂花	科	石蒜科
界	植物界	属	石蒜属
门	被子植物亚门	种	石蒜
		命名者及年代	Herb., 1820

图 3-4　"彼岸花"的同义词

首先需要定义同义词抽取的模式（pattern），常见的中文模式有"又称""亦称"和"括号"等。在定义好模式后，输入语料，将语料中的文本与模式进行匹配，若匹配成功，即可识别出同义词。表 3-2 列出常见的中文同义词模式。

表 3-2　中文同义词模式

模式（X、Y 表示一组同义词对）	举　例
X 又称 Y	番茄又称西红柿
X（Y）	明太祖（朱元璋）
X 简称 Y	巴塞罗那简称巴萨
X，亦称 Y	计量，亦称测量
X，别名 Y	曼珠沙华，别名彼岸花
X 的全称是 Y	皇马的全称是皇家马德里
X，俗称 Y	脊髓灰质炎，俗称小儿麻痹症

基于模式匹配的同义词挖掘通常具有较高的准确率，但在召回率方面存在局限性。每种文本模式的表达能力有限，只能召回基于该模式表达的同义词对，对于超出预定义模式的同义词对就无能为力了。此外，不同语言、不同语料中的同义关系的表达模式也不尽相同，很难穷举各种同义关系的表达模式，而且每个新语料都需要花费大量的人力手工定义匹配模式，代价十分高昂。

3. 自举法

自举法（bootstrapping）是对基于模式匹配的方法的改进，从一些种子样本或者预定义模式出发，不断地从语料中学习同义词在文本中的新表达模式，从而提高召回率。自举法是一个循环迭代的过程，每轮循环发现新模式、召回新同义词对，循环往复直至达到终止条件。自举法挖掘同义词的基本流程，如图 3-5 所示。

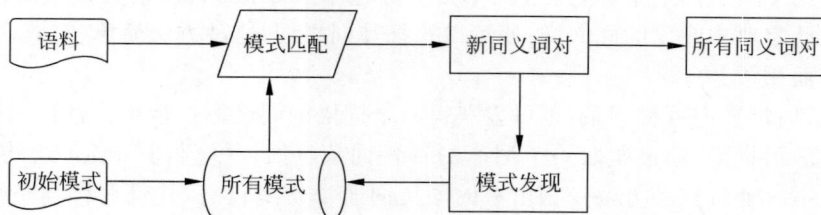

图 3-5　自举法挖掘同义词的基本流程

自举法可以自动挖掘新模式。新模式召回了更多的同义词对，因此提高了召回率。但是自动学习获得的新模式的质量难以得到保证，导致挖掘出的同义词对的准确率有所下降。一种直接的解决方法是对模式质量进行评估。一个好的模式应该尽量召回正确的同义词对,而尽量少召回非同义词对,因此,可以事先构造一些正负例样本用于模式评估。

4. 其他方法

除了上述方法外,还有一些思路。

(1) 借助序列标注模型自动挖掘同义词的文本描述模式。例如,定义 ENT 表示实体,S_B 表示模式开始的位置,S_I 表示模式继续的位置,O 表示其他成分。基于标注好的文本数据,通过序列标注模型学习出新的模式。

(2) 基于图模型挖掘同义词。基于词与词之间的各种相似性可以构建一张词汇关联图。同义词在图上往往呈现出“抱团”的结构特性。也就是同义词之间关联紧密,不同义的词之间关联稀疏。这个特性就是复杂网络中的社团结构。因此,可以将同义词发现问题建模为图上的社团发现问题。它将词语组成的语义关联图作为输入并返回图上的社团,每个社团对应一组同义词。

3.3　缩略词挖掘

视频讲解

3.3.1　缩略词的概念和形式

缩略词是指一个词或者短语的缩略形式。缩略词的英文 Abbreviation 出自拉丁语,原意同 short。缩略词通常由原词中的一些组成部分构成,同时保持原词的含义,其检测与抽取在方法上与同义词类似,但是与同义词相比,缩略词在文本中出现的规则往往更简单。

在不同的语言中,缩略词的形式有所不同。主要介绍缩略词在表音(字母)文字(如拉丁语系)以及表意文字(如中文)中的形式。

表音文字以拉丁语系为例,缩略词的形式包括 contractions(简称)、crasis(元音融合)、acronyms(首字母缩略词)和 initialisms(首字母缩写)。

拉丁语系中不同类别的缩略词形式,如表 3-3 所示。

表 3-3　拉丁语系中不同类别的缩略词形式

缩略词形式	原　　词	新　　词
contractions	Doctor,I am(英语)	Dr,Fm
crasis	De le,de les(法语)	Du,des
acronyms	Severe Acute Respiratory Syndrome(英语)	SARS
initialisms	British Broadcasting Corporation(英语)	BBC

表意文字以中文为例,缩略词形式更加复杂。一个实体或者短语常由多个词组成,每个词包含的字数不同。缩略词往往是从每个词中选取一个或者多个字组成的,剩下的那些字则直接省略。中文缩略词的主要形式,如表 3-4 所示。

表 3-4　中文缩略词的主要形式

全　　称	分 词 结 果	缩略词
中国中央电视台	中国 中央 电视台	央视
安全理事会	安全 理事 会	安理会
中国电子系统工程第四建设有限公司	中国 电子 系统工程 第四建设 有限公司	中电四公司

3.3.2 缩略词的检测与提取

1. 基于文本模式的抽取

基于文本模式构建抽取规则是缩略词抽取最常用的方法。由于缩略词本质上是同义词的一种形式,因此缩略词抽取中使用的规则与同义词抽取中的很相似。在缩略词抽取中,常见的基于文本模式的抽取规则,如表 3-5 所示。

表 3-5 常见的基于文本模式的抽取规则

模式(X 表示原词,Y 表示缩略词)	示　　　例
$X(Y)$	Support vector machine(SVM) Support-vector-machine(SVM)
$X.*(Y)$	Support vector machine for gression(SVM)
Y is the abbreviation of X	SVM is the abbreviation of Support vector machine
X and Y are synonyms	Support vector machine and SVM are synonyms
X,also known as Y	Support vector machine also known as SVM

2. 抽取结果的清洗和筛选

对缩略词搜索结果的清洗和筛选方法主要分为两种。

(1)利用数据集有关缩写的统计指标进行识别。

(2)使用机器学习模型构建二元分类模型,以此判断抽取出的缩略词正确与否。

这类算法常常需要事先构建一定规模的标注数据集。同时,这类算法依赖人为设计的特征,这些特征既包括前面提到的一系列统计指标,也包括文本特征。

缩略词判定中常用的文本特征包括字符匹配程度和词性特征。

单纯利用统计信息的缩略词识别方法能够准确识别常见的缩略词模式,但对于长尾模式的识别往往效果较差;而机器学习模型通常具有一定的泛化能力,因此能够适应不同文本和不同领域,对低频缩略词模式的识别能力更强,但是对训练数据和训练模型的依赖也更强。

3. 枚举并剪枝

枚举并剪枝是针对中文缩略词提出的一种有效方法。对于中文缩略词而言,缩略词中常常仅包含原词中的字符,并且字符间保持原有顺序。枚举并剪枝方法的输入是语料以及某个给定实体。这一方法首先穷举目标实体名称所有子序列,即所有可能的缩略形式,进一步排除没有在文本中出现过的或者出现次数太少的候选缩略词。

缩略词抽取方法虽然能够获取大量的缩略词对,但受限于语料大小,其对于新登录词往往效果较差。目前一些相关研究着眼于分析缩略词的规则,自动习得缩略词形式并进行预测。这种方法不依赖于语料,仅依靠输入的全称的相关文本,通过自然语言模型预测该全称可能的缩略词形式。以下以中文缩略词预测为例,介绍几种典型的预测方法。

3.3.3 缩略词的预测

1. 基于规则的方法

(1)针对特定字符和词语形式的局部规则,大致包括基于词性、基于位置或基于词之间的相互关联等规则。

（2）依赖语言环境的全局规则。

对于基于规则的方法来说，其规则是可控的、可解释的。但基于规则的方法也存在如下缺点：

① 很多规则往往是很复杂且难以被明确定义的；

② 专家成本高、泛化能力弱；

③可能存在同一个全称适用于多个匹配规则的情况。

2．条件随机场

序列标注模型是预测缩略词的常用模型。在序列标注问题的场景下，全称中的每个字符分别被打上 1 或者 0 的标签，分别表示当前字符在结果缩略词中是否出现，如图 3-6 所示。

条件随机场（CRF）是 Lafferty 等于 2001 年提出的一种建立在马尔可夫链基础上的无向图模型。CRF 每次标注时都会充分考虑已有的标注结果的影响。给定输入字符序列 $C = \{c_1, c_2, \cdots, c_T\}$，输出标签序列 $L = \{l_1, l_2, \cdots, l_T\}$，$L$ 的计算过程为

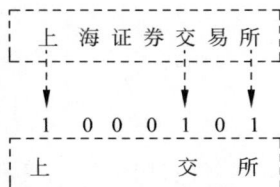

图 3-6　缩略词标签

$$P(L \mid C) = \frac{1}{Z(C)} \exp\left(\sum_{t=1}^{T} \sum_{k} \lambda_k f_k(l_t, l_{t-1}, C, t) \right)$$

其中，f_k 表示定义在观测序列的两个相邻标签位置上的状态转移函数，并用于刻画相邻标签变量间的相关关系以及输入序列 C 对它们的影响；λ_k 为第 k 个特征的权重参数，$Z(C)$ 是规范化因子。

CRF 最常见的链式结构如图 3-7 所示。基于 CRF 构建缩略词预测模型常用到以下特征：字符级特征、词级别特征、位置特征、词的关联特征。

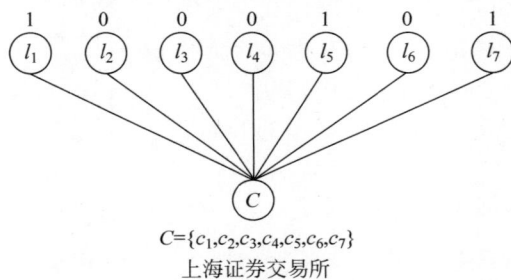

图 3-7　CRF 链式结构

3．深度学习

在神经网络方法中，词或字符被表示为一个低维稠密空间中的向量。基于这些向量表示，可使用典型的网络结构抽取字词之间的组合特征，典型网络结构包括卷积神经网络（Convolutional Neural Network，CNN）、循环神经网络（Recurrent Neural Network，RNN）等。图 3-8 展示了一种典型的用于缩略词预测的深度神经网络模型，其主体结构为长短期记忆（Long and Short Term Memory，LSTM）网络。

深度神经网络模型常常需要使用预训练好的词向量来提升模型的性能。对于中文缩略词问题而言，字符本身的语义和字符在整个词语中的语义常常存在很大的差别。在中文相关的处理中，通常要将字符级向量表示及词汇级向量表示等不同粒度的语言信息输入到深度神经网络模型中，才能取得较好的效果。基于深度学习的缩略词预测的主要缺陷在于其

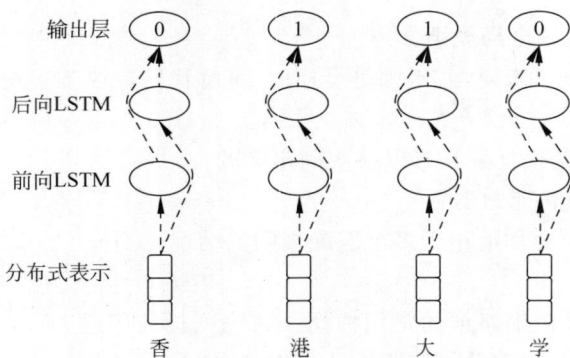

图 3-8　用于缩略词预测的深度神经网络模型

不可解释性,用户往往很难理解究竟是什么样的特征产生了最终的结果。这一点在很大程度上限制了对其性能的进一步提升。

3.4　实体识别

3.4.1　概述

命名实体是一个词或短语,它可以在具有相似属性的一组事物中清楚地标识出某一个事物。命名实体识别(Named Entity Recognition,NER)则是指在文本中定位命名实体的边界并将之分类到预定义类型集合的过程。命名实体可以理解为有文本标识的实体。实体在文本中的表示形式通常被称作实体指代(Mention,或者直接被称为指代)。

NER 的输入是一个句子对应的单词序列 $s=\langle w_1,w_2,\cdots,w_N\rangle$,输出是一个三元组集合,其中每个元组形式为 $\langle I_s,I_e,t\rangle$,表示 s 中的一个命名实体,其中 $I_s\in[1,N]$ 和 $I_e\in[1,N]$ 分别表示命名实体在 s 中的开始和结束位置,而 t 是实体类型。

命名实体识别任务示例如图 3-9 所示。

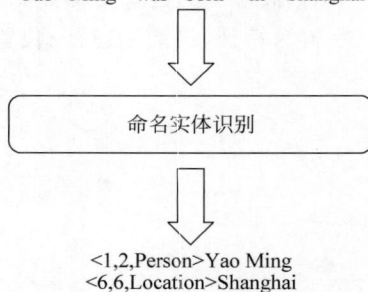

Yao Ming was born in Shanghai

命名实体识别

<1,2,Person>Yao Ming
<6,6,Location>Shanghai

图 3-9　命名实体识别任务示例

3.4.2　传统的 NER 方法

1. 基于规则、词典和在线知识库的方法

这类方法基于规则、词典和在线知识库,依赖语言学专家手工构造规则。通常每条规则都被赋予权值,当遇到规则冲突的时候,选择权值最高的规则来判别命名实体的类型。比较著名的基于规则的 NER 系统包括 LaSIE-Ⅱ、NetOwl、Facile、SRA、FASTUS 和 LTG 等系统。这些系统主要基于人工制定的语义和句法规则来识别实体,LTG 系统使用的部分规则如表 3-6 所示。

表 3-6　LTG 系统使用的部分规则

规　　则	标　注	举　　例
Xxxx+,DD+	人物	Wliite,33
Xxxx+ is? a? JJ * PROF	人物	Yuri Gromov,a former director

续表

规　　则	标　注	举　　例
Xxxx＋ is? a? JJ ＊ REL	人物	John White is beloved brother
Xxxx＋ himself	人物	White himself
Xxxx＋ area	地点	Beribidjan area
PROF of/at/with Xxxx＋	组织机构	director of Trinity Motors
shares in Xxxx＋	组织机构	shares in Trinity Motors

其中，Xxxx＋代表大写单词序列，DD 代表数字，PROF 代表职业，REL 代表人物关系，JJ ＊代表形容词序列。

基于规则的实体识别系统往往还需要借助实体词典，对候选实体进行进一步的确认。当词典详尽无遗时，基于规则的系统效果很好。但是基于特定领域的规则和并不完整的词典，往往会导致 NER 系统有着较低的召回率，而且这些规则难以应用到其他领域。

E. Alfonseca 和 Manandhar 提出了一种基于 WordNet 的实体分类方法。该方法的基本思想是计算某个词或实体与 WordNet 中的概念或者实例的语义相似性，将目标词挂载到相应的概念或者实例的上位词下，从而完成实体分类。WordNet 具有丰富的类别体系，因此这一方法可以极大地拓展普通 NER 模型类别的数量。这一方法无须人为定义模式，也无须标注样本，有时也被归类到无监督学习方法中。

2. 监督学习方法

应用监督学习方法时，NER 被建模为序列标注问题。NER 任务使用 BIO 标注法，其中 B 表示实体的起始位置，I 表示实体的中间或结束位置，O 表示相应字符不是实体。BIO 标注法示例如图 3-10 所示。

亚	里	士	多	德	出	生	于	斯	塔	基	拉
B-PER	I-PER	I-PER	I-PER	I-PER	O	O	O	B-LOC	I-LOC	I-LOC	I-LOC

图 3-10　BIO 标注法示例

基于序列标注的建模接收文本作为输入，产生相应的 BIO 标注为输出。常见的序列标注问题的建模模型包括 HMM 和 CRF。HMM 是一种生成式模型，直接对输入文本 X 和输出标签序列 Y 的联合概率 $P(Y, X)$ 建模。HMM 将序列 Y 视作隐变量，将文本 X 视作由这些隐变量经由马尔可夫随机过程生成的结果。因此，对 X 求解最优标签序列的过程可以建模为 $Y = \underset{Y}{\mathrm{argmax}} P(Y, X)$。

基于 HMM 的建模假定了标签序列之间具有较强的马尔可夫性，这一假设太强，限制了其实际应用的效果。CRF 是一种判别式模型，直接建模并求解使 $P(Y \mid X)$ 最大的 Y。

NER 系统常会用到如表 3-7 所示的几类典型特征。

表 3-7　NER 系统常用到的典型特征

特　　征	含义/说明	示　　例
核心词特征	核心词（Head Noun）是名词短语中的一个主要名词，可以通过查表来识别候选实体是否存在核心词	例如，"第二人民医院"中的"医院"是表述核心功能和性质的核心词，因此相应短语有较大可能是一个实体

特　征	含义/说明	示　例
词典特征	指基于词典的特征,比如是否存在于词典中,或者与词典词项的匹配程度	例如,若 Shanghai 出现在词典中,则对应的词典特征可以表示为 TRUE
构词特征	构词特征是较为明显的特征,主要描述词语的构成情况,而且不依赖于特定领域	以大写字母组成的实体名称很有可能属于机构类别,例如,Sun、Microsoft 等
词形特征	相同类别的词可能具有相同的词形	例如,Intel 的 CPU 名称通常以"Intel＋数字"的形式出现,包括 Intel 8008、Intel 8080、Intel 8086、Intel 8088 等
词缀特征	单词的词缀可以作为划分实体类型的依据,在专业领域效果明显,被广泛使用	例如,在化学元素的命名体系中,常常使用"-ium"作为后缀,包括 Rubidium、Strontium、Yttrium 等
词性特征	又称为 POS(Part-Of-Speech)特征,对于识别命名实体的边界有较大的作用	例如,"Yao Ming was born in Shanghai"对应的词性特征为:('Yao Ming','NOUN'),('was','VERB'),('brn','VERB'),('in','ADP'),('Shanghai','NOUN')

3. 半监督学习方法

在 NER 任务中,监督学习方法面临着缺少标注语料和数据稀疏的问题,因此半监督学习(Semi-Supervised Learning,SSL)作为监督学习与无监督学习相结合的一种学习方法被应用于 NER 任务中。

一类典型的半监督学习方法是自举法,通常从少量标注数据、大量未标注数据和一小组初始假设或分类器开始,迭代生成更多的标注数据,直至到达某个阈值。半监督 NER 在某些类型的数据上已经取得了与监督学习方法可比拟的效果。

M. Collins 和 Singer 提出了一种基于协同训练(co-training)的方法来解决命名实体识别问题。该方法旨在学习两套不同的实体识别规则。在学习过程中,每一类规则为另一类规则的学习提供弱监督。该算法中的分类规则包括两种:一种是拼写规则,另一种是上下文规则。

基于协同训练的 NER 方法过程如图 3-11 所示。

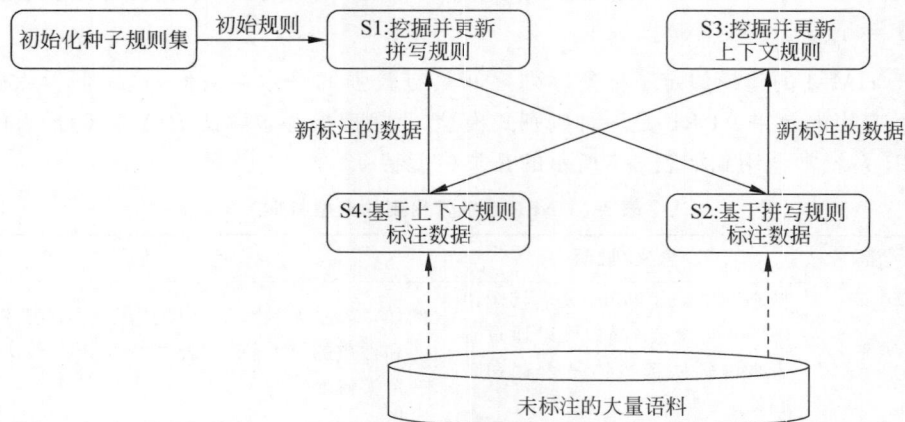

图 3-11　基于协同训练的 NER 方法过程

3.4.3 基于深度学习的 NER 方法

基于深度学习的方法通常将 NER 问题建模为序列标注问题。在 NER 任务中,常用的深度神经网络有 RNN 和 CNN,其中 CNN 主要用于向量特征学习,RNN 则可以同时用于向量特征学习和序列标注。

基于深度学习的 NER 框架如图 3-12 所示,其主要包含 3 个模块:输入的分布式表示(distributed representation)、上下文编码器(context encoder)和标签解码器(tag decoder),是一个典型的编码器-解码器(encoder-decoder)框架。

图 3-12 基于深度学习的 NER 框架

1. 输入的分布式表示

深度学习模型无法直接接收符号化文本作为输入,而只能接收数值向量。因此,基于深度学习的 NER 方法,首先需要将输入的句子表示成一组向量。

(1)词向量。词是句子的基本组成单位,为了将句子表示成一组向量,一个简单的思路是将句子中的每个词表示成一组向量,再通过特征融合得到整个句子的向量表示。词向量往往通过无监督算法,如词袋模型(CBOW)和 Skip-Gram 模型等,并经过大量文本的预训练得到。

(2)字向量。除了词向量外,另一种思路是将词中的每个字用向量表示,这样可以得到词向量难以表示的一些信息,如词中的前缀和后缀等字符信息。而且,字符级的向量能够很自然地处理词典外的词汇。通常使用 CNN 和 RNN 等模型提取字向量。

(3)混合表示。除了词级和字符级表示外,一些研究还将其他信息(例如,是否出现在词典的列表中)纳入词的最终表示。换言之,基于深度神经网络模型习得的向量表示可以与传统特征工程得到的向量表示组合,以融合更多的额外信息,从而提高模型的准确率。但这一做法也有可能降低泛化能力。

2. 上下文编码器

基于深度学习的 NER 方法的第二个阶段是从输入表示中学习上下文编码器。上下文编码器有两种常用的模型结构:CNN 和 RNN。

(1)基于 CNN 的编码器一般以整个句子作为输入,使用一维卷积对句子进行特征提取。在输入表示学习阶段,已经将句子中的每个单词表达为向量,通常还会考虑单词在句子中的相对位置特征,以增强单词的表示效果。

(2)循环神经网络的特点是考虑了句子中前后字符之间的相互影响。循环神经网络及其变体在序列数据建模方面都取得了显著成效。特别是双向循环神经网络(Bi-RNN)能从两个方向(正向和逆向)来处理一个句子,能够捕捉被单向 RNN 所忽略的模式。

3. 标签解码器

标签解码器将经过编码的上下文表示作为输入并产生对应于输入句子的标签。下面将分别介绍标签解码器的 3 种架构:全连接层+Softmax、CRF 和 RNN。

(1)全连接层+Softmax。全连接层接收每个单词中间层向量表示,产生标签分值向量

$\boldsymbol{Y}=(y\_1，y\_2，\cdots，y\_i)$作为输出。向量$\boldsymbol{Y}$被输送到 Softmax 层，产生最终的标签概率分布。

（2）CRF 是一类能够充分考虑输出标签之间关系的序列标注模型，可以有效建模，最终预测标签之间的约束关系，从而提高预测准确率。

（3）RNN 可用于解码，当将编码层的向量映射为标签序列，且实体类型的数量很大时，相比于其他的解码器，RNN 解码器的训练速度更快。

3.5　实验：实体识别

3.5.1　实验内容

实体是知识图谱的基本单元，也是文本中承载信息的重要语言单位。实体识别又称命名实体识别，其目的就是识别出文本中实体的命名性指称项，并标明其类别。一般来说，命名实体识别需要识别出实体类、时间类和数字类三大类，如人名、机构名、地名、时间、日期、货币和百分比。

本实验主要使用 Python 语言，训练 BiLSTMCRF 模型，然后输入测试句子，识别出其中的命名实体并输出。

3.5.2　实验目标

（1）理解实体识别的概念。
（2）掌握 BiLSTMCRF 模型。
（3）掌握使用 Python 进行实体识别的方法。

3.5.3　实验步骤

1. 创建项目

在 PyCharm 桌面图标上双击打开 PyCharm，单击 New Project。如图 3-13 所示，在弹出 New Project 窗口的 Location 栏中输入项目所在位置，取消选中 Create a main. py welcome script 复选框，并选中 Existing Interpreter 单选按钮，单击"…"按钮进入 Add Python Interpreter 窗口。

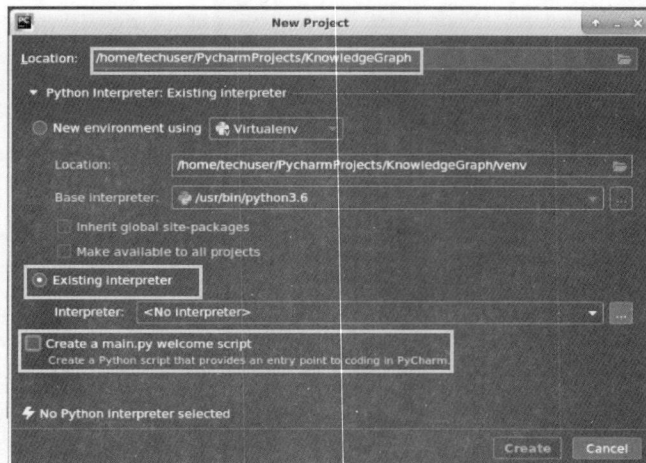

图 3-13　创建项目

选择 System Interpreter，在 Interpreter 栏中选择/usr/bin/python3，单击 OK 按钮，完成 Python 环境的设置，如图 3-14 所示。

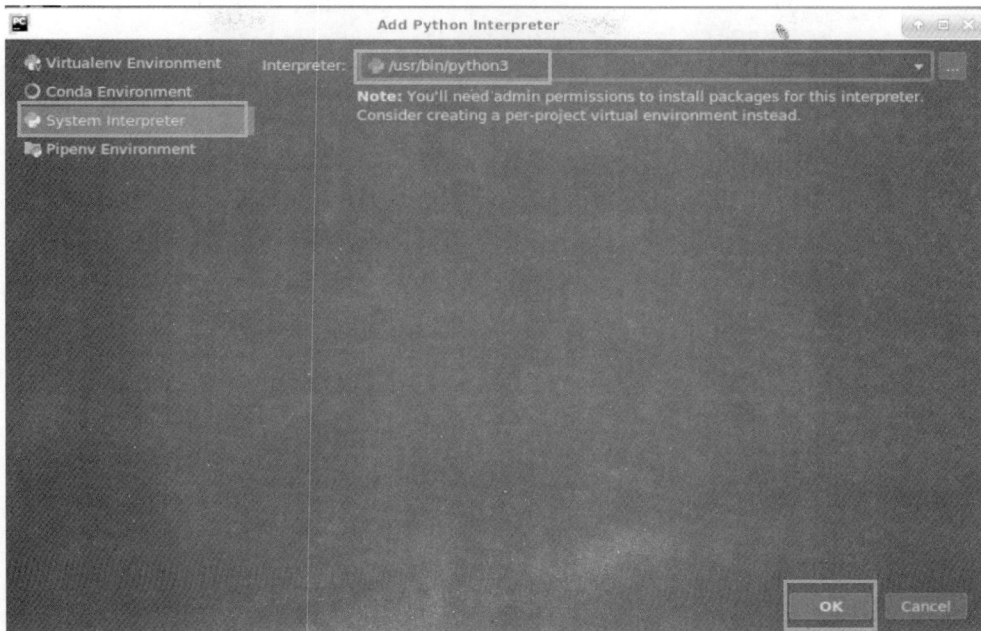

图 3-14　设置 Python 环境

回到 New Project 窗口，单击 Create 按钮，完成效果如图 3-15 所示。

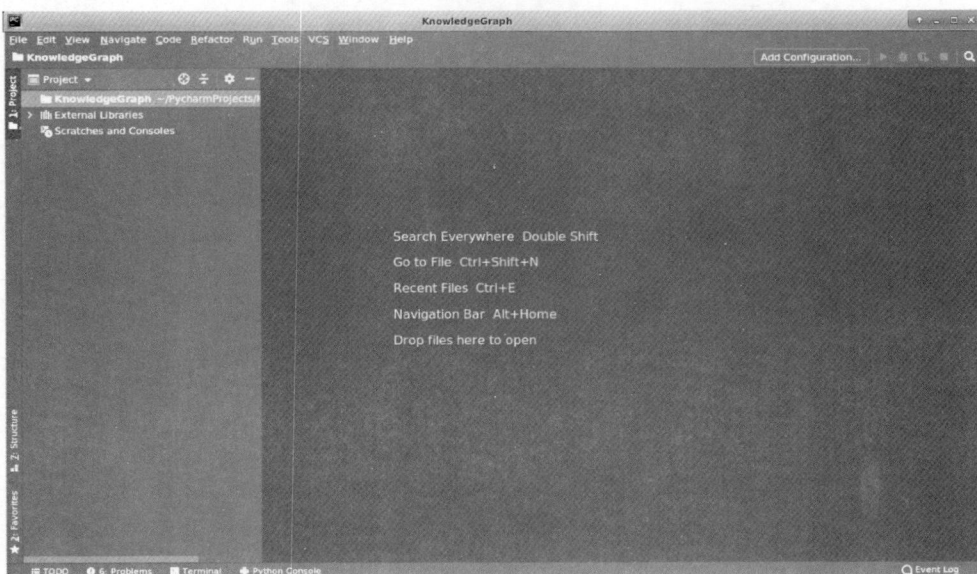

图 3-15　新项目创建完成

2. 创建文件

选择 Project 下方的 Algorithm 项目标志，可以发现下面并没有任何文件，需要先创建 Python 文件。右击 Algorithm 项目标志，选择 New→Python File 命令（见图 3-16）。在弹出的 New Python file 窗口（见图 3-17）的 Name 输入框中输入文件名 EntityRecognition，按 Enter 键即可完成文件创建。完成效果如图 3-18 所示。

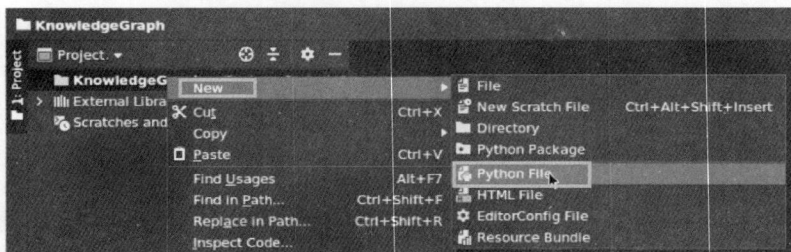

图 3-16　选择 New→Python File 命令

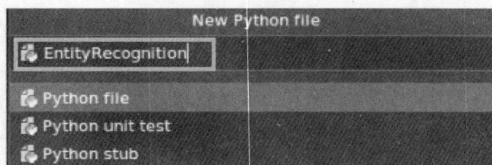

图 3-17　New Python file 窗口

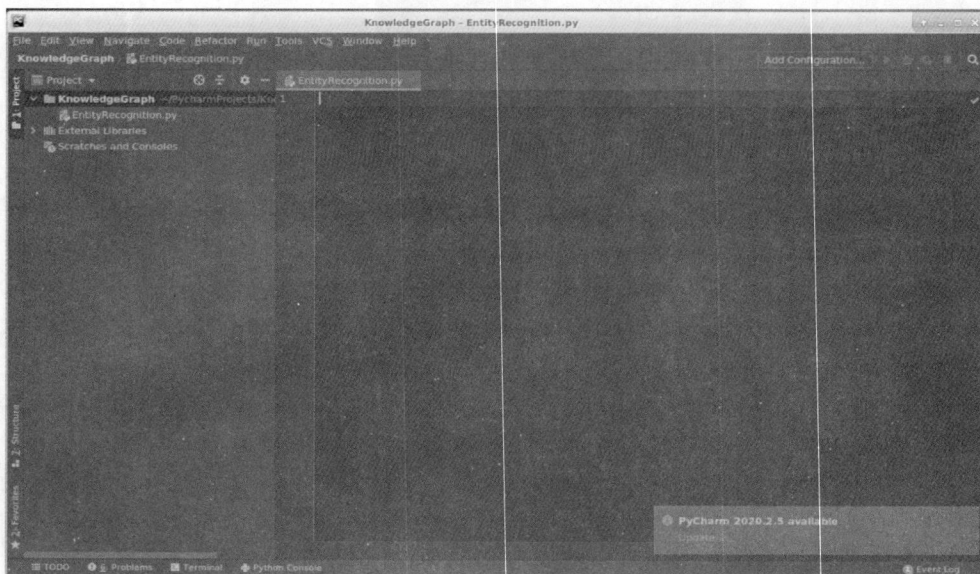

图 3-18　创建新文件

3. 数据导入

如图 3-19 所示，在网络浏览器中输入网址下载文件。文件下载完成后，进入/home/techuser/Downloads 目录，找到下载的文件 models.zip，右击，在弹出的快捷菜单中选择 Open Terminal Here 命令，如图 3-20 所示。

在 Terminal 界面，创建 models 文件夹，将 models.zip 中的文件解压到 models 文件夹下，同时将 models 文件夹移动到 KnowledgeGraph 项目下：

```
mkdir models
unzip - d ./models models.zip
```

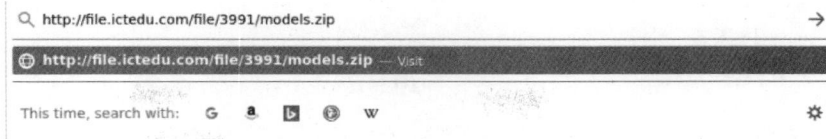

图 3-19 在网络中下载文件

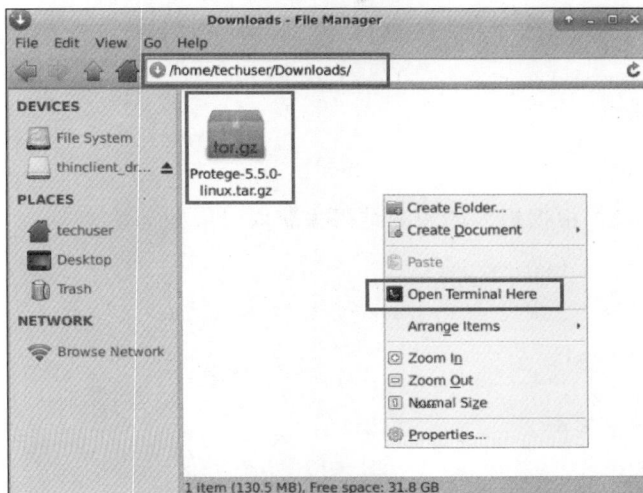

图 3-20 打开 Terminal 界面

```
mv  models ../PycharmProjects/KnowledgeGraph/
```

如图 3-21 所示,打开 KnowledgeGraph 项目,可以看到 models 文件夹出现在目录中。

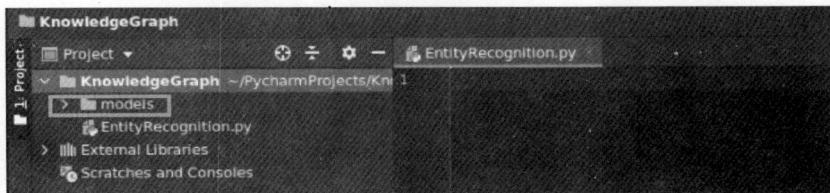

图 3-21 成功创建 models 文件夹

4. 算法代码

打开 EntityRecognition.py 文件,会看到里面一片空白,依次输入以下代码段(以下代码段均须保存并运行才能通过检测)。

(1) 导入工具包。

```
# coding = utf - 8
import pickle                    # 加载数据
import torch                     # 深度学习框架
from torch import nn             # 用于构建模型
```

(2) 获取实体函数,通过预测结果、输入文本、标签等获取实体信息。

```
def get_entity(result, input_str, tag):
    '''
    :param result:
```

```
        :param input_str:输入文本
        :param tag:实体标签
        :return:获取到的实体
        '''
        entities = []
        for (start, end) in result:
            entities.append({
                "start": start,
                "stop": end + 1,
                "word": input_str[start:end + 1],
                "type": tag
            })
        return entities
```

（3）获取标签函数，根据输入的预测结果去获取对应的标签。

```
def get_tags(results, tag, tag_map):
    '''
    获取标签类
    :param results:路径首位
    :param tag:当前标签
    :param tag_map:所有标签
    :return:
    '''
    start_tag = tag_map["B-" + tag]
    mid_tag = tag_map["I-" + tag]
    end_tag = tag_map["E-" + tag]
    single_tag = tag_map["STOP"]
    o_tag = tag_map["O"]
    begin = -1
    end = 0
    tags_arr = []
    last_tag = 0
    for index, tag in enumerate(results):
        if tag == start_tag and index == 0:
            begin = 0
        elif tag == start_tag:
            begin = index
        elif tag == end_tag and last_tag in [mid_tag, start_tag] and begin > -1:
            end = index
            tags_arr.append([begin, end])
        elif tag == o_tag or tag == single_tag:
            begin = -1
        last_tag = tag
    return tags_arr
```

（4）实体识别类，该类主要实现命名实体识别功能，通过获取预训练的模型，预测输入
文本的实际标签。

```
class NER(object):
    def __init__(self):
        self.embedding_size = 100
```

```
        self.hidden_size = 128
        self.batch_size = 160
        self.tags = ["ORG", "PER"]
        self.dropout = 0.5
        self.init_model()
    def init_model(self):
        '''
        初始化模型
        :return:
        '''
        model_params = self.load_model_params()
        self.tag_map = model_params["tag_map"]
        input_size = model_params["input_size"]
        self.vocab = model_params["vocab"]
        #声明模型
        self.model = BiLSTMCRF(vocab_size = input_size, embedding_dim = self.embedding_size,
hidden_dim = self.hidden_size, tag_map = self.tag_map
        )
        self.restore_model()
    def restore_model(self):
        '''
        加载模型
        :return:
        '''
        self.model.load_state_dict(torch.load("models/model.pkl"))
    def load_model_params(self):
        '''
        加载模型参数
        :return:模型参数
        '''
        with open("models/params.pkl", "rb") as f:
            model_params = pickle.load(f)
        return model_params
    def predict(self, input_str = ""):
        '''
        预测函数
        :return:
        '''
        if input_str == "":
            input_str = input("请输入测试文本:")
        input_emb = [self.vocab.get(i, 0) for i in input_str]
        sentences = torch.tensor(input_emb).view(1, -1)
        scores, results = self.model(sentences)
        entities = []
        for tag in self.tags:
            tags_arr = get_tags(results[0], tag, self.tag_map)
            entities += get_entity(tags_arr, input_str, tag)
        return entities
```

(5)模型类,该类通过双向长短期记忆模型和条件随机场来预测测试文本中的实体。

```
class BiLSTMCRF(nn.Module):
```

```python
def __init__(self, batch_size=32, vocab_size=20, hidden_dim=128, dropout=0.0, embedding_
dim=300, tag_map={}):
    super(BiLSTMCRF, self).__init__()
    self.batch_size = batch_size
    self.hidden_dim = hidden_dim
    self.embedding_dim = embedding_dim
    self.vocab_size = vocab_size
    self.dropout = dropout

    self.tags_len = len(tag_map)
    self.tag_map = tag_map
    self.transitions = nn.Parameter(torch.randn(self.tags_len, self.tags_len))
    self.transitions.data[:, self.tag_map["START"]] = -1.
    self.transitions.data[self.tag_map["STOP"], :] = -1.
    self.word_embeddings = nn.Embedding(vocab_size, self.embedding_dim)
    self.lstm = nn.LSTM(self.embedding_dim, self.hidden_dim // 2,
            num_layers=1, bidirectional=True, batch_first=True, dropout=self.dropout)
    self.hidden2tag = nn.Linear(self.hidden_dim, self.tags_len)
    self.hidden = self.get_hidden()
def get_hidden(self):
    '''
    获取隐藏层
    :return:
    '''
    return (torch.randn(2, self.batch_size, self.hidden_dim // 2),
            torch.randn(2, self.batch_size, self.hidden_dim // 2))
def get_lstm_features(self, sentence):
    '''
    获取 lstm 的特征
    :param sentence: 输入句子
    :return:
    '''
    self.hidden = self.get_hidden()
    length = sentence.shape[1]
    embeddings = self.word_embeddings(sentence).view(self.batch_size, length, self.
embedding_dim)
    lstm_out, self.hidden = self.lstm(embeddings, self.hidden)
    lstm_out = lstm_out.view(self.batch_size, -1, self.hidden_dim)
    features = self.hidden2tag(lstm_out)
    return features
def forward(self, sentences):
    '''
    模型运行函数
    :param sentences:输入句子
    :return:分数,分类结果
    '''
    sentences = torch.tensor(sentences, dtype=torch.long)
    lengths = [i.size(-1) for i in sentences]
    self.batch_size = sentences.size(0)
    features = self.get_lstm_features(sentences)
    scores = []
```

```
        results = []
        for feature, len in zip(features, lengths):
            feature = feature[:len]
            score, path = self.viterbi_decode(feature)
            scores.append(score)
            results.append(path)
        return scores, results
    def viterbi_decode(self, features):
        '''
        维特比解码
        :param features:lstm 提取到的特征
        :return:维特比分数,维特比解码结果
        '''
        trellis = torch.zeros(features.size())
        return_pointers = torch.zeros(features.size(), dtype = torch.long)
        trellis[0] = features[0]
        for t in range(1, len(features)):
            v = trellis[t - 1].unsqueeze(1).expand_as(self.transitions) + self.transitions
            trellis[t] = features[t] + torch.max(v, 0)[0]
            return_pointers[t] = torch.max(v, 0)[1]
        viterbi = [torch.max(trellis[-1], -1)[1].cpu().tolist()]
        return_pointers = return_pointers.numpy()
        for rp in reversed(return_pointers[1:]):
            viterbi.append(rp[viterbi[-1]])
        viterbi.reverse()
        viterbi_score = torch.max(trellis[-1], 0)[0].cpu().tolist()
        return viterbi_score, viterbi
```

(6) 主函数,主要负责声明 NER 类进行预测,并存储预测结果:

```
if __name__ == "__main__":
    ner = NER()
    result = ner.predict("对于这种问题,我们将交由天津市合佳威立雅环保服务公司进行处理")
    print(result)
    with open("results.txt", 'w', encoding = "utf-8") as f:
        f.write(str(result))
```

5. 运行代码

如图 3-22 所示,打开 Terminal 界面,在出现的命令行窗口中输入命令即可运行程序。

图 3-22 运行程序

等待程序运行完成后,打开 models 文件夹,可以看到其中多了 results.txt 文件,如图 3-23 所示。打开 results.txt 文件,可以看到测试文本的实体识别结果,如图 3-24 所示。

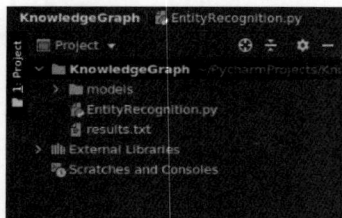

图 3-23　文件夹中出现 results.txt 文件

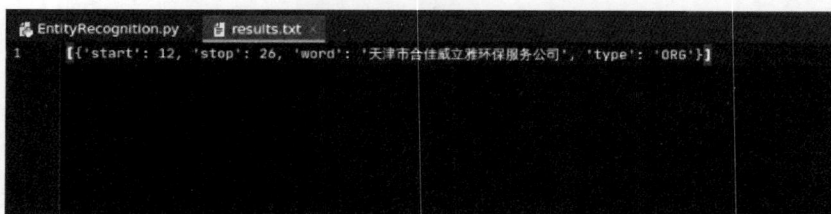

图 3-24　运行结果

3.5.4　实验总结

本实验使用 Python 语言实现了中文命名实体识别的功能。其中借助 BiLSTM 双向 LSTM 模型＋CRF 模型的方式预测输入句子中的命名实体。虽然因为时间问题，并未进行该模型的训练过程的展示，仅仅只是进行了输入案例的预测，但相信能够帮助实验者理解命名实体的实现过程。

课后习题

1. 选择题

1-1 下列哪些是表示高质量短语的统计指标？（　　）

　　A. TF-IDF　　　　　B. PMI　　　　　　　C. C-value　　　　D. 以上全都是

1-2 下列哪个统计指标可以判断出"马克思"比"马克"更好？（　　）

　　A. TF-IDF　　　　　B. PMI　　　　　　　C. 左/右邻字熵　　D. C-value

1-3 下列哪个统计指标可以判断出短语"数据结构"比"数据"和"结构"更好？（　　）

　　A. TF-IDF　　　　　B. PMI　　　　　　　C. 左/右邻字熵　　D. C-value

1-4 下列不是同义词形式转述的是（　　）。

　　A. X 属于 Y　　　B. X 等价 Y　　　C. $X(Y)$　　　　　D. X 简称 Y

1-5 同义词短语挖掘的一般方法不包括（　　）。

　　A. 基于同义词词典匹配　　　　　　　　B. 左/右邻字熵

　　C. 语料对齐挖掘　　　　　　　　　　　D. 元数据搜索

1-6 缩略词挖掘内容主要包括（　　）。

　　A. 缩略词的检测　　　　　　　　　　　B. 缩略词的抽取

　　C. 缩略词的预测　　　　　　　　　　　D. 以上都是

1-7 将"北京市第十四中学"缩略成"北京十四中"是运用了（　　）规则。

从未标注数据中自动抽取关系；基于远程监督学习的关系抽取利用已有知识库中的关系信息进行标注，从大规模文本中抽取关系；基于深度学习的关系抽取使用深度学习算法对文本进行建模，进而提取关系。

（3）开放关系抽取。开放关系抽取是指从未被预定义的关系中提取知识；TextRunner系统利用候选实体对和语言模型进行关系抽取；ReVerb使用自然语言处理技术从大规模文本中抽取开放式关系；Ollie基于自然语言推理从句子中抽取开放式关系。

4.1　基于模式的抽取

4.1.1　基于字符模式的抽取

信息抽取（Information Extraction，IE）旨在从非结构化或半结构化文本中抽取出结构化数据。关系抽取是信息抽取最重要的子任务之一，其结果是关系实例。一般而言，关系抽取产生的结果为三元组<主体（Subject），谓词（Predicate），客体（Object）>，表示主体和客体之间存在谓词所表达的关系。关系抽取旨在从无结构的文本中抽取实体以及实体之间的关系。

关系抽取的问题定义是，给定句子S，从S中抽取其包含的所有三元组<主体，谓词，客体>。由于可以先行找到或枚举三元组中的某些部分，使用命名实体识别算法可以找到句子中包含的实体作为主体或客体，因此只需要使用句子信息填充三元组的其他缺失部分。这引出了关系抽取的多个子问题，这些子问题基本可以分为两大类：一类是关系实例抽取，也就是给定关系获取关系实例（主体与客体对）；另一类是给定实体对获取相应的关系。

基于模式的关系抽取通过定义关系在文本中表达的字符、语法或者语义模式，将模式与文本的匹配作为主要手段，来实现关系实例的获取。对于已知关系，依据其在文本中的表达方式构造相关模式，这样就可以进一步地通过模式匹配抽取出关系实例，从而实现关系抽取。关系抽取所使用的模式按照复杂程度或表达能力分为以下几类：基于字符的模式、基于语法的模式和基于语义的模式。

最直接的方式是将自然语言视作字符序列，构造字符模式，实现抽取。表达特定关系的字符模式通常被表示为一组正则表达式，随后通过对输入的文本进行匹配，即可实现关系抽取。这类方法需要为每个待抽取的关系构造相应的正则表达式，示例如表4-1所示。

表 4-1　字符模式抽取示例

关系	模式	例句
作品-作者	"《＄arg1》，是现代文学家＄arg2的散文集"	"《朝花夕拾》，是现代文学家鲁迅的散文集。"
作品-原名	"《＄arg1》原名《＄arg2》，"	"《朝花夕拾》原名《旧事重提》，"

这类基于字符模式的抽取方法对文本与模式的相似性有着较高的要求，因此，它们往往被用于抽取有着固定描述模式的内容以及由固定模板生成的网页。但是待匹配目标的文本内容稍有变化，预定义的字符模式就会失效。另一个极端是，定义泛化能力较强的模式，但这种做法又容易召回错误的关系实例，因此，在实际应用中，这类方法由于需要耗费大量的人工来定制合理的字符模式，故难以适用于广泛而多样的文本。

4.1.2　基于语法模式的抽取

通过引入文本所包含的语法信息（包括词法和句法等）来描述抽取模式，可以显著增强模式的表达能力，进而提升抽取模式的准确率和召回率。这些模式通过引入词性标签增强对模式的描述，几类常见关系的语法模式如表 4-2 所示。

表 4-2　常见关系的语法模式

关　　系	模　　式
上位词-下位词	（NP、）＊NP 等 NP NP（包含|含有|例如|有）（NP、）＊NP（等）
企业-主营业务	NP（是一家|是一位|是一所|是）VV NP 的企业
作品-作者	NP 著有（NP、）＊
人物-职业	NP（是|是一位）ADJP（NP、）＊NP

以抽取"作者"关系为例，"NP 著有 NP"这一模式约定包含"著有"且其前后都是 NP（名词短语）的句子是该模式的一个实例。因此，句子"柏拉图著有《形而上学》"匹配这一模式。模式不仅可以指定匹配的文本实例，还可以进一步约定抽取规则。

相比于单纯的字符模式，语法模式表达能力更强，同时仍能保证模式匹配的正确性。语法模式仅仅依赖人类的语法知识，大部分人都可以轻易构造此类模式，因此语法模式的获取代价相对较低。语法模式也普遍存在于各类语言中，适用于各种不同类型的文本。

语法模式通过引入词性标签等信息增强了描述能力，但是语法模式仍然是一种相对粗糙的描述，在抽取过程中仍容易引入错误。优化语法模式的一种重要手段就是引入语义元素（如概念）。近年来，大量的知识图谱与知识库，特别是 WordNet 以及 Probase 等概念图谱，逐渐完善成熟。这些知识图谱和知识库提供了丰富的概念以及概念的实例，这使得将概念引入模式的描述中且定义基于概念约束的模式成为可能。基于概念的语义模式示例，如表 4-3 所示。

表 4-3　基于概念的语义模式示例

关　　系	模　　式	例　　句
国家-总统	$ 政治家 当选 $ 国家 总统	奥巴马当选为美国总统
商人-所属公司	$ 商人 离开 $ 公司	前临时 CEO 罗斯·莱斯索恩离开了雅虎
作者-作品	$ 歌手 发行 $ 专辑	周杰伦发行了专辑《范特西》
战胜国-战败国	$ 国家 战胜 $ 国家	在波希战争中希腊战胜了波斯

4.1.3　基于语义模式的抽取

概念的引入可以更精准地表达模式适配的范围，从而增强模式的描述能力。语义模式所匹配的实例发生语义漂移的可能性因此大大降低，提高了抽取的准确率。

基于概念的语义模式描述精细，可以实现高精度抽取。但是基于概念的语义模式依赖较完善的概念图谱，而且专家定义这类模式的代价仍然较大，因此，也可以考虑自动学习得到这类语义模式，从而降低构造模式的代价。

4.1.4　自动化模式获取

前述的模式都来源于专家定义，其模式质量精良、抽取准确率高，但是人力成本高昂，因此难以覆盖相应关系在文本表达中的全部模式,这导致了相对较低的召回率。为了降低人工模式定义的成本以及提升召回率,在实际应用中,往往通过自动化方法生成和选择高质量的模式。

自动化模式获取通常通过自举法框架来实现。考虑某个特定类型的关系实例的获取任务,自举法的基本思想为:为该关系类型标注少量初始种子实体对,找到实体对在文本语料库中所出现的句子集合,基于这些句子提取表达关系的模式(模式提取),然后使用新发现的模式在语料中抽取新的实体对(实例抽取)。上述模式提取+实例抽取的过程循环迭代,直至不再发现新的关系实例。这个过程也被称为"滚雪球"(snowball)。

基于自举法的关系抽取流程如图 4-1 所示。

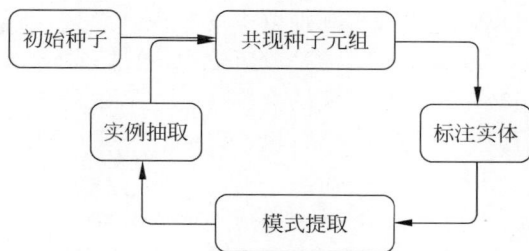

图 4-1 基于自举法的关系抽取流程

基于自举法的关系抽取得到了广泛研究,代表性的工作成果包括 DIPRE 系统、Snowball 系统以及 KnowItAll 系统等。自举法的一个重要研究问题是质量控制。一方面,模式有可能发生语义漂移,导致抽取错误;另一方面,这类系统多着眼于提升抽取的召回率,因此倾向于使用来自互联网的海量语料作为抽取来源,而互联网语料中的噪声对抽取的质量控制造成了困难。此外,多数系统都需要额外的 NLP 工具,这可能导致工具引入的错误被传播到后续的知识抽取环节,从而造成错误累积。总体而言,这些系统各有优缺点,基于自举法的抽取仍有很大的改进空间。

4.1.5 基于模式抽取的质量评估

基于自举法的关系抽取其主要问题在于,在迭代过程中易出现语义漂移,即用错误的实体对和关系模式进行迭代。因此,该类方法的核心在于对每一轮抽取得到的实体对和关系模式进行准确评估,以尽可能避免错误(实例错误或者模式错误)在后续迭代过程中积累与放大。在典型的基于模式的抽取系统中,抽取结果的质量通常可以从两个角度进行判定:实例与模式的匹配程度,以及模式本身的置信度。

在实际应用过程中,通过将模式与抽取实例的上下文进行匹配,就可以实现对实例的抽取。考虑到真实应用中的大部分实例上下文很难完全匹配模式,在衡量匹配程度的过程中,常常使用模糊匹配。模糊匹配可以通过计算 Jaccard 相似度、编辑距离、加权匹配等分数来实现,这些分数通常用作模式与文本匹配程度的度量。由此,可以得到实例(r)与模式(p)的匹配程度 $\text{Match}(r, p)$。

Jaccard 相似度定义为

$$\text{Jaccard}(R, P) = \frac{|R \cap P|}{|R \cup P|}$$

其中，R 和 P 分别对应实例 r 与模式 p 所含有的字符的集合。

编辑距离定义为

$$\mathrm{EditSim}(r,p)=1-\frac{\mathrm{EditDist}(r,p)}{\max(\mid r\mid,\mid p\mid)}$$

其中，$\mathrm{EditDist}(r,p)$ 表示 r 和 p 之间的编辑距离。

加权匹配定义为

$$\mathrm{WeightedSim}(r,p)=\sum w_i \mathrm{Sim}(r_i,p_i)$$

通过将模式分割成多个部分，即 $p=\{p_1,p_2,\cdots\}$，并将分割后的模式部分与对应的实例部分逐个匹配，最终利用预分配的权重 w_i 加权，从而得到匹配分数。

模式本身的置信度可以通过其在实际抽取中的表现来评估，通常可以用其在抽取中的准确率作为置信度的度量。在某个模式的抽取历史中，通过采样或全样评估的方法，可以得到抽取出的正确的三元组数量与匹配模式的全部三元组数量的比值。在这里，抽取出的三元组正确与否，可以在采样后进行人工评估，也可以通过与现有知识库中的三元组进行比对来评估：

$$\mathrm{Conf}(p_i)=\frac{\#\ 正确匹配的实例}{\#\ 匹配的全部实例}$$

最终，对于某条关系实例，其置信度可以通过与之匹配的全部模式进行统计，可以按照如下方式进行评估：

$$\mathrm{Conf}(r)=1-\prod_{p_i\in p}(1-\mathrm{Match}(r,p_i)\mathrm{Conf}(p_i))$$

由上可知，模式质量越好，匹配程度越高，则抽取实例的置信度越高。

在迭代的每个步骤中，每次只保留置信度足够高的实例和模式并在后续的计算步骤中使用它们，从而缓解低质量模式所带来的语义漂移问题。

4.2 基于学习的抽取

4.2.1 基于监督学习的关系抽取

基于监督学习的关系抽取基于标注样本来训练抽取模型。以关系分类为例，需要预先为每个关系类别标注足量的训练样本。根据其所使用的分类模型传统的基于监督学习的关系抽取可分为基于核函数的方法、基于逻辑回归的方法、基于句法解析增强的方法和基于条件随机场的方法。传统的基于监督学习的关系抽取过程是：给定训练样本（包括实体对、包含实体对的句子以及相应的关系标签），先对句子进行预处理，如句法分析、词性分析，然后将预处理的结果直接输入分类模型（如核函数、逻辑回归模型等）来构建关系分类模型，其流程如图 4-2 所示。

在基于监督学习的关系抽取中，核心问题是如何从标注样本中抽取有效的特征。下面给出关系抽取模型中的常用特征。

1. 词汇特征

词汇特征主要指实体对之间或周围的特定词汇，这些背景词在语义上能够帮助判断实体对的关系类别。主要的词汇特征包括以下几方面。

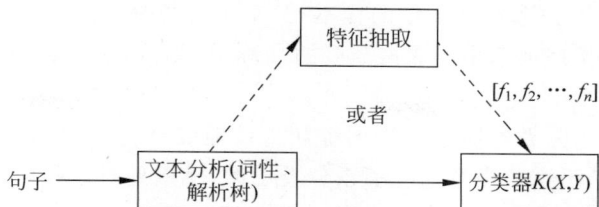

图 4-2　关系分类模型流程

（1）两个实体之间的词袋信息。

（2）上述词袋的词性标注。

（3）实体对在句子中出现的顺序信息。

（4）以左实体或右实体为中心开设的大小为 k 的窗口，其中所包含的词袋及其词性标注信息。

2．句法特征

除了词汇特征，句法特征对于关系抽取也十分重要，在实际应用中，经句法解析所得的实体对之间的最短依赖路径被广泛使用。通过依存分析器，可获得句子的句法解析结果。依存分析的结果包括词汇集合以及词汇之间的有向语法依赖关系。

3．语义特征

除了词汇特征和句法特征，实体类型等语义特征也十分重要。关系两边的类型通常被作为候选实体对的匹配约束。

4.2.2　基于远程监督学习的关系抽取

远程监督学习属于弱监督学习的一种，即利用外部知识对目标任务实现间接监督。

1．远程监督学习的基本过程

远程监督学习的基本假设是：给定一个三元组$\langle s,r,o \rangle$，则任何包含实体对(s,o)的句子都在某种程度上描述了该实体对之间的关系。通过比对大规模知识库中的三元组和海量文本，可以为目标关系自动标注大规模语料，进而采用基于监督学习的关系抽取实现关系抽取。远程监督学习为某个关系自动标注样本的过程如下。

（1）从知识库（如 Freebase）中为目标关系识别尽可能多的实体对。

（2）对于每个实体对，利用实体链接从大规模文本中抽取提及该实体对的句子集合，并为每个句子标注相应的关系。

（3）包含实体对的句子集合和关系类型标签构成了关系抽取的数据集，即实体对的训练数据为相应的句子，标签为知识库中的关系类型。

2．远程监督学习中的噪声问题

基于远程监督学习构造自动训练集会引入很多噪声，即很多没有表达目标关系的句子会被错误地标注为该关系。如何降低噪声对模型的影响是远程监督学习的关系抽取的重要研究问题之一。

解决这一问题的基本思路是对标注数据进行甄别与筛选。在基于深度学习的模型框架下，常常使用注意力机制对标注样本进行选择。此外，还可以采用额外的模型对样本进行质量评估，从而挑选出高质量的样本并用于构建关系抽取模型。例如，采用了强化学习的思路来训练一个策略选择器去选择高质量的样本,其基本思想是:如果策略选择器选择的样本子集能使关系分类模型在训练集上取得较高的准确率,则认定该策略选择器是一个好的策略选择器。

策略选择器和关系分类器通过迭代训练获得性能提升,具体步骤为:首先利用策略选择器选择样本,然后基于这些样本训练关系分类模型,将模型对这些样本预测的置信度作为策略的奖励分数,该分数将作为策略选择器的质量评估指标更新策略选择器,更新后的策略选择器用于选择新的样本,进一步优化关系分类模型的训练,如此迭代,直至策略选择器样本选择不再变化。

4.2.3 基于深度学习的关系抽取

传统的关系分类模型需要耗费大量的人力去设计特征,很难适用于大规模的关系抽取任务。此外,很多隐性特征也难以显式定义。基于深度学习的关系抽取能够自动学习有效特征,其关键在于输入的有效表示与特征提取。此外,深度神经网络模型通常具有较多参数,因而需要大量有标注数据。远程监督学习恰好可以提供大规模标注数据,因此,常与深度神经网络模型联合使用。

1. 基于 RNN 的关系抽取

RNN 是一种常见的用于序列数据建模的模型。这里介绍一种使用 RNN 建模句子的关系抽取方法。其模型结构包括输入层(input layer)、双向循环层(recurrent layer)和池化层(pooling layer)。

2. 基于 CNN 的关系抽取

CNN 在图像处理领域取得了极大的成功。近年来,卷积神经网络在自然语言语句建模与表示方面也涌现出不少成功案例。基于卷积神经网络的关系抽取的主要思想是:使用卷积神经网络对输入语句进行编码,基于编码结果,并使用全连接层结合激活函数对实体对的关系进行分类。

3. 基于注意力机制的关系抽取

基于远程监督学习构建的训练集通常有较大的噪声。因此,在使用深度神经网络模型时,需要对噪声予以特别处理。一种基于句子级别的注意力机制(Attention)的关系抽取方法的主要思路是:为实体对的每个句子赋予一个权重,权重越大表明该句子表达目标关系的程度越高;反之则越可能是噪声。

4.3 开放关系抽取

视频讲解

4.3.1 概述

主流的关系抽取方法通常需要预定义关系类别,然后才能抽取满足给定关系类别的实体对。但是在现实世界中,关系的种类复杂多样,难以穷举。因此,研究人员提出了开放关系抽取(也称开放信息抽取,即 OpenIE)从自然语言文本中抽取出三元组形式的关系实例。其输入为自然语言语料,输出则是由文本表示的关系主体、关系短语与关系客体的三元组,形如<关系主体(arg1),关系短语(rel),关系客体(arg2)>。其中,关系主体和关系客体通常为对应实体的名词短语。与其他的抽取方法相比,OpenIE 抽取出的关系不限于预定义的关系类型,而是文本中可能出现的所有关系实例。因此,OpenIE 本质上可以理解为一种基于浅层语法分析的文本结构化任务。

OpenIE 的概念由华盛顿大学的图灵中心提出,需要满足自动化(automation)、语料异质性(corpus heterogeneity)和效率(efficiency)3 个特点,这些特点也是后续设计 OpenIE 系统的主要依据。

提出 OpenIE 的初衷在于显著提升文本结构化的召回率。OpenIE 通常是面向大规模互联网文本开展的结构化任务,它需要应对互联网文本语料所带来的大规模、开放性、异质性的挑战。OpenIE 系统必须足够高效,无须监督,同时也允许结果相对粗糙(实体与关系描述非规范化),这样才能应对这些挑战。

4.3.2 TextRunner

TextRunner 系统采取了一种自监督(Self-Supervised)的学习框架,包含 3 个核心模块:自动化语料标注与分类器学习、文本抽取以及三元组评分。

1. 自动化语料标注与分类器学习

系统首先从数据集中抽取一小部分句子作为启动数据。然后,使用依存路径分析得到这些启动数据中所有可能作为实体的名词短语,并对每个名词短语对通过依存句法树中的路径找到潜在的关系短语,从而得到可能的三元组。再根据启发式规则将这些三元组标记为正例或负例。最后,利用这些自动标注的样本,根据样本的词性标注以及名词短语划分等浅层特征,训练一个朴素的贝叶斯分类器。

自动化语料标注的示例如图 4-3 所示。

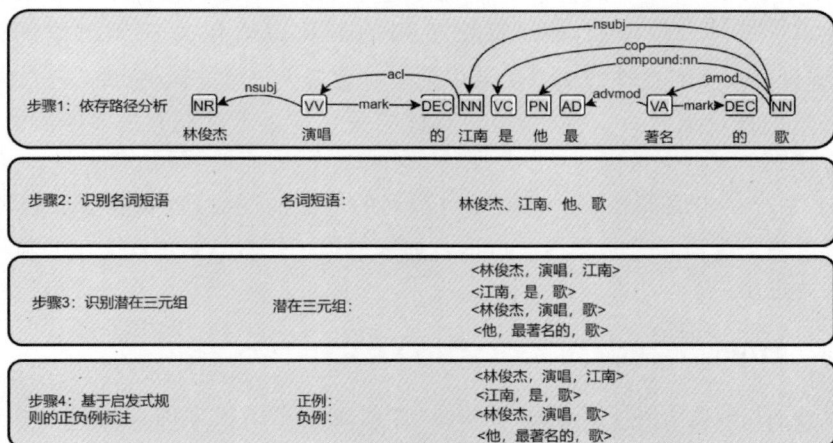

图 4-3 自动化语料标注的示例

2. 文本抽取

首先基于较轻量化的语法分析手段,识别出文本中关系主体和关系客体所对应的名词短语,将文本中出现在两个名词短语之间的其他短语作为可能的候选关系。然后,使用在上一个模块中训练得到的分类器,对这些三元组进行初步筛选,从而得到大量候选三元组。自动化候选三元组抽取的示例如图 4-4 所示。

图 4-4　自动化候选三元组抽取的示例

3．三元组评分

该模块首先会对候选三元组中语义相同的三元组进行合并。第一种情况是很多候选三元组往往仅在关系短语部分存在微小差别，因而可以进行合并。另一种情况是，候选三元组有相同的关系描述，但关系主体和关系客体略有不同。在对同义的三元组进行合并后，统计各个三元组在整个语料中以不同形式出现的频次，频次越大的三元组越有可能是正确的抽取，根据此思路计算各三元组的置信度评分，并最终选取得分较高的三元组作为最终抽取的结果。

4.3.3　ReVerb

TextRunner 系统虽然有效地实现了开放关系抽取，但仍然存在一些问题。

（1）抽取出的三元组的关系短语损失了细节信息。

（2）抽取出的三元组的关系有错误且不连贯。

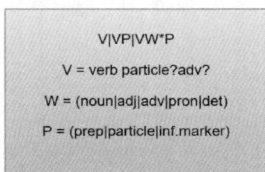

图 4-5　具体的句法约束实例

为了解决这些问题，ReVerb 通过引入基于词性的句法约束，对上述两类问题中出现的低质量关系短语进行过滤，以解决这两类问题。具体的句法约束实例如图 4-5 所示。

在 ReVerb 系统中，首先通过句法分析等手段抽取出可能的关系短语，然后基于 ReVerb 的句法约束对关系短语进行限制，筛选满足规则的最长短语作为三元组中的关系短语。ReVerb 系统也要求关系在全部候选关系中的实例数量大于给定阈值，即 $|arg(Relation)| > k$，通常 k 的取值被设定为 20。显然，过于具体的关系描述不可能有太多匹配的实例，从而可以被过滤掉。

ReVerb 系统在实现了对低质量三元组谓词的过滤的同时，也实现了对较具体的关系短语的支持。确定高质量关系短语后再进行抽取的思路使 ReVerb 系统在准确率和召回率上均有较大的进步。

4.3.4　Ollie

虽然 ReVerb 系统提升了关系短语的质量，但也带来了诸多的局限性。首先，ReVerb 系统难以处理不包含动词的关系短语。其次，ReVerb 系统无法识别需要满足前提条件的关系。

为此研究人员提出了 Ollie 系统方法，其本质是基于依存解析路径（dependency parse paths）的自举法学习。Ollie 系统利用依存树的信息来定位三元组的前提条件，从而识别需要前提条件的三元组。同时，基于自举法，它使用 ReVerb 系统得到的高质量种子三元组在语料中进行迭代，找出不包含动词的关系模式，实现对不含动词的关系短语的抽取。

为实现上述思路，Ollie 系统引入了一种新的包含依存路径的模式，如"{arg1}↑nsubj↑

{rel:postag＝VBD}↓dobj↓{arg2}”，它表示关系主体 arg1 为关系短语的名词主语（nsubj），关系短语 rel 本身为被动形式的动词（postag＝VBD），而关系客体 arg2 为关系短语的直接宾语（dobj）。但凡匹配这一模式的文本即可抽取出形如<arg1,rel,arg2>的三元组。这类模式拓展了关系短语的句法范围，增加了对不包含动词的关系短语（如"be cofounder of"）的支持，克服了 ReVerb 系统无法抽取不含动词的关系的缺陷。

总的来说，Ollie 系统首先利用自举法从语料库中挖掘出更多与 ReVerb 系统的种子模式同义的新模式（如不包含动词的关系短语的模式）。在抽取的过程中，通过使用这些学习出来的模式对文本进行匹配，并利用其上下文及依存树进行分析并筛选（处理需要条件的三元组），这样就能够最终得到新的关系三元组。

4.4 实验：关系抽取实验

4.4.1 实验内容

关系定义为两个或多个实体之间的某种联系，而关系抽取则是自动识别实体之间具有的某种语义关系。根据参与实体的多少可以分为二元关系抽取和多元关系抽取，其中二元关系抽取是指两个实体间的关系，多元关系是指 3 个及以上实体间的关系。其中，二元关系抽取是其他关系抽取研究的基础。

本实验是通过 Python 语言实现二元关系的抽取。实验中用到的数据集是 Semeval 数据，其拥有 9 种关系分类、19 种方向。实验目的是识别这 19 种方向。

4.4.2 实验目标

（1）了解关系抽取的概念。
（2）掌握使用 Python 完成二元关系的抽取
（3）掌握 Python 语言的基本操作。

4.4.3 实验步骤

1. 创建项目
具体流程可参考 3.5.3 节的"创建项目"步骤。
2. 创建文件
具体流程可参考 3.5.3 节的"创建文件"步骤，其中文件名设置为 RelationExtraction。
3. 数据导入
如图 4-6 所示，在网络浏览器中输入网址下载文件 ERR.zip。文件下载完成后，进入/home/techuser/Downloads 目录，找到下载的文件 ERR.zip。右击，在弹出的快捷菜单中选择 Open Terminal Here 命令。在 Terminal 界面，将 ERR.zip 解压到 KnowledgeGraph 项目目录下。

打开 KnowledgeGraph 项目，可以看到 data 和 model 文件夹出现在目录中，如图 4-7 所示。

4. 算法代码
打开 RelationExtraction.py 文件，会看到里面一片空白，输入以下代码段（以下代码段

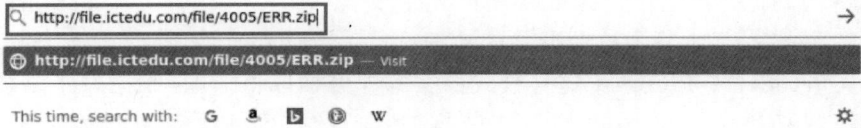

图 4-6　在网络中下载文件

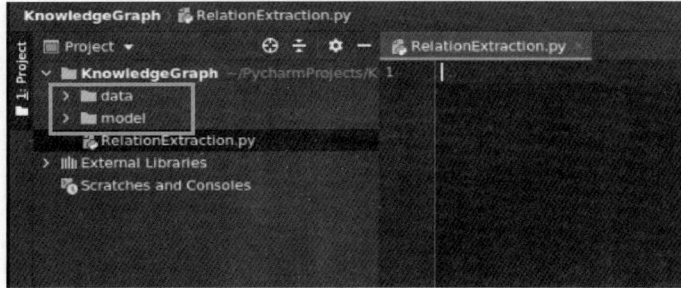

图 4-7　成功创建 data 和 model 文件夹

均必须保存/运行才能通过检测)。

（1）导入需要使用的 Python 工具包。

```
# coding = utf - 8
# torch 主要负责深度学习相关的操作
import torch
import torch. nn as nn
import torch. nn. functional as F
from torch. utils. data import DataLoader
from torch. autograd import Variable
from torch. utils. data import Dataset
# sklearn 负责度量
from sklearn. metrics import f1_score
from sklearn. metrics import accuracy_score
import os # 文件流操作
import numpy as np # 用于操作数组
```

（2）用于关系抽取的深度学习模型类，可以通过训练进行关系抽取。

```
class PCNN(nn. Module):
def __init__(self, config):
    super(PCNN, self). __init__()
    self.config = config
    self.model_name = 'PCNN'
    self.word_embs = nn. Embedding(self.config["vocab_size"], self.config["word_dim"])
    self.pos1_embs = nn. Embedding(self.config["pos_size"] + 1, self.config["pos_dim"])
    self.pos2_embs = nn. Embedding(self.config["pos_size"] + 1, self.config["pos_dim"])
    feature_dim = self.config["word_dim"] + self.config["pos_dim"] * 2
    # 通过 conv 编码句子级的特征
    self.convs = nn. ModuleList([nn. Conv2d(1, self.config["filters_num"], (k, feature_dim),
padding = (int(k / 2), 0)) for k in self.config["filters"]])
    all_filter_num = self.config["filters_num"] * len(self.config["filters"])
    self.cnn_linear = nn. Linear(all_filter_num, self.config["sen_feature_dim"])
```

```python
        # 拼接处理词汇特征
        self.out_linear = nn.Linear(all_filter_num + self.config["word_dim"] * 6, self.config
["rel_num"])
        self.dropout = nn.Dropout(self.config["dropout"])
        self.init_word_emb()
        self.init_model_weight()
    def init_model_weight(self):
        '''
        初始化模型权重
        '''
        nn.init.xavier_normal_(self.cnn_linear.weight)
        nn.init.constant_(self.cnn_linear.bias, 0.)
        nn.init.xavier_normal_(self.out_linear.weight)
        nn.init.constant_(self.out_linear.bias, 0.)
        for conv in self.convs:
            nn.init.xavier_normal_(conv.weight)
            nn.init.constant_(conv.bias, 0)
    def init_word_emb(self):
        '''
        初始化词向量
        :return:
        '''
        word2vec_emb = torch.from_numpy(np.load(self.config["word2vec_path"]))
        self.word_embs.weight.data.copy_(word2vec_emb)
    def forward(self, data):
        '''
        PCNN 的运行函数
        :param data: 数据
        :return:
        '''
        lexical_feature, word_feature, left_pos_emb, right_pos_emb = data
        # 词向量
        batch_size = lexical_feature.size(0)
        lexical_level_emb = self.word_embs(lexical_feature.to(torch.int64))   # (batch_size, 6,
word_dim
        lexical_level_emb = lexical_level_emb.view(batch_size, -1)
        # 句子级特征
        word_emb = self.word_embs(word_feature.to(torch.int64))   # (batch_size, max_len, word_
dim)
        left_emb = self.pos1_embs(left_pos_emb.to(torch.int64))   # (batch_size, max_len, word_
dim)
        right_emb = self.pos2_embs(right_pos_emb.to(torch.int64))   # (batch_size, max_len,
word_dim)
        sentence_feature = torch.cat([word_emb, left_emb, right_emb], 2)   # (batch_size, max_
len, word_dim + pos_dim * 2)
        # 卷积部分
        sentence_feature = sentence_feature.unsqueeze(1)
        sentence_feature = self.dropout(sentence_feature)
        sentence_feature = [F.relu(conv(sentence_feature)).squeeze(3) for conv in self.convs]
        sentence_feature = [F.max_pool1d(i, i.size(2)).squeeze(2) for i in sentence_feature]
        sentence_feature = torch.cat(sentence_feature, 1)
```

```
            sentence_level_emb = sentence_feature
            # 融合词特征与句特征
            concat_feature = torch.cat([lexical_level_emb, sentence_level_emb], 1)
            concat_feature = self.dropout(concat_feature)
            output = self.out_linear(concat_feature)
        return output
```

（3）数据类，继承自 Dataset，用于 torch 相关的深度学习计算。

```
class Data(Dataset):
    def __init__(self, root_path):
        npy_path = os.path.join(root_path, 'npy/')
        self.word_feature = np.load(npy_path + 'word_feature.npy')
        self.lexical_feature = np.load(npy_path + 'lexical_feature.npy')
        self.right_pos_emb = np.load(npy_path + 'right_pos_emb.npy')
        self.left_pos_emb = np.load(npy_path + 'left_pos_emb.npy')
        self.labels = np.load(npy_path + 'labels.npy')
        self.data = list(zip(self.lexical_feature, self.word_feature, self.left_pos_emb, self.
right_pos_emb, self.labels))
    def __getitem__(self, index):
        assert index < len(self.data)
        return self.data[index]
    def __len__(self):
        return len(self.data)
```

（4）测试函数可以调用测试数据集，对预训练的模型进行测试。

```
def test(config):
    '''
    测试模型
    :param config:参数配置
    :return:
    '''
    test_data = Data(config["root_path"])
    test_data_loader = DataLoader(test_data, batch_size = config["batch_size"], shuffle = False)
    print('test data: {}'.format(len(test_data)))
    model = PCNN(config)
    model.load_state_dict(torch.load("model/model.pth"))
    test_acc, test_f1, test_avg_loss, predict_result = eval(model, test_data_loader)
    print('test accuracy: {}, test f1:{},  test loss {}'.format(
        test_acc, test_f1, test_avg_loss))
    return predict_result
```

（5）评估函数用来计算一系列数值，以评估模型的性能。

```
def eval(model, eval_data_loader):
    '''
    模型评估
    :param model:模型
    :param eval_data_loader: 用于评估的 DataLoader
    :return: 准确率,f1 值,平均损失,预测结果
    '''
    avg_loss = 0.0
```

```
predict_result = []
labels = []
for index, data in enumerate(eval_data_loader):
    model.eval()
    data = list(map(Variable, data))
    output = model(data[ : -1])
    cross_entropy_loss = F.cross_entropy(output, data[-1].to(torch.long))
    predict_result.extend(torch.max(output, 1)[1].data.cpu().numpy().tolist())
    labels.extend(data[-1].data.cpu().numpy().tolist())
    avg_loss += cross_entropy_loss.data.item()
dataset_len = len(eval_data_loader.dataset)
f1_metrics = f1_score(labels, predict_result, average = 'micro')
predict_acc = accuracy_score(labels, predict_result)
return predict_acc, f1_metrics, avg_loss / dataset_len, predict_result
```

（6）获取参数配置函数，用于获取模型需要的参数配置。

```
def get_config():
    '''
    获取参数配置
    :return: 参数配置
    '''
    config = {
        "root_path" : "data",
        "batch_size" : 128,
        "rel_num" : 19,
        "vocab_size" : 22315,
        "word_dim" : 50,
        "pos_size" : 102,
        "pos_dim" : 5,
        "filters_num" : 230,
        "sen_feature_dim" : 230,
        "filters" : [3],
        "dropout" : 0.5,
        "word2vec_path" : './data/npy/word2vec.npy'
    }
    return config
```

（7）主函数负责程序的主要逻辑，并保存测试结果。

```
if __name__ == "__main__":
    my_config = get_config()
    test_result = test(my_config)
    with open("results.txt", 'w', encoding = 'utf-8') as f:
        len_result = len(test_result)
        for index in range(8001, 8001 + len_result):
            f.write("{}\t{}\n".format(index, test_result[index - 8001]))
```

5. 运行代码

如图 4-8 所示，打开 Terminal 界面，在出现的命令行窗口中输入命令即可运行程序。程序运行完成后，可以看到 results.txt 文件。打开 results.txt 文件，可以看到关系抽取的实验结果，前一列数字代表 id，后一列数字代表关系方向，如图 4-9 所示。

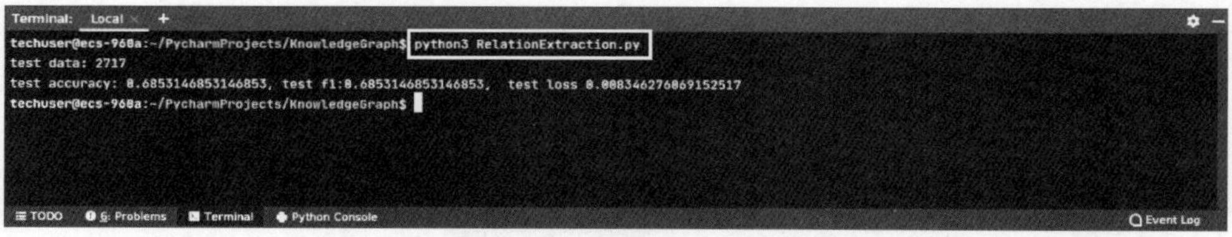

图 4-8　运行程序

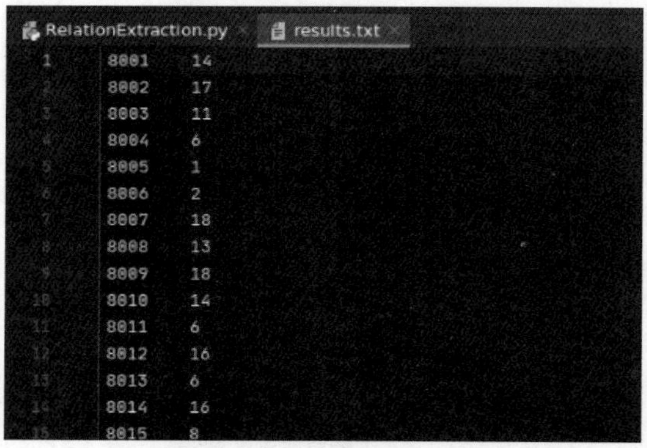

图 4-9　运行结果

4.4.4　实验总结

本次实验主要是通过 Python 语言实现了二元关系的抽取。本次实验中涉及的 9 种关系有 Cause-Effect、Component-Whole、Entity-Destination、Product-Producer、Entity-Origin、Member-Collection、Message-Topic、Content-Container、Instrument-Agency，但两个实体是具有方向性的，比如（e1，e2）与（e2，e1）是不相同的，再加上 other 类，因此最终分类种数为 19 类。实验中仅给出了测试的过程，并未提供训练，如有需要，可自行改编代码。

课后习题

1. 选择题

1-1 下列对关系抽取描述正确的是（　　）。

　　A. 关系抽取表示从文本中抽取两个或多个实体之间的语义关系

　　B. 关系抽取表示从文本中获取指定语料的相关的实体间的联系

　　C. 关系抽取表示从预料文本中获取实体的过程

　　D. 关系抽取表示从预料文本中获取整个事件的过程

1-2（多选题）基于模式的关系抽取大致包括（　　）。

　　A. 基于字符的模式　　　　　　　　B. 基于语法的模式

　　C. 基于语义的模式　　　　　　　　D. 自动化模式抽取

1-3 将实体识别和关系抽取作为两个独立的过程，不会相互影响，关系的识别依赖于实体识别的效果。这样的机制在深度学习关系抽取中称作（　　）。

　　A. pipeline　　　　B. joint model　　　　C. Bootstrap　　　　D. MaxEnt

1-4 （多选题）下列监督学习-深度学习关系抽取方法中属于 pipeline 的是（　　）。

  A. CR-CNN   B. Att-CNN

  C. Att-BLSTM   D. LSTM-RNNs

1-5 下列不属于开放领域关系抽取的是（　　）。

  A. 基于语法规则＋依存句法分析树   B. 半监督 bootstrap 迭代式抽取

  C. 基于序列标注神经网络模型   D. 远程监督关系抽取

2. 判断题

2-1 基于模式的关系抽取的评估标准包括 Jaccard 相似度、编辑距离、加权分配和准确率值。（　　）

2-2 远程监督学习方法主要是利用少量的标注信息进行学习,远程监督学习方法主要是对知识库与非结构化文本对齐来自动构建大量训练数据,减少模型对人工标注数据的依赖,增强模型跨领域适应能力。（　　）

2-3 pipeline 方法指先抽取关系再抽取实体。（　　）

2-4 基于语法规则和依存句法分析树。往往是按照句子中的谓语动词为原始点建立模式规则,对句中的实体的词性和依存关系进行识别限定。（　　）

3. 简答题

3-1 什么是关系抽取？关系抽取与实体识别有什么关系？

3-2 简述基于模式的抽取的一般原理。

3-3 简述基于监督学习的抽取一般流程。

3-4 开放关系抽取方法包括哪些？

第5章

知识抽取

★本章导读★

本章讨论了知识图谱中的知识抽取，是构建知识图谱不可或缺的环节。本章主要包含6节内容，分别为知识抽取任务、非结构化的知识抽取、结构化的知识抽取、半结构化的知识抽取、知识挖掘。

5.1节介绍知识抽取任务的定义和具体的任务描述，为后续内容奠定了基础。5.2节介绍非结构化的知识抽取，包括时间抽取概述、事件抽取的流水线方法和事件的联合抽取方法等。这些方法可以帮助我们从非结构化的数据中提取出有用的信息。5.3节是关于结构化的知识抽取，介绍了直接映射和R2RML两种抽取方法，这些方法可以将数据从关系数据库中提取出来。5.4节是关于半结构化的知识抽取，包括概述、面向百科类数据的知识抽取和面向Web网页的知识抽取。这些方法有助于从半结构化的数据中提取出有用的信息。5.5节是关于知识挖掘的，包括知识内容挖掘和知识结构挖掘。这些方法可以帮助我们挖掘出有用的知识，并将其存储到知识图谱中。

通过本章的学习，读者可以了解知识抽取的相关概念、任务、方法和技术，了解知识图谱构建中的重要步骤，并具备实现知识抽取的基本能力，为后续知识图谱应用和系统的构建提供基础。同时，本章提供了一个面向中文网络百科的实际案例，为读者展示了如何将知识抽取技术应用到实际项目中，具有一定的实践意义和指导价值。读者需要对自然语言处理、数据挖掘和机器学习等相关领域有一定的了解和掌握，才能更好地理解和应用本章所介绍的知识抽取技术。

★知识要点★

（1）知识抽取任务的定义和具体任务描述。

（2）非结构化的知识抽取技术，包括时间抽取、事件抽取和联合抽取方法。

（3）结构化的知识抽取技术，包括直接映射和R2RML。

（4）半结构化的知识抽取技术，包括面向百科类数据和面向Web网页的知识抽取方法。

（5）知识挖掘技术，包括知识内容挖掘和知识结构挖掘。

5.1 知识抽取任务

5.1.1 知识抽取任务定义

知识抽取是构建大规模知识图谱的重要环节,而知识挖掘则是在已有知识图谱的基础上发现其隐藏的知识。知识抽取和知识挖掘对于知识图谱的构建及应用具有重要的意义。知识抽取是实现自动化构建大规模知识图谱的重要技术,其目的在于从不同来源、不同结构的数据中进行知识提取并存入知识图谱中。

知识抽取的数据源可以分为以下几类:

(1) 结构化数据(如链接数据、数据库);

(2) 半结构化数据(如网页中的表格、列表);

(3) 非结构化数据(即纯文本数据)。

面向不同类型数据源,知识抽取涉及的关键技术和需要攻克的技术难点有所不同。

知识抽取的概念最早在 20 世纪 70 年代后期出现于 NLP 研究领域,是指自动化地从文本中发现和抽取相关信息,并将多个文本碎片中的信息进行合并,将非结构化数据转换为结构化数据,包括某一特定领域的模式、实体关系或 RDF 三元组。例如,给定一段关于苹果公司的文字描述,知识抽取方法可以自动获取关于苹果公司的结构化信息,包括其总部地址、创始人以及创立时间,如图 5-1 所示。

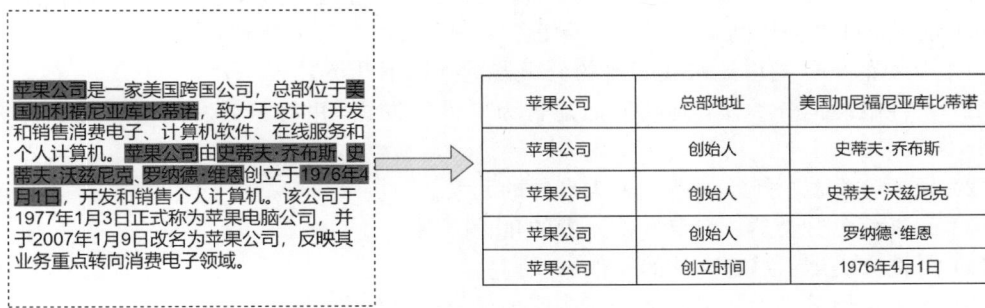

苹果公司	总部地址	美国加尼福尼亚库比蒂诺
苹果公司	创始人	史蒂夫·乔布斯
苹果公司	创始人	史蒂夫·沃兹尼克
苹果公司	创始人	罗纳德·维恩
苹果公司	创立时间	1976年4月1日

图 5-1 苹果公司的结构化信息

5.1.2 知识抽取具体任务

具体而言,知识抽取包括以下子任务。

(1) 命名实体识别。从文本中检测出命名实体,并将其分类到预定义的类别中,例如,人物、组织、地点、时间等。在一般情况下,命名实体识别是知识抽取其他任务的基础。

(2) 关系抽取。从文本中识别抽取实体及实体之间的关系。例如,从句子"[王思聪]是万达集团董事长[王健林]的独子"中识别出实体"[王健林]"和"[王思聪]"之间具有"父子"关系。

(3) 事件抽取。识别文本中关于事件的信息,并以结构化的形式呈现。例如,从恐怖袭击事件的新闻报道中识别袭击发生的时间、地点、袭击目标和受害人等信息。

5.2　非结构化的知识抽取

5.2.1　事件抽取概述

大量的数据以非结构化数据（即自由文本）的形式存在，如新闻报道、科技文献和政府文件等，面向文本数据的知识抽取一直是备受关注的问题。在前面已详细介绍了实体识别、关系抽取的相关内容，接下来重点介绍事件抽取。

事件是指发生的事情，通常具有时间、地点、参与者等属性。事件的发生可能是因为一个动作的产生或者系统状态的改变。事件抽取是指从自然语言文本中抽取出用户感兴趣的事件信息，并以结构化的形式呈现出来。例如，事件发生的时间、地点、发生原因、参与者等。

一般地，事件抽取任务包含的子任务如下：

（1）识别事件触发词及事件类型；

（2）抽取事件元素的同时判断其角色；

（3）抽出描述事件的词组或句子；

（4）事件属性标注；

（5）事件共指消解。

5.2.2　事件抽取的流水线方法

流水线方法将事件抽取任务分解为一系列基于分类的子任务，包括事件识别、元素抽取、属性分类和可报告性判别；每一个子任务由一个机器学习分类器负责实施。

一个基本的事件抽取流水线需要的分类器包括以下几类。

（1）事件触发词分类器：判断词汇是否为事件触发词，并基于触发词信息对事件类别进行分类。

（2）元素分类器：判断词组是否为事件的元素。

（3）元素角色分类器：判定事件元素的角色类别。

（4）属性分类器：判定事件的属性。

（5）可报告性分类器：判定是否存在值得报告的事件实例。

表 5-1 列出了在事件抽取过程中，触发词分类和元素分类常用的分类特征。各个阶段的分类器可以采用机器学习算法中的不同分类器，例如，最大熵模型、支持向量机等。

表 5-1　触发词分类和元素分类常用的分类特征

分　类　特　征		特　征　说　明
触发词分类	词汇	触发词和上下文单词的词块和词性标签
	字典	触发词列表、同义词字典
	句法	触发词在句法树中的深度
		触发词到句法树根节点的路径
		由触发词的父节点展开的词组结构
		触发词的词组类型
	实体	句法上距离触发词最近的实体的类型
		句子中距离触发词物理距离最近的实体的类型

续表

分 类 特 征		特 征 说 明
元素分类	事件类型和触发词	触发词的词块
		事件类型和子类型
	实体	实体类型和子类型
		实体提及的词干
	上下文	候选元素的上下文单词
	句法	扩展触发词父节点的词组结构
		实体和触发词的相对位置(前或后)
		实体到触发词的最短路径
		句法树中实体到触发词的最短长度

5.2.3 事件的联合抽取方法

事件抽取的流水线方法在每个子任务阶段都有可能存在误差,这种误差会从前面的环节逐步传播到后面的环节,从而导致误差不断累积,使得事件抽取的性能急剧衰减。为了解决这一问题,一些研究工作提出了事件的联合抽取方法。在联合抽取方法中,事件的所有相关信息会通过一个模型同时抽取出来。一般地,联合事件抽取方法可以采用联合推断或联合建模的方法,如图 5-2 所示。

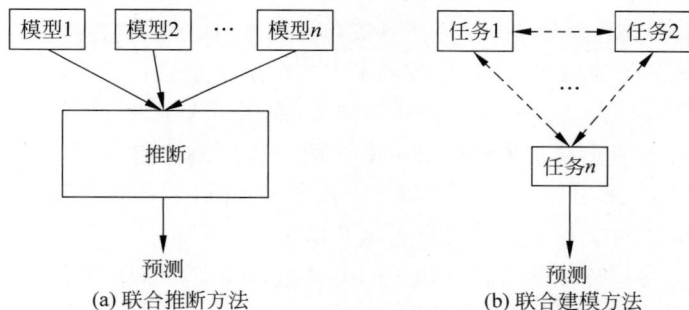

图 5-2 联合事件抽取方法

联合推断方法的步骤如下:

(1)首先建立事件抽取子任务的模型,然后将各个模型的目标函数进行组合,形成联合推断的目标函数;

(2)通过对联合目标函数进行优化,获得事件抽取各个子任务的结果;

(3)联合建模的方法在充分分析子任务间的关系后,基于概率图模型进行联合建模,获得事件抽取的总体结果。

联合事件抽取模型是将事件触发词、元素抽取的局部特征和捕获任务之间关联的结构特征结合进行事件抽取。在如图 5-3 所示的事件触发词和事件元素示例中,fired 是袭击(Attack)事件的触发词,但是由于该词本身具有歧义性,流水线方法中的局部分类器很容易将其错误分类;但是,如果考虑到 tank 很可能是袭击事件的工具(Instrument)元素,那么就比较容易判断 fired 触发的是袭击事件。

依然使用上面的例子,在流水线方法中,局部的分类器也不能捕获 fired 和 died 之间的

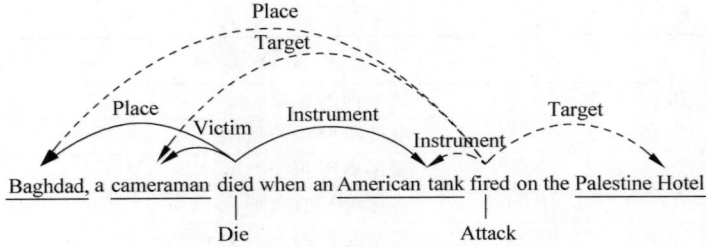

图 5-3　事件触发词和事件元素示例

依赖关系。为了克服局部分类器的不足,新的联合抽取模型在使用大量局部特征的基础上,增加了若干全局特征。事件死亡(Die)和事件(Attack)的提及 died 和 fired 共享了 3 个参

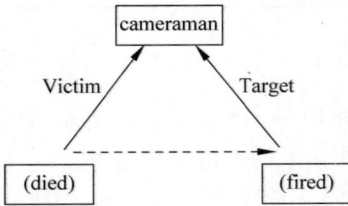

图 5-4　事件抽取全局特征

数;基于这种情况,可以定义形如图 5-4 所示的事件抽取全局特征。这类全局特征可以从整体的结构中学习得到,从而使用全局的信息来提升局部的预测。联合抽取模型将事件抽取问题转换成结构预测问题,并使用集束搜索方法进行求解。

在事件抽取任务上,同样有一些基于深度学习的方法被提出。传统的事件抽取方法通常需要借助外部的自然语言处理工具和大量的人工设计的特征;与之相比,深度学习方法具有以下优势:

(1) 减少了对外部工具的依赖,甚至不依赖外部工具,可以构建端到端的系统;

(2) 使用词向量作为输入,词向量蕴涵了丰富的语义信息;

(3) 神经网络具有自动提取句子特征的能力,避免了人工设计特征的烦琐工作。

一个基于动态多池化卷积神经网络的事件抽取模型总体包含词向量学习、词汇级特征抽取、句子级特征抽取和分类器输出 4 部分。其中,词向量学习通过无监督方式学习词的向量表示;词汇级特征抽取基于词的向量表示获取事件抽取相关的词汇线索;句子级特征抽取通过动态多池化卷积神经网络获取句子的语义组合特征;分类器输出产生事件元素的角色类别。模型具体框架如图 5-5 所示。

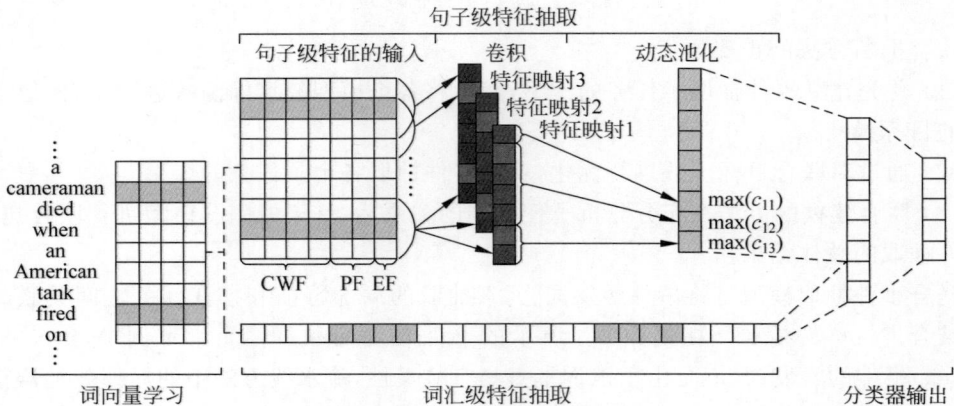

图 5-5　模型具体框架

5.3 结构化的知识抽取

5.3.1 直接映射

垂直领域的知识往往来源于支撑企业业务系统的关系数据库，因此，从数据库这种结构化数据中抽取知识也是一类重要的知识抽取方法。直接映射（Direct Mapping，DM）和 R2ML 映射语言用于定义关系数据库中的数据如何转换为 RDF 数据的各种规则，具体包括 URI 的生成、RDF 类和属性的定义、空节点的处理、数据间关联关系的表达等。

直接映射规范定义了一个从关系数据库到图数据的简单转换，为定义和比较更复杂的转换提供了基础。它也可用于实现 RDF 图或定义虚拟图，可以通过 SPARQL 查询或通过 RDF 图 API 访问。直接映射将关系数据库表结构和数据直接转换为 RDF 图，关系数据库的数据结构直接反映在 RDF 图中。

直接映射的基本规则包括：

（1）数据库中的表映射为 RDF 类；

（2）数据库中表的列映射为 RDF 属性；

（3）数据库表中每一行映射为一个资源或实体，创建 IRI；

（4）数据库表中每个单元格的值映射为一个文字值（literal value），如果单元格的值对应一个外键，则将其替换为外键值指向的资源或实体的 IRI。

下面给出一个简单的例子，解释直接映射的基本思路。假设有两个数据库表，如图 5-6 和图 5-7 所示。

PK		→ Address(ID)
ID	**fname**	**Address(ID)**
7	Bob	18
8	Sue	**NULL**

图 5-6 数据库 People 表

PK		
ID	**city**	**state**
18	Cambridge	MA

图 5-7 数据库 Addresses 表

（1）创建两个数据库表的 SQL 语句如下：

```
CREATE TABLE "Addresses"(
"ID" INT, PRIMARY KEY("ID"),
"city" CHAR(10),
"state" CHAR(2)
)
CREATE TABLE "People"(
"ID" INT,PRIMARY KEY("1D"),
"fname" CHAR(10),
"addr" INT,
FOREIGN KEY("addr")REFERENCES "Addresses"("ID")
)
INSERT INTO "Addresses" ("ID","city", "state")VALUES (18, 'Cambridge','MA')
INSERT INTO "People" ("ID", "fname", "addr")VALUES (7, 'Bob', 18)
INSERT INTO "People" ("ID", "fname", "addr")VALUES (8, 'Sue', NULL)
```

（2）基于直接映射标准，上述两表可以输出如下的 RDF 数据：

@base < http://foo.example/DB/> .

```
@prefix xsd:< http://www.w3.Org/2001/XMLSchema#>.
< People/ID = 7 > rdf:type < People >.
< People/ID = 7 > < People#ID > 7.
< People/ID = 7 > < People#fname > "Bob".
< People/ID = 7 > < People#addr > 18.
< People/ID = 7 > < People#ref - addr > < Addresses/ID = 18 >.
< People/ID = 8 > rdf:type < People >.
< People/ID = 8 > < People#fname > 8.
< People/ID = 8 > < People#fname > "Sue".
< Addresses/ID = 18 > rdf:type < Addresses >.
< Addresses/ID = 18 > < Addresses#ID > 18.
< Addresses/ID = 18 > < Addresses#city > "Cambridge".
< Addresses/ID = 18 > < Addresses#state > "MA".
```

在直接映射过程中,数据库表中的每一行(例如,People 表中的<7,'Bob',18>)产生了一组具有共同主语(subject)的三元组。主语是由 IRI 前缀和表名(People)、主键列名(ID)、主键值(7)串联而成的 IRI。每列的谓词是由 IRI 前缀和表名、列名连接形成的 IRI。这些值是以列值的词汇形式形成的 RDF 文字。每个外键都会生成一个三元组,其谓词由外键列名、引用表和引用的列名组成。这些三元组的宾语是被引用三元组的行标识符(例如,< Addresses/ID=18 >)。直接映射不会为 NULL 值生成三元组。

5.3.2 R2RML

R2RML 映射语言是一种用于表示从关系数据库到 RDF 数据集的自定义映射的语言。这种映射提供了在 RDF 数据模型下查看现有关系型数据的能力,并且可以基于用户自定义的结构和目标词汇表示原有的关系型数据。在数据库的直接映射中,生成的 RDF 图的结构直接反映了数据库的结构,目标 RDF 词汇直接反映数据库模式元素的名称,结构和目标词汇都不能改变。然而,通过使用 R2RML,用户可以在关系数据上灵活定制视图。每个R2RML 映射都针对特定的数据库模式和目标词汇量身定制。R2RML 映射的输入是符合该模式的关系数据库,输出是采用目标词汇表中谓词和类型描述的 RDF 数据集。

R2RML 映射是通过逻辑表(logic table)从数据库中检索数据的。一个逻辑表可以是数据库中的一个表、视图或有效的 SQL 语句查询。每个逻辑表通过三元组映射(triple map)映射至 RDF 数据,而三元组映射是可以将逻辑表中每一行映射为若干 RDF 三元组的规则。逻辑表突破了关系数据库表的物理结构的限制,为不改变数据库原有的结构而灵活地按需生成 RDF 数据奠定了基础。

三元组映射的规则主要包括两部分:一个主语映射和多个谓词-宾语映射。主语映射从逻辑表生成所有 RDF 三元组中的主语,通常使用基于数据库表中的主键生成的 IRI 表示。谓词-宾语映射则包含了谓词映射和宾语映射,其过程与主语映射相似。

图 5-8 和图 5-9 给出了一个示例数据库,其包含两个表,分别是雇佣表和部门表。

EMP （雇佣）			
EMPNO	ENAME	JOB	DEPTNO
INTEGER PRIMARY KEY	VARCHAR(100)	VARCHAR(20)	INTEGER REFERENCES DEPT (DEPTNO)
7369	SMITH	CLERK	10

图 5-8 数据库雇佣表

DEPT （部门）		
DEPTNO INTEGER PRIMARY KEY	DNAME VARCHAR(30)	LOC VARCHAR(IOO)
10	APPSERVER	NEW YORK

图 5-9　数据库部门表

将上述数据库映射为 RDF 数据，期望的输出结果如下：

```
< http://data.example.com/employee/7369 > rdf:type ex:Employee.
< http://data.example.com/employee/7369 > ex:name "SMITH".
< http://data.example.com/employee/7369 > ex:department
< http://data.example.com/department/10 >.
< http://data.example.com/department/10 > rdf:type ex:Department.
< http://data.example.com/department/10 > ex:name "APPSERVER".
< http://data.example.com/department/10 > ex:location "NEW YORK".
< http://data.example.com/department/10 > ex:staff 1.
```

为了生成期望的输出结果，可以基于 R2RML 定义如下所示的映射文档：

```
@prefix rr: < http://www.w3.org/ns/r2rml#>.
@prefix ex: < http://example.com/ns#>.
<# TriplesMapl >
    rr:logicalTable [ rr:tableName "EMP"];
    rr:subjectMap [
        rr:template "http://data.example.com/employee/{EMPNO}";
        rr:class ex:Employee;
    ];
    rr:predicateObjectMap [
    rr:predicate ex:name;
    rr:objectMap [ rr:column "ENAME" ];
    ].
```

接上例，为了将 DEPT 表中数据转换为 RDF 数据，可以基于 SQL 语句查询定义一个 R2RML 视图，然后基于该视图定义 R2RML 映射文档。

用于创建 R2RML 视图的 SQL 语句：

```
<# DeptTableView > rr:sqlQuery """
SELECT DEPTNO,
    DNAME,
    LOC,
    (SELECT COUNT ( * ) FROM EMP WHERE EMP.DEPTNO = DEPT.DEPTNO) AS STAFF
  FROM DEPT;
  """.
```

用于 DEPT 表数据转换的 R2RML 映射文档：

```
<# TriplesMap2 >
    rr:logicalTable <# DeptTableView >;
    rr:subjectMap [
        rr: template "http://data.example.com/department/{DEPTNO}" ;
        rr:class ex:Department; ];
    rr:predicateObjectMap [
        rr:predicate ex:name;
```

```
        rr:objectMap [ rr:column "DNAME" ];];
    rr:predicateObjectMap [
        rr:predicate ex:location;
        rr:objectMap [ rr:column "LOC"];
        ];
        rr:predicateObjectMap [
          rr:predicate ex:staff;
          rr:objectMap [ rr:column "STAFF"]; ].
```

此外，为了生成谓词 ex:department 的三元组，需要将 EMP 和 DEPT 表进行连接，可以通过定义下面的映射实现。

```
<# TriplesMapl >
    rr:predicateObjectMap [
    rr:predicate ex:department;
  rr:objectMap [
        rr:parentTriplesMap <# TriplesM 2 >;
        rr:joincondition [
            rr:child "DEPTNO";
            rr:parent "DEPTNO";
         ];
        ];
    ];
```

5.4   半结构化的知识抽取

视频讲解

5.4.1   概述

半结构化数据是一种特殊的结构化数据形式，该形式的数据不符合关系数据库或其他形式的数据表形式结构，但包含用来分离语义元素的标签或其他标记，因此保持记录和数据字段的层次结构。自万维网出现以来，半结构化数据越来越丰富，全文文档和数据库不再是唯一的数据形式，因此半结构化数据也成为知识获取的重要来源。目前，百科类数据、网页数据是可被用于知识获取的重要半结构化数据。

以维基百科为代表的百科类数据是典型的半结构化数据。在维基百科中，词条页面包含了词条标题、词条摘要、跨语言链接、分类、信息框等要素，这些都是关于描述对象的半结构化数据。

5.4.2   面向百科类数据的知识抽取

因为词条包含丰富的半结构化数据，并且其中的信息具有较高的准确度，维基百科已经成为构建大规模知识图谱的重要数据来源。目前，基于维基百科已经构建起多个知识图谱，包括 DBpedia 和 Yago 等。随着中文百科站点（如百度百科、互动百科）的发展，一些大规模的中文知识图谱也陆续基于百科数据被构建出来，包括 Zhishi. me、XLore 和 CN-DBpedia 等。在基于百科数据构建知识图谱的过程中，关键问题是如何准确地从百科数据中抽取结构化语义信息。在基于百科数据构建的知识图谱中，DBpedia 是较早发布、具有代表性的知识图谱。下面对它的构建方法进行介绍。

DBpedia 是一个大规模的多语言百科知识图谱,是维基百科的机构化版本。DBpedia采用固定模式对维基百科中的实体信息进行抽取,在 Linking Open Data 原则的指导下,将其以关联数据的形式在 Web 上发布与共享。得益于维基百科的数据规模,DBpedia 是目前最大的跨领域知识图谱之一。

DBpedia 知识抽取的总体框架主要组成部分是:页面集合,包含本地及远程的维基百科文章数据;目标数据,存储或序列化提取的 RDF 三元组;将特定类型的维基标记转换为三元组的提取器;支持提取器的解析器,其作用是确定数据类型,在不同单元之间转换值并将标记分解成列表;提取作业,负责将页面集合、提取器和目标数据分组到一个工作流程中;知识提取管理器,负责管理将维基百科文章传递给提取器并将其输出传递到目标数据的过程。

DBpedia 知识抽取的总体框架如图 5-10 所示。

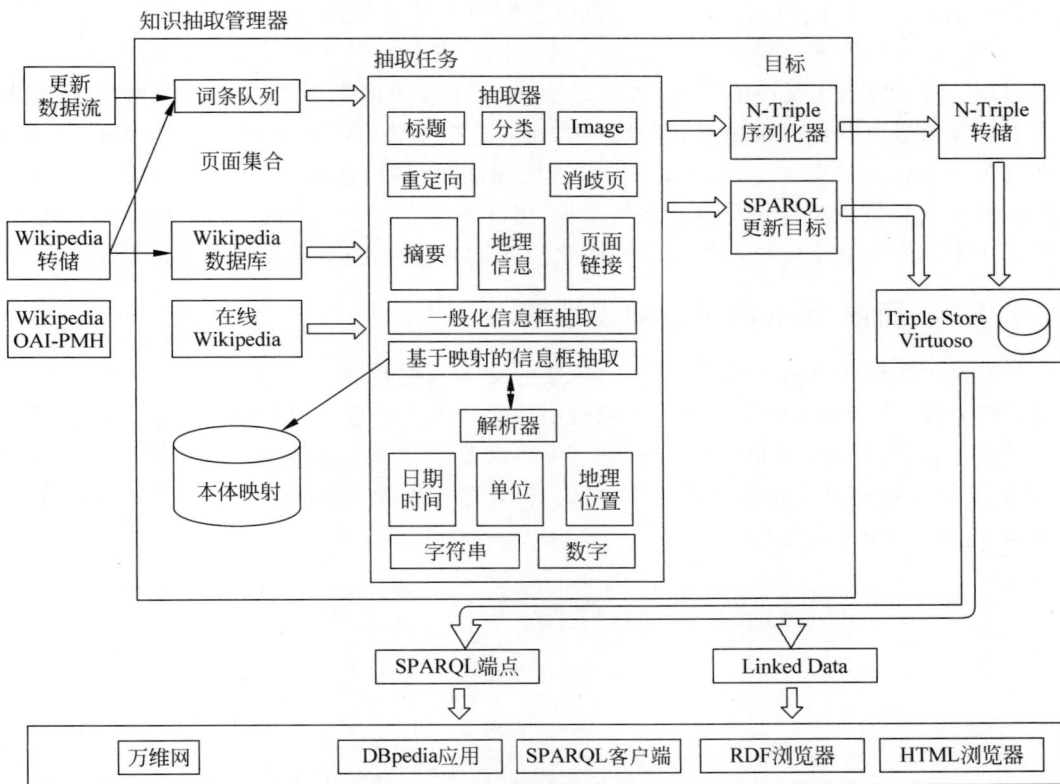

图 5-10　DBpedia 知识抽取的总体框架

DBpedia 使用了多种知识提取器从维基百科中获取结构化数据,具体如下:

(1) 标签(Labels)用于抽取维基百科词条的标题,并将其定义为实体的标签;

(2) 摘要(Abstracts)用于抽取维基百科词条页面的第一段文字,将其定义为实体的短摘要;抽取词条目录前最长 500 字的长摘要;

(3) 跨语言链接(Inter-language Links)用于抽取词条页面指向其他语言版本的跨语言链接;

(4) 图片(Images)用于抽取指向图片的链接;

（5）重定向（Redirects）用于抽取维基百科词条的重定向链接，建立其与同义词条的关联；

（6）消歧（Disambiguation）用于从维基百科消歧页面抽取有歧义的词条链接；

（7）外部链接（ExternalLinks）用于抽取词条正文指向维基百科外部的链接；

（8）页面链接（Pagelinks）用于抽取词条正文指向维基百科内部的链接；

（9）主页（Homepages）用于抽取诸如公司、机构等实体的主页链接；

（10）分类（Categories）用于抽取词条所属的分类；

（11）地理坐标（Geo-Coordinates）用于抽取词条页面中存在的地理位置的经纬度坐标；

（12）信息框（infobox）用于从词条页面的信息框中抽取实体的结构化信息。

在上述抽取器中，信息框抽取从维基百科中取获得大量的实体属性和实体关系，是DBpedia中最有价值的信息之一。信息框抽取有两种形式：一种为一般抽取，另一种为基于映射的抽取。信息框的一般抽取直接将信息框中的信息转换为 RDF 三元组。三元组的主语由 DBpedia 的 URI 前缀和词条名称相连组成；谓语由信息框属性 URI 前缀和属性名相连组成；宾语则基于属性值创建，可以是实体的 URI 或者数据类型的值。然而，这种抽取方式对于维基百科信息框中存在的属性名和信息框模板同义异名问题不作处理，因此抽取出的三元组存在数据不一致的问题。为了处理该类问题，DBpedia 使用了基于映射的信息框抽取方法。该方法首先将信息框的模板、属性映射到人工定义的本体中的类型和属性，然后采用本体中的词汇描述抽取出的结构化信息，这样获得的三元组数据质量更高。

5.4.3　面向 Web 网页的知识抽取

互联网中的网页含有丰富的数据，与普通的文本数据相比，网页也具有一定的结构，因此也被视为是一种半结构化的数据。从网页中获取结构化信息一般通过包装器实现，图 5-11展示了基于包装器抽取网页信息的框架。包装器是能够将数据从 HTML 网页中抽取出来，并将它们还原为结构化数据的软件程序。包装器的生成方法有三大类：手工方法、包装器归纳方法和自动抽取方法。

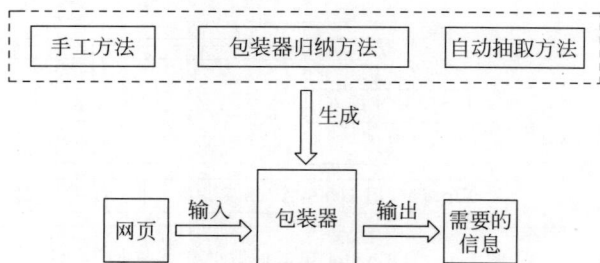

图 5-11　基于包装器抽取网页信息的框架

1. 手工方法

手工方法是通过人工分析构建包装器信息抽取的规则。手工方法需要查看网页结构和代码，在人工分析的基础上，手工编写出适合当前网站的抽取表达式；表达式的形式一般可以是 XPath 表达式、CSS 选择器的表达式等。

XPath 即为 XML 路径语言，它是一种用来确定 XML（标准通用标记语言的子集）文档中某部分位置的语言，借助它可以获取网页中元素的位置，从而获取需要的信息。CSS 选择器是通过 CSS 元素实现对网页中元素的定位，并获取元素信息的。

2. 包装器归纳方法

包装器归纳方法是基于有监督学习方法从已标注的训练样例集合中学习信息抽取的规则，然后对相同模板的其他网页进行数据抽取的方法。

典型的包装器归纳流程包括以下步骤：

(1) 网页清洗。纠正和清理网页不规范的 HTML、XML 标记，可采用 TIDY 类工具。

(2) 网页标注。在网页上标注需要抽取的数据，标注过程一般是给网页中的某个位置打上特殊的标签，表明此处是需要抽取的数据。

(3) 包装器空间生成。基于标注的数据生成 XPath 集合空间，对生成的集合进行归纳，从而形成若干个子集。归纳的目标是使子集中的 XPath 能够覆盖尽可能多的已标注数据项，使其具有一定的泛化能力。

(4) 包装器评估。包装器可以通过准确率和召回率进行评估。使用待评估包装器对训练数据中的网页进行标注，将包装器输出的与人工标注的相同项的数量表示为 N；准确率是 N 除以包装器输出标注的总数量，而召回率是 N 除以人工标注数据项的总数量。准确率和召回率越高，表示包装器的质量越好。

3. 自动抽取方法

包装器归纳方法需要大量的人工标注工作，因而不适用对大量站点进行数据的抽取。此外，包装器维护的工作量也很大，一旦网站改版，就需要重新标注数据，归纳新的包装器。自动抽取方法不需要任何先验知识和人工标注的数据，可以很好地克服上述缺点。

在自动抽取方法中，相似的网页首先通过聚类被分成若干组，通过挖掘同一组中相似网页的重复模式，可以生成适用于该组网页的包装器。在应用包装器进行数据抽取时，首先将需要抽取的页面划分到先前生成的网页组，然后应用该组对应的包装器进行数据抽取。

上述 3 种 Web 页面的信息抽取方法各有优点和缺点，对比分析如表 5-2 所示。

表 5-2 Web 页面的信息抽取方法优缺点对比分析

信息抽取方法	优 点	缺 点
手工方法	对于任何网页都是通用的，简单快捷，能抽取到用户感兴趣的数据	需要对网页数据进行标注，耗费大量的人力，维护成本高，无法处理大量站点
包装器归纳方法	需要人工标注训练数据，能抽取到用户感兴趣的数据，可以运用到中小规模网站的信息抽取	可维护性比较差，需要投入大量的人力进行数据标注
自动抽取方法	无监督的方法，无须人工进行数据的标注，可以运用到大规模网站的信息抽取	需要相似的网页作为输入，抽取的内容可能达不到预期，会抽取出一些无关信息

5.5 知识挖掘

5.5.1 知识内容挖掘

知识挖掘是从已有的实体及实体关系出发挖掘新的知识，具体包括知识内容挖掘和知识结构挖掘。实体链接是指将文本中的实体指称（mention）链接到其在给定知识库中的目

视频讲解

标实体的过程。实体链接可以将文本数据转化为有实体标注的形式,建立文本与知识库的联系,可以为进一步的文本分析和处理奠定基础。通过实体链接,文本中的实体指称与其在知识库中对应的实体建立了链接。

　　实体链接的基本流程包括实体指称识别、候选实体生成和候选实体消歧 3 个步骤,每个步骤都可以采用不同的技术和方法。

　　实体链接的基本流程,如图 5-12 所示。

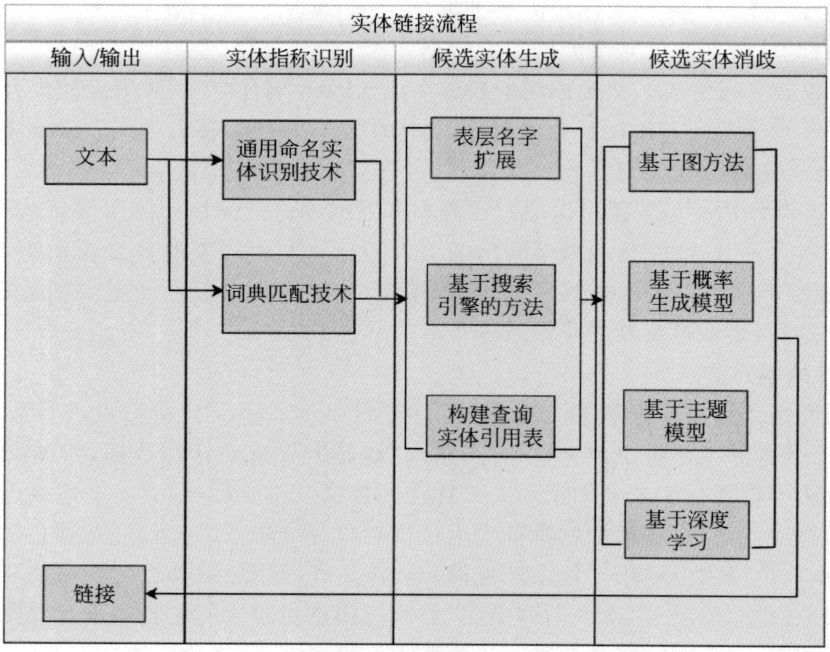

图 5-12　实体链接的基本流程

1. 实体指称识别

　　实体链接的第一步是要识别出文本中的实体指称,该步骤主要通过命名实体识别技术或者词典匹配技术实现。命名实体识别技术在本章前面已经介绍过;词典匹配技术需要首先构建问题领域的实体指称词典,通过直接与文本的匹配识别指称。

2. 候选实体生成

　　候选实体生成是确定文本中的实体指称可能指向的实体集合。生成实体指称的候选实体有以下 3 种方法。

　　(1)表层名字扩展。某些实体提及是缩略词或其全名的一部分,因此可以通过表层名字扩展技术,从实体提及出现的相关文档中识别其他可能的扩展变体(例如全名)。然后利用这些扩展形式形成实体提及的候选实体集合。表层名字扩展可以采用启发式的模式匹配方法实现,或通过有监督学习从文本中抽取复杂的实体名称缩写。

　　(2)基于搜索引擎的方法。将实体提及和上下文文字提交至搜索引擎,可以根据搜索引擎返回的检索结果生成候选实体。例如,可以将实体指称作为搜索关键词提交至 Google 搜索引擎,并将其返回结果中的维基百科页面作为候选实体。此外,维基百科自有的搜索功能也可以用于生成候选实体。

（3）构建查询实体引用表。很多实体链接系统都基于维基百科构建查询实体引用表，建立实体提及与候选实体的对应关系。在完成引用表构建后，可以通过实体提及直接从表中获得其候选实体。为了构建查询实体引用表，常用的方法是基于维基百科中的词条页面、重定向页面、消歧页面、词条正文超链接等抽取实体提及与实体的对应关系。维基百科词条页面描述的对象通常被当作知识库中的实体，词条页面的标题即为实体提及；重定向页面的标题可以作为其所指向词条实体的提及；消歧页面标题可作为实体提及，其对应的实体是页面中列出的词条实体。

实体引用表可以看作一个<键-值>映射，一个键可以对应一个或多个值，示例如图 5-13 所示。

实体提及	实 体
Michael Jordan	Michael I. Jordan MichaelJordan(footballer) Michael Jordan (mycologist) …
Apple	Apple (fruit) Apple Inc. Apple (band) …
HP	Hewlett-Packard

图 5-13　实体引用表

3. 候选实体消歧

在确定文本中的实体指称和它们的候选实体后，实体链接系统需要为每一个实体指称确定其指向的实体，这一步骤被称为候选实体消歧。一般地，候选实体消歧被作为排序问题进行求解；即给定实体提及，对它的候选实体按照链接可能性由大到小进行排序。从总体上说，候选实体消歧方法包括基于图的方法、基于概率生成模型的方法、基于主题模型的方法和基于深度学习的方法等。下面介绍每类方法中具有代表性的工作。

（1）基于图的方法。基于图的方法将实体指称、实体以及它们之间的关系通过图的形式表示出来，然后在图上对实体指称之间、候选实体之间、实体指称与候选实体之间的关联关系进行协同推理。

（2）基于概率生成模型的方法。基于概率生成模型对实体提及和实体的联合概率进行建模，可以通过模型的推理求解实体消歧问题。

（3）基于主题模型的方法。在同一个文本中出现的实体应该与文本表述的主题相关。基于该思想提出了实体-主题模型，可以对实体在文本中的相容度、实体与话题的一致性进行联合建模，从而提升实体链接的结果。

（4）基于深度学习的方法。在候选实体消歧过程中，准确计算实体的相关度十分重要，因为在利用上下文中的信息或进行协同实体消歧时，都需要评价实体与实体的相关度。基于深度神经网络的实体语义相关度计算模型，在输入层，每个实体对应的输入信息包括实体 E、实体拥有的关系 R、实体类型 ET 和实体描述 D。基于词袋和独热表示的输入经过词散列层进行降维，然后经过多层神经网络的非线性变换，得到语义层上实体的表示；两个实体的相关度被定义为其语义层表示向量的余弦相似度。

5.5.2 知识结构挖掘

1. 归纳逻辑程序设计

归纳逻辑程序设计(Inductive Logic Programming,ILP)是以一阶逻辑归纳为理论基础,并以一阶逻辑为表达语言的符号规则学习算法。知识图谱中的实体关系可看作是二元谓词描述的事实,因此也可通过 ILP 方法从知识图谱中学习一阶逻辑规则。

给定背景知识和目标谓词(知识图谱中即为关系),ILP 系统可以学习获得描述目标谓词的逻辑规则集合。FOIL 是早期具有代表性的 ILP 系统,它采用顺序覆盖的策略逐条学习逻辑规则,在学习每条规则时,FOIL 采用了基于信息熵的评价函数引导搜索过程,归纳学习一阶规则。

设有规则学习问题如表 5-3 所示。背景知识描述了某一家庭的成员关系,规则学习的目标谓词为 daughter,该目标谓词有若干正例和负例事实。FOIL 在规则学习过程中,从空规则 daughter(X,Y)←开始,逐一将可用谓词加入规则体进行考查,按照预定标准评估规则的优劣并选取最优规则;持续进行谓词的添加,直至规则只覆盖正例而不覆盖任何负例。FOIL 学习单个规则的过程如下:当获得一个满足上述要求的规则后,FOIL 将被该规则覆盖的正例移除,然后基于剩余的正例和负例再重复上述过程获得新的规则,直至所有正例都被移除。

表 5-3 规则学习问题

背 景 知 识	daughter 正例	daughter 负例
female(ann)		
female(eve)	daughter(mary,ann)	¬ daughter(tom,ann)
parent(ann,mary)	daughter(eve,tom)	¬ daughter(tom,eve)
parent(tom,eve)		

FOIL 学习单个规则的过程如图 5-14 所示。

当前规则 R_1	daughter(X,Y) ←		
覆盖样本	(mary, ann) 正例 (eve, tom) 正例 (eve, ann) 负例 (tom, ann) 负例		$n_1^+ = 2$ $n_1^- = 2$
当前规则 R_2	daughter(X,Y) ← female(X)		
覆盖样本	(mary, ann)	正例 (eve, tom) 正例 (eve, ann) 负例	$n_2^+ = 2$ $n_2^- = 1$
当前规则 R_3	daughter (X,Y) ← female(X), parent(Y,X)		
覆盖样本	(mary, ann)	正例 (eve, tom) 正例	$n_3^+ = 2$ $n_3^- = 0$

图 5-14 FOIL 学习单个规则的过程

在扩展规则体的每一步,FOIL 选择使得规则 FOIL_Gain 达到最大的谓词加入规则体。FOIL_Gain 的定义为

$$\text{FOIL\_Gain}(R_i, L_{i+1}) = n_i^{++}\left(\log_2 \frac{n_{i+1}^+}{n_{i+1}^+ + n_{i+1}^-} - \log_2 \frac{n_i^+}{n_i^+ + n_i^-}\right)$$

其中，R_i 为当前待扩展的规则；L_{i+1} 为由候选谓词构成的新文字；n_i^+ 和 n_i^- 分别为被规则 R_i 覆盖正例和负例的数量；n_{i+1}^+ 和 n_{i+1}^- 分别为被新规则 R_{i+1} 覆盖正例和负例的数量；n_i^{++} 为同时被规则 R_i 和 R_{i+1} 覆盖的正例数量。基于 FOIL_Gain 评价函数，FOIL 在构建规则的每一阶段倾向于选择覆盖较多正例和较少负例的规则。

2. 路径排序算法

路径排序算法(Path Ranking Algorithm，PRA)是一种将关系路径作为特征的知识图谱链接预测算法，因为其获取的关系路径实际上对应一种霍恩子句，PRA 计算的路径特征可以转换为逻辑规则，便于人们发现和理解知识图谱中隐藏的知识。PRA 的基本思想是通过发现连接两个实体的一组关系路径来预测实体间可能存在的某种特定关系。在链接预测过程中，PRA 会自动发现有用的关系路径来构建预测模型。

PRA 的具体工作流程分为 3 个重要步骤：特征选择、特征计算和关系分类。

(1) 特征选择。因为知识图谱中连接特定实体对的关系路径数量可能会很多，PRA 并不使用连接实体对的所有关系路径作为模型的特征，所以第一步会对关系路径进行选择，仅保留对于预测目标关系潜在有用的关系路径。为了保证特征选择的效率，PRA 使用了基于随机游走的特征选择方法；对于某个关系路径 π，PRA 基于随机游走计算该路径的准确度(precision)和覆盖度(coverage)。

$$\text{precision}(\pi) = \frac{1}{n} \sum_i P(S_i \rightarrow G_i; \pi)$$

$$\text{coverage}(\pi) = \sum_i I(P(S_i \rightarrow G_i; \pi)) > 0$$

其中，$P(S_i \rightarrow G_i; \pi)$ 是以实体 S_i 为起点，沿着关系路径 π 进行随机游走能够抵达目标实体的概率。PRA 对于准确度和覆盖度都分别设定阈值，只有两个度量值都不小于阈值的关系路径才被作为特征保留。

(2) 特征计算。在选择了有用的关系路径作为特征之后，PRA 将为每个实体对计算其特征值。给定实体对 (h, t) 和某一特征路径 π，PRA 将以实体 S 为起点沿着关系路径 π 进行随机游走抵达实体 t 的概率作为该实体对关系路径 π 的特征值。通过计算实体对在每个特征关系路径上的可达概率，就可以得到该实体对所有特征的值。

(3) 关系分类。基于训练样例(目标关系的正例实体对和负例实体对)和它们的特征，PRA 为每个目标关系训练一个分类模型。利用训练完的模型，可以预测知识图谱中任意两个实体间是否存在某特定关系。关系分类可以使用任何一种分类模型，PRA 中使用了逻辑分类模型，并取得了较好的效果。PRA 在训练逻辑回归模型的过程中，可以获得关系路径的权重，从而可以对路径的重要性进行排序，而且关系路径具有很好的可解释性。

5.6 实验：三元组挖掘实验

5.6.1 实验内容

所谓的三元组挖掘实验，就是从纯文本数据中挖掘出关系三元组。而这种关系三元组的语义核心就是二元关系，其一般都是谓语成分，描述主语和宾语之间具有的特点联系。由于关系具有多样性,机器无法通过关系与知识库谓词一一对应的方式进行理解。因此我们打算采用深度学习的方式来进行本次实验。

本次实验主要是通过 Python 语言中 torch 工具包加载两个模型:第一个模型用于预测主语,第二个模型根据主语去预测谓语和宾语,最终获取关系三元组。

5.6.2　实验目标

(1) 了解关系三元组的概念。

(2) 掌握使用 Python 进行关系三元组挖掘的方法。

(3) 掌握 Python 语言的基本操作。

5.6.3　实验步骤

1. 创建项目

具体流程可参考 3.5.3 节的"创建项目"步骤。

2. 创建文件

具体流程可参考 3.5.3 节的"创建文件"步骤,其中文件名设置为 TripleMining。

3. 数据导入

如图 5-15 所示,在网络浏览器中输入网址下载文件 triplet_data.zip。文件下载完成后,进入/home/techuser/Downloads 目录,找到下载的文件 triplet_data.zip。右击该文件,在弹出的快捷菜单中选择 Open Terminal Here 命令。在 Terminal 界面,将 triplet_data.zip 解压到 KnowledgeGraph 项目目录下。

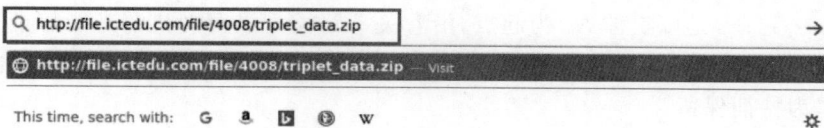

图 5-15　下载文件 triplet_data.zip

打开 KnowledgeGraph 项目,可以看到 data 和 model 文件夹出现在目录中,如图 5-16 所示。

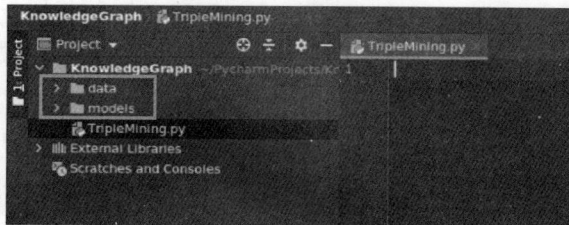

图 5-16　成功创建 data 和 model 文件夹

4. 算法代码

打开 TripleMining.py 文件,会看到里面一片空白,依次输入以下代码段(以下代码段均必须保存/运行才能通过检测)。

(1) 导入需要使用的 Python 工具包。

```
# coding = utf - 8
import json # 用于操作 json 文件
import numpy as np # 用于操作数组
# 用于操作深度学习模型
import torch
import torch.nn as nn
```

（2）序列处理部分包括各种序列处理函数的集合。

```
def sequence_max_pool(sequence):
    '''
    序列最大池化
    :param sequence:序列
    :return: 最大池化后的序列
    '''
    sequence, mask = sequence
    sequence = sequence - (1 - mask) * 1e10
    return torch.max(sequence, 1)
def sequence_and_vector(sequence):
    '''
    序列拼接
    :param sequence:序列
    :return: 拼接后的向量
    '''
    sequence, vector = sequence
    vector = torch.unsqueeze(vector, 1)
    vector = torch.zeros_like(sequence[:, :, :1]) + vector
    return torch.cat([sequence, vector], 2)
def sequence_gather(sequence):
    '''
    序列聚类
    :param sequence: 序列
    :return: 聚类后的结果
    '''
    sequence, indexs = sequence
    batch_indexs = torch.arange(0, sequence.size(0))
    batch_indexs = torch.unsqueeze(batch_indexs, 1)
    indexs = torch.cat([batch_indexs, indexs], 1)
    res = []
    for index in range(indexs.size(0)):
        vector = sequence[indexs[index][0], indexs[index][1], :]
        res.append(torch.unsqueeze(vector, 0))
    res = torch.cat(res)
    return res
```

（3）主语预测模型类，可以预测出输入文本的主语。

```
class SubjectModel(nn.Module):
    def __init__(self, word_dict_length, word_emb_size):
    super(SubjectModel, self).__init__()
    self.embeds = nn.Embedding(word_dict_length, word_emb_size)
    self.dropout = nn.Dropout(0.25)
```

```python
        self.lstm_1 = nn.LSTM(
            input_size = word_emb_size,
            hidden_size = int(word_emb_size / 2),
            num_layers = 1,
            batch_first = True,
            bidirectional = True
        )
        self.lstm_2 = nn.LSTM(
            input_size = word_emb_size,
            hidden_size = int(word_emb_size / 2),
            num_layers = 1,
            batch_first = True,
            bidirectional = True
        )
        self.conv_1 = nn.Sequential(
            nn.Conv1d(
                in_channels = word_emb_size * 2,        # 输入的深度
                out_channels = word_emb_size,           # filter 的个数,输出的高度
                kernel_size = 3,                        # filter 的长与宽
                stride = 1,                             # 每隔多少步跳一下
                padding = 1,          # 周围围上一圈 if stride = 1, padding = (kernel_size - 1)/2
            ),
            nn.ReLU(),
        )
        self.ps_linear_1 = nn.Linear(word_emb_size, 1)
        self.ps_linear_2 = nn.Linear(word_emb_size, 1)

    def forward(self, data):
        '''
        模型运行
        '''
        mask = torch.gt(torch.unsqueeze(data, 2), 0).float()
        # (batch_size,sent_len,1)
        mask.requires_grad = False
        embeds = self.embeds(data)
        output = embeds
        dro_embed = self.dropout(embeds)
        mask_embed = dro_embed.mul(mask)   # (batch_size,sent_len,char_size)
        lstm_out, _ = self.lstm_1(mask_embed, None)
        lstm_out, _ = self.lstm_2(lstm_out, None)
        out_max, out_max_index = sequence_max_pool([lstm_out, mask])
        out_dim = list(lstm_out.size())[ - 1]
        seq = sequence_and_vector([lstm_out, out_max])
        seq = seq.permute(0, 2, 1)
        conv_out = self.conv_1(seq)
        conv_out = conv_out.permute(0, 2, 1)
        ps_out_1 = self.ps_linear_1(conv_out)
        ps_out_2 = self.ps_linear_2(conv_out)
        return [ps_out_1, ps_out_2, lstm_out, out_max, mask]
```

（4）谓语与宾语预测模型类，可以根据前一模型预测到的主语,去预测谓语与宾语。

```python
class PreObjModel(nn.Module):
    def __init__(self, word_emb_size, num_classes):
        super(PreObjModel, self).__init__()
```

```python
    self.conv_1 = nn.Sequential(
        nn.Conv1d(
            in_channels = word_emb_size * 4,         # 输入的深度
            out_channels = word_emb_size,            # filter 的个数，输出的高度
            kernel_size = 3,                         # filter 的长与宽
            stride = 1,                              # 每隔多少步跳一下
            padding = 1,           # 周围围上一圈 if stride = 1, padding = (kernel_size - 1)/2
        ),
        nn.ReLU(),
    )
    self.ps_linear_1 = nn.Linear(word_emb_size, num_classes + 1)
    self.ps_linear_2 = nn.Linear(word_emb_size, num_classes + 1)
def forward(self, t, t_max, key_1, key_2):
    '''
    模型运行
    '''
    key_1 = sequence_gather([t, key_1])
    key_2 = sequence_gather([t, key_2])
    keys = torch.cat([key_1, key_2], 1)
    seq = sequence_and_vector([t, t_max])
    seq = sequence_and_vector([seq, keys])
    seq = seq.permute(0, 2, 1)
    conv_out = self.conv_1(seq)
    conv_out = conv_out.permute(0, 2, 1)
    po_out_1 = self.ps_linear_1(conv_out)
    po_out_2 = self.ps_linear_2(conv_out)
    return [po_out_1, po_out_2]
```

（5）提取三元组函数，该函数通过输入的模型提取输入文本中的三元组。

```python
def extract_triplet(subject_model, pre_obj_model, text, char2id):
    '''
    提取三元组
    :param subject_model:subject 模型
    :param pre_obj_model:用于预测 predicate 和 object 的模型
    :param text:检测文本
    :param char2id:词典
    :return:提取到关系
    '''
    relationship = []
    subject = [char2id.get(c, 1) for c in text]
    subject = np.array([subject])
    key_1, key_2, t, t_max, mask = subject_model(torch.LongTensor(subject))
    key_1, key_2 = key_1[0, :, 0], key_2[0, :, 0]
    keys_1 = []
    for index_1, key_value_1 in enumerate(key_1):
        if key_value_1 > 0.5:
            _subject = ''
            for index_2, key_value_2 in enumerate(key_2[index_1:]):
                if key_value_2 > 0.5:
                    _subject = text[index_1: index_1 + index_2 + 1]
                    break
```

```
        if _subject: # 如果_subject 不为空
            key_1, key_2 = torch.LongTensor([[index_1]]), torch.LongTensor([[index_1 +
index_2]]) # np.array([i]), np.array([i + j])
            object_1, object_2 = pre_obj_model(t, t_max, key_1, key_2)
            object_1, object_2 = object_1.cpu().data.numpy(), object_2.cpu().data.numpy()
            object_1, object_2 = np.argmax(object_1[0], 1), np.argmax(object_2[0], 1)
            for index_1,object_value_1 in enumerate(object_1):
                if object_value_1 > 0:
                    for index_2,object_value_2 in enumerate(object_2[index_1:]):
                        if object_value_2 == object_value_1:
                          _object = text[index_1: index_1 + index_2 + 1]
                          _predicate = id2predicate[object_value_1]
                          relationship.append((_subject,_predicate, _object))
                            break
    keys_1.append(key_value_1.data.cpu().numpy())
return list(set(relationship))
```

（6）评价函数，负责评价模型的性能好坏，并保存提取到的关系三元组。

```
def evaluate(subject_model, pre_obj_model, test_data, char2id):
    '''
    :param subject_model: subject 模型
    :param pre_obj_model: 用于预测 predicate 和 object 的模型
    :param test_data:测试数据
    :param char2id:词典
    :return:f1 值,精准率,召回率
    '''
    intersection, results_len, labels_len = 1e-10, 1e-10, 1e-10
    count = 0
    results = []
    for data in test_data:
        result = set(extract_triplet(subject_model,pre_obj_model,data['text'],char2id))
        results.extend(result)
        label = set([tuple(i) for i in data['spo_list']])
        intersection += len(result & label)
        results_len += len(result)
        labels_len += len(label)
        count += 1
    with open("./results.txt",'w',encoding = "utf-8") as f:
        for result in results:
            f.write(str(result) + "\n")
    print(results)
return 2 * intersection / (results _ len + labels _ len), intersection / results _ len,
intersection / labels _ len
```

（7）主函数，负责程序的主要逻辑，导入数据，加载预训练模型。

```
if __name__ == "__main__":
test_data = json.load(open('./data/test_data.json', 'r', encoding = 'utf-8'))
id2predicate, predicate2id = json.load(open('./data/predicate.json', 'r', encoding = 'utf-8'))
id2predicate = {int(i): j for i, j in id2predicate.items()}
id2char, char2id = json.load(open('./data/chars.json', 'r', encoding = 'utf-8'))
char_size = 128
```

```
subject_model = SubjectModel(len(char2id) + 2, char_size)
pre_obj_model = PreObjModel(char_size, 49)
subject_model.load_state_dict(torch.load("models/subject_model.pkl"))
pre_obj_model.load_state_dict(torch.load("models/pre_obj_model.pkl"))
f1, precision, recall = evaluate(subject_model, pre_obj_model, test_data, char2id)
print('f1: %.4f, precision: %.4f, recall: %.4f\n ' % (f1, precision, recall))
```

5. 运行代码

如图 5-17 所示,打开 Terminal 界面,在出现的命令行窗口中输入命令即可运行程序。程序运行完成后,可以看到 results. txt 文件。打开 results. txt 文件,可以看到提取到的三元组如图 5-18 所示。

图 5-17　运行程序

图 5-18　运行结果

5.6.4　实验总结

本次实验主要是通过 Python 语言实现两个模型来提取文本中的关系三元组:第一个模型主要是通过 lstm 和 conv 获取文本中的主语;第二个模型根据获取到的主语来预测文本中的谓语和宾语,即通过对文本中主谓宾的预测来提取出关系三元组。本实验仅仅起到演示作用,所使用的训练数据量并不大,因此最终的效果也不太好。如有兴趣,可自己修改实验内容,添加实验数据,提高模型性能。

课后习题

1. 选择题

1-1 下列文本中不包括从该文本知识抽取出知识的是(　　　)。

    A. 结构化知识文本　　　　　　　　　　B. 半结构化知识文本

    C. 非结构化知识文本　　　　　　　　　　D. 全结构化知识文本

1-2 对于从不同的知识文本中来说,知识抽取的难点在于(　　　)。

    A. 实体识别　　　　　　　　　　　　　　B. 实体链接

    C. 抽取关键知识　　　　　　　　　　　　D. 抽取关系

1-3 从文本数据这类结构化文本数据中获取知识的难点在于(　　　)。

    A. 数据对齐　　　　　　　　　　　　　　B. 表数据的处理

    C. 结果的准确率与覆盖率   D. 包装器维护

1-4 下列不属于知识抽取的子任务的是（   ）。

    A. 命名实体识别   B. 关系抽取

    C. 事件抽取   D. 实体链接

1-5 从链接数据这类结构化文本数据中获取知识（图映射）的难点在于（   ）。

    A. 数据对齐   B. 表数据的处理

    C. 结果的准确率与覆盖率   D. 包装器维护

1-6（多选题）在结构化文本数据中的数据库往往来自某一个垂直领域的知识，对于这类的知识抽取需要转化 RDF 数据、OWL 本体等。可以采用的工具是（   ）。

    A. D2RQ   B. Mastro   C. Ultrawrap   D. Ontop

1-7 从网页中的表格、列表、百科中的信息等半结构化文本数据中获取知识的难点在于（   ）。

    A. 数据对齐   B. 表数据的处理

    C. 结果的准确率与覆盖率   D. 包装器维护

1-8 下列文本数据形式不属于半结构化文本的是（   ）。

    A. 表格   B. 数据库   C. 百科   D. 列表

1-9 知识挖掘是从实体及实体关系出发挖掘新的知识，其中知识内容挖掘主要指的是（   ）。

    A. 实体链接   B. 实体识别   C. 关系识别   D. 事件抽取

1-10 知识挖掘是从实体及实体关系出发挖掘新的知识，其中知识结构挖掘主要指的是（   ）。

    A. 实体链接   B. 实体识别   C. 规则挖掘   D. 事件抽取

2. 判断题

2-1 面向非结构化数据的知识抽取任务主要包括实体抽取、实体关系抽取、事件抽取、实体识别与链接。（   ）

2-2 非结构化的知识抽取是指从非结构化文本中获取知识的过程。非结构化文本是指包括以关系数据库为介质的关系型数据。（   ）

2-3 针对结构化文本的数据库的知识抽取方法主要是 D2R，难点是嵌套表等复杂表数据的处理。（   ）

2-4 针对半结构化数据的知识抽取是使用包装器，难点是数据对齐。（   ）

2-5 知识挖掘是从实体及实体关系出发挖掘新的知识，是指知识内容挖掘。（   ）

3. 简答题

3-1 什么叫知识抽取？知识抽取的难点是什么？

3-2 非结构化的知识抽取指的是什么？

3-3 结构化的知识抽取指的是什么？

3-4 结构化、半结构化、非结构化文本的知识抽取有什么不同？

3-5 简述知识挖掘的定义和范畴。

第6章

本 体 异 构

★本章导读★

　　本章主要介绍知识图谱中的本体异构问题及其解决方法,具体包括语言层和模型层不匹配的异构问题,以及本体概念和实例的融合与匹配方法。

　　6.1 节介绍知识图谱中的异构问题。知识图谱中的异构问题主要包括语言层和模型层不匹配的问题。语言层不匹配是指不同本体语言描述的概念存在语义差异,模型层不匹配是指不同本体模型的表示方法不一致。为解决这些问题,需要进行本体概念融合和实例融合。6.2 节介绍本体概念的融合方法,主要介绍本体映射与本体集成,以及本体映射分类和本体映射的建立。本体映射是指将不同本体中相似的概念进行映射,将其视为同一概念。本体集成是将不同本体中的概念进行合并,形成一个整体的本体;6.2 节还介绍了本体映射的分类方法和建立方法,如基于实例的方法和基于本体语言的方法。6.3 节介绍实例的融合与匹配方法,主要介绍实例匹配问题的分析,以及基于快速相似度计算和基于分治的实例匹配方法。实例匹配是指在不同本体中找到相同的实例,进行融合;6.3 节还介绍如何对实例进行快速相似度计算和如何使用分治算法解决实例匹配问题。

　　本章主要介绍了知识图谱中的本体异构问题及其解决方法。通过本体概念和实例的融合与匹配,可以有效地解决本体异构问题,从而提高知识图谱的质量和效果。掌握本章的知识可以帮助读者为实现知识图谱的整合和共享提供了有益的思路和方法。

★知识要点★

　　(1) 知识图谱中的异构问题,包括语言层和模型层不匹配的问题。

　　(2) 本体概念融合,包括本体映射与本体集成、本体映射分类、本体映射的建立。

　　(3) 实例融合与匹配,包括实例匹配问题的分析、基于快速相似度计算的实例匹配方法、基于分治的实例匹配方法。

6.1　异构问题

6.1.1　概述

知识图谱包含描述抽象知识的本体层和描述具体事实的实例层。本体层用于描述特定领域中的抽象概念、属性、公理；实例层用于描述具体的实体对象、实体间的关系，包含大量的事实和数据。在实际应用中，不同的用户和团体根据不同的应用需求和应用领域来构建或选择合适的本体。也就是说，即使在同一个领域内也往往存在着大量的本体。这些本体描述的内容在语义上往往重叠或关联，但使用的本体在表示语言和表示模型上具有差异，这便造成了本体异构。另外，知识图谱中的大量实例也存在异构问题，同名实例可能指代不同的实体，不同名实例可能指代同一个实体，大量的共指问题会给知识图谱的应用造成负面影响。因此，知识图谱应用还需要解决实例层的异构问题。

随着知识图谱的广泛应用，知识图谱异构带来的信息互操作困难将普遍存在。在基于知识图谱的应用中，由于获取数据或者为了实现特定的功能，不同系统间常常要进行信息交互，同一系统也往往要处理来自多个领域的信息。这些具体应用都涉及知识图谱异构，处理知识图谱间的异构问题成为大量系统实现互操作的关键。

知识图谱之间的不匹配是造成知识图谱异构的直接原因。然而，知识图谱中的本体远比面向对象模型或数据库模式更为复杂，造成本体异构的不匹配因素更多；知识图谱中的实例规模通常较大，其异构形式也具有多样性。

尽管知识图谱的异构形式多种多样，但总的来说，这些异构的情形都可被划分为两个层次。

第一个层次是语言层不匹配是指用来描述知识的原语言是不匹配的，其中既包括描述知识语言的语法和所使用的语言原语上的不匹配，还包括定义类、关系和公理等知识成分机制上的不匹配。

第二个层次是模型层不匹配，是指由于本体建模方式不同所造成的不匹配，包括不同的建模者对事物的概念化抽象不匹配、对相同概念或关系的划分方式不匹配，以及对本体成分解释的不匹配，明确这些不匹配的因素是解决知识图谱异构问题的基础。

6.1.2　语言层不匹配

在知识工程发展的过程中出现了多种知识表示语言，这些本体语言之间往往并非完全兼容。当不同时期构建的知识或同一时期采用不同语言表示的知识进行交互时，首先面临着由于知识表示语言之间的不匹配所造成的异构问题。这类语言层次上不匹配的情形分为语法不匹配、逻辑表示不匹配、原语的语义不匹配和语言表达能力不匹配4类。

1. 语法不匹配

不同的知识描述语言常采用不同的语法。近年来的本体语言基本采用 XML 的书写格式，而早期的本体语言则没有固定的格式可言。下面以如何定义一个概念为例进行说明。在 RDF Schema 中，定义一个概念可采用< rdfs：Class rdf：ID＝"CLASSNAME"/>的形式；而在 Loom 中，可采用(defconcept CLASSNAME)定义一个类。这种语法上的差异是本体之间最简单的不匹配之一。一般来说,语法上的不匹配通常不会单独出现,而是与其他语言层上的差异同时出现。因此,尽量将不同的语言转化为同样的语法格式有助于解决其他本体不匹配问题。

2. 逻辑表示不匹配

不同语言的逻辑表示也可能存在着不匹配。例如,为了表示两个类是不相交的,一些语言可能采用明确的声明,如在 OWL 中可表示为: < owl: Class rdf: ID = " A" < owl: disjointWith rdf: resource = " ♯B"/>/owl: Class >,而另一些语言则必须借助子类和非算子来完成同样的声明,即采用 A subclass-of(NOT B)、B subclass-of(NOTA)来表示同样的结果。也就是说,不同的语言可能采用不同的形式来表示逻辑意义上的等价结果。这一类的不匹配与本体语言所采用的逻辑表示有关。相对而言,这类不匹配问题也容易解决。

3. 原语的语义不匹配

在语言层的另一个不匹配是语言原语的语义。尽管有时不同的语言使用同样名称的原语来进行本体构建,但它们的语义是有差异的。例如,在 OWL Lite 和 OWL DL 语言中,原语 Class 声明的对象只能作为本体中的概念,而在 OWL Full 和 RDF(5)中,Class 声明的对象既可以作为一个类,也可以作为一个实例。有时,即使两个本体看起来使用同样的语法,但它们的语义是有差别的。因此,当采用不同语言的本体交互时,需要注意其原语表达含义的差异。

4. 语言表达能力不匹配

最后一种语言层的不匹配是指不同本体语言表达能力上的差异。这种不匹配体现在一些本体语言能够表达的事情在另一些语言中不能表达出来。一些语言支持对资源的列表、集合以及属性上的默认值等功能,而一些语言则没有;一些语言已经具有表达概念间非、并和交,以及关系间的包含、传递、对称和互逆等功能,而一些语言则不具有这样的表达能力;一些语言具有表示概念空集和概念全集的能力,而一些语言则没有。这种不匹配对本体的互操作影响很大。一般来说,当本体语言的表达能力不同时,为了方便解决本体之间的异构问题,需要将表达能力弱的语言转换为表达能力强的语言;但是,如果表达能力强的语言与表达能力弱的语言并不完全兼容,那么这样的转换可能会造成信息损失。

当不同的本体描述相互交叉或涉及相同领域时,在本体的模型层次上可能会存在不匹配。模型层次上的不匹配与使用的本体语言无关,它们既可以发生在以同一种语言表示的本体之间,也可以发生在使用不同语言表示的本体之间。

本体模型层上的不匹配区分为概念化不匹配和解释不匹配两种情况。

(1) 概念化不匹配是对同样的建模领域进行抽象的方式不同造成的。

(2) 解释不匹配则是对概念化说明的方式不同造成的,这包括概念定义和使用术语上的不匹配。

6.1.3 模型层不匹配

1. 概念化不匹配

概念化不匹配又可分为概念范围的不匹配和模型覆盖的不匹配两类。

1) 概念范围的不匹配

同样名称的概念在不同的领域内表示的含义往往有差异;同时,不同的建模者由于对领域需求或主观认识上的不同,在建模过程中对概念的划分往往也有差异,这些都统称为概念范围的不匹配。有时,不同本体中的两个概念从表面上看似乎表示同样的概念,而且它们之间对应的实例可能有相交的部分,但不可能拥有完全一样的实例集合。

2)模型覆盖的不匹配

不同本体对于描述的领域往往在覆盖的知识范围上有差异,而且对于所覆盖的范围,它们之间描述的详细程度也有差异,这就是模型覆盖的不匹配。一般来说,有 3 种不同维度的模型覆盖,从不同的维度进行本体建模得到的结果是有差异的。

(1)模型的广度,即本体模型描述的领域范围,也就是哪些领域内的事物是包含在本体内的,哪些领域内的事物不是当前本体所关心的。

(2)模型的粒度,即本体对所建模的领域进行描述的详细程度,如有的本体仅列出概念,有的本体则进一步列出概念的属性,甚至概念之间所具有的各种关系等。

(3)本体建模的观点,这决定了本体从什么样的认识角度来描述领域内的知识。

2. 解释不匹配

1)模型风格的不匹配

(1)范例不匹配。不同的范例可用来表示相同的概念,这也就出现了不匹配。此外,在建模过程中使用不同的上层本体也可能造成这一类的不匹配,因为不同的上层本体往往对时间、行为、计划、因果和态度等概念有着不同的划分方式。

(2)概念描述不匹配。在本体建模中,对同一个概念的建模可以有几种选择。例如,为了区别两个类,既可以使用一个合适的属性,也可以引入一个独立的新类。描述概念时,不同抽象层次的概念是以 IsA 的关系建立的:概念抽象的区别可以通过层次的高层或低层体现出来。然而,有的本体从高层到低层描述这种概念层次,有的则是从低层到高层来描述,这便造成了概念描述的不匹配。

2)建模术语上的不匹配

(1)同义术语。不同本体中含义上相同的概念常常由于建模者的习惯而被使用不同的名字表示。这类不匹配问题称为同义术语。同义术语引起的问题经常和其他的语义问题共同存在,如果没有人工或其他技术的帮助,机器是无法识别这些术语是否是同义的。

(2)同形异义术语。另一类重要的建模术语不匹配是术语之间的同形异义现象。这种本体不匹配问题更加难以处理,往往需要考虑术语所处的上下文并借助人类的知识来解决。

(3)编码格式。最后的一种不匹配是由于本体表示中采用不同的编码格式造成的。这样不匹配的种类很多,没有通用的自动识别和发现算法。但是,如果能发现这种不匹配,那么对它的处理是很容易的,一般只需要做一个转换就能消除。

不同本体间的不匹配是造成本体异构的直接原因,明确这些异构便于选择合理的方法去处理实际中的问题。例如,如果异构是语言层不匹配造成的,则进行语言之间的转换即可。如果是模型层不匹配造成的,则可以根据匹配类型的不同选择正确的算法。

6.2　本体概念的融合

6.2.1　本体集成与本体映射

解决本体异构的通用方法是本体集成与本体映射。本体集成直接将多个本体合并为一个大本体,本体映射则寻找本体间的映射规则,这两种方法最终都是为了消除本体异构,实现异构本体间的互操作。

为了实现基于异构本体的系统间的信息交互,本体映射的方法是在本体之间建立映射规则,信息借助这些规则在不同的本体间传递;而本体集成的方法则将多个本体合并为一个统一的本体,各个异构系统使用这个统一的本体,使它们之间的交互可以直接进行,从而解决了本体异构问题。

本体映射和本体集成的示意图如图 6-1 所示,其中不同的异构本体分别对应着不同的信息源。

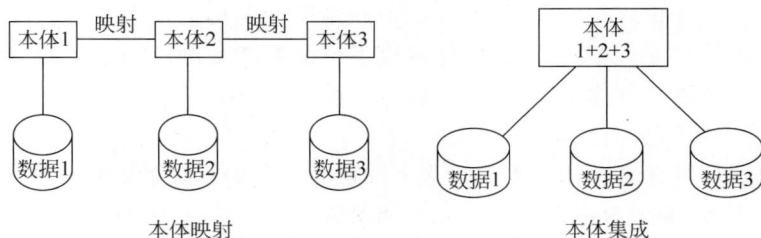

图 6-1 本体映射和本体集成的示意图

既然不同系统间的互操作问题是本体异构造成的,因此,将这些异构本体集成为一个统一的本体是解决此类问题的一种自然想法。对于本体集成,根据实施过程的不同,又可以将其分为基于单本体的集成和基于全局本体-局部本体的集成两种形式。

1. 基于单本体的集成

基于单本体的集成方法是直接将多个异构本体集成为一个统一的本体,该本体提供统一的语义规范和共享词汇。不同的系统都使用这个本体,这样便消除了由本体异构导致的互操作问题。显然,在本体集成的过程中产生了新的本体,因此也有人将本体集成看作一种生成新本体的过程。此外,集成过程通常利用了多个现有本体,因此这还是一种本体的重用。

基于单本体的集成可划分成一系列的活动,主要包括以下部分。

(1)决定本体集成的方式,即需要判断消除异构的单本体是应该从头建立,还是应该利用现有的本体来集成,这需要评估两种方法的代价和效率来进行取舍;

(2)识别本体的模块,即明确集成后的本体应该包含哪些模块,以便于在集成过程中对于不同的模块选择相关的本体;

(3)识别每个模块中应该被表示的知识,即需要明确不同模块中需要哪些概念、属性、关系和公理等;

(4)识别候选本体,即从可能的本体中选择可用于集成的候选本体;执行集成过程,基于上面的基础,根据一定的集成步骤完成本体集成。

这样的集成方法虽然看起来很有效,但在实际应用中往往存在明显的缺点。首先,使用这些异构本体的系统往往有着不同的功能和侧重点,这些系统之间通常不是等价或可相互替代的,况且它们往往只使用该集成本体的一部分。因此,这样的本体不方便系统使用,而且在涉及本体操作(如推理和查询)时会降低系统的效率。其次,单个本体的方法容易受到其中某个系统变化的影响,当某个系统要求改变本体以适应它的新需求时,集成的本体需要重新进行修改,这种修改往往并不简单。所以,从这些方面能看出单本体的集成缺乏灵活性。

2. 基于全局本体-局部本体的集成

为了克服单本体的本体集成方法的缺陷,另一种途径是采用全局本体-局部本体来实现本体集成。这种方法首先抽取异构本体之间的共同知识,根据它建立一个全局本体。全局本体描述了不同系统之间一致认可的知识。同时,各个系统可以拥有自己的本体,称为局部本体。局部本体既可以在全局本体的基础上根据自己的需要进行扩充,也可以直接建立自己特有的本体,但无论哪种方式,都需要建立局部本体与全局本体之间的映射。这样,局部本体侧重于特定的知识,而全局本体则保证不同系统间异构的部分能进行交互。这种方法既避免了局部本体存在过多的冗余,本体规模不会过于庞大,同时也达到了解决本体间异构问题的目的。每个局部本体可以独立开发,对它们进行修改不会影响其他的系统,只要保证与全局本体一致就可以。

但是全局本体—局部本体的本体集成方法也并不完美。除了需要维护全局本体和各个系统中的局部本体,为了保证全局本体和局部本体始终一致,还需要建立和维护它们之间的映射。但总的来说,全局本体-局部本体的集成方法较单本体的集成方法更灵活。

本体映射和本体集成都是为了解决本体间的异构问题,虽然它们的事实过程存在差别,但二者也存在联系。一方面,在很多本体集成过程中,映射可看作集成的子过程。在基于单本体的集成中,需要分析不同本体之间的映射,才能够将它们集成为一个新的本体;在基于全局本体-局部本体的集成过程中,需要在局部本体和全局本体之间建立映射。另一方面,通过本体映射在异构本体间建立联系规则后,本体就能根据映射规则进行交互,因此,建立映射后的多本体又可视为一种虚拟的集成。

6.2.2　本体映射分类

明确本体映射的分类是建立异构本体间映射的基础。通常的本体映射并不直接以各种不匹配准则来划分,因为那样的映射分类过于抽象和宽泛,不便于实现。下面从 3 个角度来探讨本体映射的分类问题,即映射的对象、映射的功能以及映射的复杂程度。

1. 映射的对象角度

通过这个角度的分类,明确映射应该建立在异构本体的哪些成分之间。本体间的不匹配是造成本体异构的根本原因,这种不匹配可分为语言层和模型层两个层次。

(1) 从语言层来说,很多本体工具都具有在这些语言之间进行相互转换的功能。由于不同本体语言之间表达能力上的差异,这种转换有时会造成本体信息的损失。因此,语言间的转换应该尽可能指向表达能力强的语言,以减少信息的损失。

(2) 从模型层来说,虽然模型层的不匹配划分更便于对本体映射进行统一处理,但对实际应用来说,依据模型层的不匹配来划分本体映射过于抽象。实际上,大多映射研究直接从本体的组成成分出发,即由于本体主要由概念、关系、实例和公理组成,因此本体间的映射应建立在这些基本成分之上。

建立异构本体的概念之间的映射是最基本的映射,因为概念是本体中最基本的成分,所以,概念间的映射是最基本的和必需的。对于本体中的关系来说,由于它可表示不同概念之间的关系或描述某个对象的赋值,因此对很多应用来说(如查询),往往需要借助这些关系之间的映射进行信息交互。因此,关系之间的映射也很重要。需要注意的是,由于有些关系连接两个对象,而有些关系连接对象和它的赋值(即概念的属性),因此这两类关系的映射处理方法可能会有所不同。

不同本体之间的实例也会出现异构,有时需要考虑实例的异构,并需要建立异构实例之间的映射。为了检查实例之间是否等价,目前的方法基于属性匹配或逻辑推理。但是,逻辑推理的方法通常很耗时,而属性匹配的方法又很可能得到不确定的答案。总的来说,实例之间的映射情况比其他对象的映射简单,但是由于实例的数目太多,处理起来非常耗时,因此很多任务并不着重考虑实例映射。

公理是本体中的一个重要成分,它是对其他本体成分的约束和限制。通常,一个公理由一些操作符和本体成分组合而成。如果两个本体使用的表示语言都支持同样的操作符,那么公理之间的映射便可以转换为其他成分之间的映射。因此,通常并不需要考虑公理之间的映射。

综上所述,从映射的对象来看,可将本体映射分为概念之间的映射和关系之间的映射两类,其中概念之间的映射是最基本的映射。除非有特殊的要求,一般不考虑针对实例或公理之间的映射。

2. 映射的功能角度

通过这个角度的分类,进一步明确应该建立具有何种功能的本体映射。

确定在本体的何种成分之间建立映射并不足够,还需要进一步明确这样的映射具有什么功能。实际上,本体的概念或关系之间可能存在的映射功能种类很多,以概念间的映射和关系间的映射为基础,从功能上归纳出 11 种主要的本体映射,并称这些映射为异构本体间的桥:表示概念间映射的桥包括等价(Equal)、同形异义(Different)、上义(IsA)、下义(Include)、重叠(Overlap)、部分(Part-of)、对立(Opposed)和连接(Connect)共 8 种;表示关系间映射的桥有等价(Equal)、包含(Subsume)和逆(Inverse)3 种。这 11 种桥基本能描述异构本体间具有的映射功能。

(1)等价映射是为了建立不同本体的成分之间的等价关系。等价映射声明了概念之间和关系之间的对应关系,异构本体的等价成分之间在互操作过程中可以直接相互替代。

(2)同形异义映射能够指出表示名称相同的本体成分实际上含义是不同的。

(3)上义和下义映射则说明了概念之间和属性之间的继承关系。关系间的包含映射也具有同样的功能。

(4)重叠映射表示概念之间的相似性。

(5)对立映射表示概念之间的对立。

(6)逆映射表示关系之间的互逆。

(7)概念上的部分映射则表示了来自不同概念间的个体具有整体一部分关系。

(8)通过一些特殊的连接映射,还能将不同的本体概念相互联系起来。

3. 映射的复杂程度角度

通过这个角度的分类,明确什么形式的映射是简单的,什么形式的映射是复杂的。

本体间的映射具有复杂和简单之分,这需要同时考虑映射涉及的对象和映射具有的功能。实际上,复杂映射和简单映射的界限很难界定。通常,将那些基本的、必要的、组成简单的和发现过程相对容易的映射称作简单映射;将那些不直观的、组成复杂并且发现过程相对困难的映射称为复杂映射。

基于本体的语义集成研究划分为 3 个层次。

（1）发现映射，即给定两个本体，怎样寻找它们之间的映射；

（2）表示映射，即对于找到的映射，应该能够进行合理表示，这种表示要求便于推理和查询；

（3）使用映射，即一旦映射被发现和表示后，就需要使用它们，如进行异构本体间的推理和查询等。

6.2.3　本体映射的建立

在确定本体映射的分类后，最重要也是最困难的任务在于如何发现异构本体间的映射。尽管本体间的映射可以通过手工建立，但非常耗时，而且很容易出错。因此，目前一般采用自动或半自动的方式来构建本体间的映射。

尽管不同的本体映射方法使用的技术不同，但过程基本是相似的。图 6-2 描述了本体映射生成的过程，为了简化起见，其中只使用两个不同的本体 O_1 和 O_2。

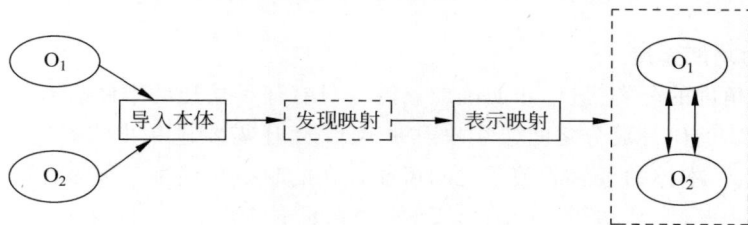

图 6-2　本体映射生成的过程

总的来说，本体映射的过程可分为 3 步。

（1）导入待映射的本体。待映射的本体不一定都要转换为统一的本体语言格式，但是要保证本体中需要进行映射的成分能够被方便地获取。

（2）发现映射。利用一定的算法，如计算概念间的相似度等，寻找异构本体间的联系。然后根据这些联系建立异构本体间的映射规则。当然，如果映射比较简单或者难以找到合适的映射发现算法，那么也可以通过人工来发现本体间的映射。

（3）表示映射。当本体之间的映射被找到后，需要将这些映射合理地表示出来。映射的表示格式是事先人工确定的。在发现映射后，需要根据映射的类型，借助工具将发现的映射合理表示和组织起来。

为了建立本体映射，不同的研究者从不同角度出发，采用不同的映射发现方法来寻找本体间的映射。同时，不同的映射发现方法能处理的映射类型和具体过程都有很大差别。从已有的映射方法以及相关的工具来看，发现本体映射的方法可分为 4 种。

（1）基于术语的方法，即借助自然语言处理技术，比较映射对象之间的相似度，以发现异构本体间的联系；

（2）基于结构的方法，即分析异构本体之间结构上的相似，寻找可能的映射规则；

（3）基于实例的方法，即借助本体中的实例，利用机器学习等技术寻找本体间的映射；

（4）综合方法，即在一个映射发现系统中同时采用多种寻找本体映射的方法，一方面能弥补不同方法的不足，另一方面还能提高映射结果的质量。

6.3 实例的融合与匹配

6.3.1 实例匹配问题分析

在实际应用中,由于知识图谱中的实例规模通常较大,因此针对实例层的匹配成为近年来知识融合面临的主要任务。实例匹配通常是一个大规模数据处理问题,需要在匹配过程中解决其中的时间复杂度和空间复杂度问题,其难度和挑战更大,下面给出具体分析。

1. 空间复杂度挑战

在知识图谱匹配过程中,读入大规模知识图谱将占用相当一部分存储空间,随后的预处理、匹配计算和映射后处理均可能申请大量空间,这些步骤往往会导致匹配系统无法得到足够的内存空间而崩溃。通常,知识图谱匹配中的主要数据结构的空间复杂度是 $O(n^2)$,在处理大规模知识图谱匹配时,这样的空间复杂度会占用大量的存储资源。因此,大规模知识图谱匹配中需要设计合理的数据结构,并利用有效的存储压缩策略,才能减小空间复杂度带来的负面影响。从目前情况看,只要选择合理的数据结构,并利用一些数据压缩存储技术,现有计算机存储能力基本能满足多数大规模知识图谱匹配的需求。因此,虽然空间复杂度是大规模知识图谱匹配中的一个难题,但并不是不能克服的问题。

2. 时间复杂度挑战

知识图谱匹配系统的执行时间主要取决于匹配计算过程。为了得到最佳的映射结果,匹配过程需要计算异构实例间的相似度,早期大多数的知识图谱匹配系统的时间复杂度都是 $O(n^2)$(n 为元素数目)。虽然也有研究者提出 $O(n\log n)$ 复杂度的匹配方法,但这种方法是以损失匹配质量为代价来换取匹配效率的。此外,不同匹配系统采用的匹配器在效率上差别很大,即求两个元素间的相似度这一过程所需要的时间复杂度存在差异,例如,有的系统仅仅简单地计算元素标签的字符串相似度,有的则需要对知识图谱中的图做复杂的分析,二者之间的时间复杂度差别非常大;令计算两元素相似度过程的时间复杂度为 t,则匹配系统的总时间复杂度可表示为 $O(n^2 t)$。因此,要降低大规模知识图谱匹配问题的时间复杂度,除了要考虑减少匹配元素对的相似度计算次数(n^2),还需要降低每次相似度计算的时间复杂度(即 t)。

3. 匹配结果质量挑战

在降低匹配方法的时间复杂度和空间复杂度的同时,有可能造成匹配结果质量降低。很多优秀的匹配方法往往比较复杂,如果在处理大规模知识图谱匹配时使用简化的快速算法来代替,或者为了提高效率设置一些不能发挥算法优势的参数,都可能得不到满意的映射结果。此外,很多有效的匹配算法需要对知识图谱进行全局分析和整理,然而,这种处理对大规模知识图谱来说并不可行,尽管可以采用简化或近似处理来替代,但由此得到的映射结果可能有损失。

6.3.2 基于快速相似度计算的实例匹配方法

这类方法的思想是尽量降低每次相似度计算的时间复杂度,即降低 $O(n^2 t)$ 中的因素 t,因此映射过程只能使用简单且速度较快的匹配器,考虑的映射线索也必须尽量简单,从而

保证 t 接近常数 $O(1)$。

基于快速相似度计算的方法使用的匹配器主要包括文本匹配器、结构匹配器和基于实例的匹配器等。

（1）很多基于文本相似的匹配算法时间复杂度都较低，但为达到快速计算元素相似度的目的，文本匹配器还应避免构造复杂的映射线索，例如，映射线索只考虑元素标签和注释信息。

（2）大规模知识图谱匹配中的结构匹配器借助概念层次或邻居元素文本相似的启发式规则计算相似度，例如，两个实例的父概念相似，则这两个实例也相似等；为避免匹配时间复杂度过高，这些启发式规则不能考虑太复杂的结构信息。

采用上述思想的系统虽然能勉强处理一些大规模知识图谱匹配问题，但其弊端也很明显，具体如下。

首先，匹配器只能利用知识图谱中少量的信息构造匹配线索，得到的匹配线索不能充分反映元素语义，这会导致降低映射结果质量。

其次，系统效率受相似度计算方法影响较大，即 t 的少量变化会给系统的效率带来较大影响。

6.3.3　基于分治的实例匹配方法

分治处理方法的思想是降低相似度计算总的时间复杂度，即降低 $O(n^2 t)$ 中的因素 n^2。采用分治策略，将大规模知识图谱匹配划分为 k 个小规模的知识图谱匹配后，匹配的时间复杂度降为 $O(kn'^2 t')$，其中，t' 表示计算两元素间相似度的时间复杂度，与分治前可能不同，n' 为分治处理后的小本体的平均规模，即 $n'=n/k$，所以分治处理的时间复杂度又可表示为 $O(n^2/kt')$。由此可见，系统效率取决于能将原有问题划分为多少个小规模。最常用的分治策略是将大规模本体划分为若干个小知识图谱，然后计算这些小知识图谱间的匹配关系。

还有一种基于模式片段（fragment）的大规模模式匹配分治解决方法，该方法主要包括4个步骤：

（1）将大模式分解为多个片段，每个片段为模式树中的一个带根节点的子树，若片段过大，则进一步进行分解，直到规模满足要求为止；

（2）识别相似片段；

（3）对相似片段进行匹配计算；

（4）合并片段匹配结果即得到模式匹配结果。

这种方法能有效处理大规模的模式匹配问题，然而由于知识图谱是图结构，模式的片段分解方法并不适用于划分大规模知识图谱。

1. 基于属性规则的分块方法

由于在知识图谱中实例一般都有属性信息，所以可以根据属性来对实例进行划分，减少实例匹配中的匹配次数以提高匹配的效率。数据库中的一组实例数据如表 6-1 所示。

表 6-1　数据库中的一组实例数据

Record	Name	Address（zip）	Email
r	John Doe	2139	jdoe@yahoo
s	John Doe	94305	—

续表

Record	Name	Address(zip)	Email
t	J. Doe	94305	jdoe@yahoo
u	Bobbie Brown	12345	bob@google
v	Bobbie Brown	12345	bob@google

对于数据库中的一组实例 r、s、t、u、v,为了在匹配的过程中减少匹配计算的次数,可以利用实例的属性值对其进行划分。这里如果用 zip 进行划分,则得到一种划分结果:$SC_1 = \{\{r\},\{s,t\},\{u,v\}\}$,其中包含了 3 个块;如果用"姓的首字母"划分,则又得到了一种划分结果:$SC_2 = \{\{r,s\}, \{t\}, \{u,v\}\}$。可见,不同的划分依据得到的结果也不相同。

这种方法面临以下几方面的困难。

(1)划分规则。划分规则的确定需要对数据有深刻了解并由人工进行分析得到,特别是划分结果能否完全覆盖所有实例,即分块的完备性。

(2)分块的冗余。在实际的大规模数据中也很难保证得到的集合中的各个块没有交叉,也就是一些实例被同时分到了多个块中,这种冗余会降低匹配效率,也会引起匹配结果的冲突,通常可以用冗余率判断分块的冗余程度。

(3)分块的选择。不同的划分得到不同的集合,如何评价一种划分得到的集合是否最佳是很困难的,因此在匹配中往往会同时采用多种划分得到的结果,选择哪些分块结果进行匹配是一个难题。

(4)匹配结果的整合。在采用多种划分结果进行匹配的基础上,再把匹配结果整合起来是一个难题,其中要解决一些匹配结果的冲突或不一致问题。

为了降低分块结果的冗余性,一种典型的方法是将属性进行聚类,在聚类的基础上再进行分块。但是无论使用哪种属性分块技术,都面临着两个矛盾的问题。

(1)匹配效果。分块越细,造成的分块冗余越多,但未命中的匹配也越少,匹配效果会更好。

(2)匹配性能。分块越细,造成的不必要匹配计算越多,降低了匹配的性能。

所以,很多基于属性分块的方法都力图在匹配效果和匹配性能上达到平衡。可以通过对分块效果进行预估来判断哪种分块规则在效果和性能上较为平衡。

2. 基于索引的分块方法

受数据库领域中索引分块思想的启发,实例匹配也可以借助实例相关信息进行分块。清华大学提出了一套在大规模实例集上解决实例匹配任务的算法框架 VMI,该方法的主要思想是运用了多重索引与候选集合,其中将向量空间模型和倒排索引技术相结合,实现对实例数据的划分。在保证了高质量匹配的前提下,VMI 模型显著减少了实体相似度计算的次数,提高了整体匹配效率。

为了利用实例中包含的信息,VMI 方法将实例信息总结分为以下 6 类。

(1)URI。URI 实例的唯一标识符,如果两个实例有相同的 URI,那么可以判定这两个实例相同。

(2)元信息。实例的元信息包含实例的模式层信息,如实例所属的类、属性等。

(3)实例名。人们利用实例名(标签)指代现实世界中的实例,在匹配两个实体时,一个直观有效的方法是比较名字。因此,实例名在实例匹配任务中是一种非常重要的信息。

（4）描述性属性信息。这类属性值由实例的描述性语言构成。

（5）可区分属性信息。这类属性不是实例的描述，而是可以用来区分实例的属性。

（6）邻居信息。实例根据不同的属性信息可以连接到相邻的实例。

传统方法的思想是利用实例的相关信息对来自不同信息源的实例进行匹配。在源本体 O_S 中给定一个实例 i，计算 i 与目标本体 O_t 中的每一个实例的相似度，然后选取匹配对。显然对于大规模知识图谱而言，这种暴力搜索方式的计算花销太大。VMI 选择先利用倒排索引的方式划分待选匹配集，然后在各个匹配集中进行匹配操作，从而大大缩小了搜索空间，实现了匹配性能的优化。VMI 具体处理过程如图 6-3 所示。

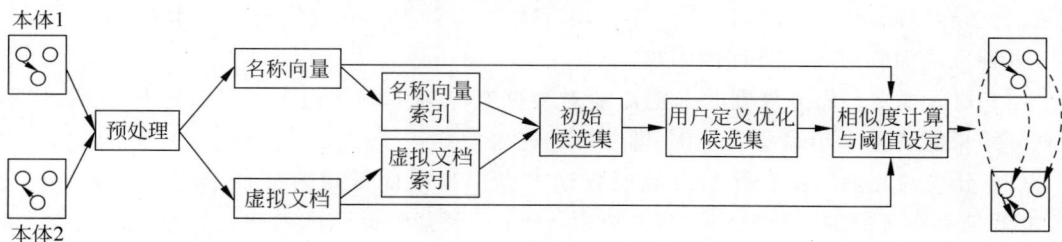

图 6-3　VMI 具体处理过程

VMI 主要流程包含以下 4 个步骤。

（1）向量构造与索引。VMI 对实例包含的不同类型的信息进行了向量化处理，然后对这些向量构建待排索引，即向量中的每一项都索引到前一步构造的向量中包含该项的实例。

（2）候选匹配集。利用倒排索引检索出候选的匹配对，再利用设计好的向量规则形成候选匹配集。

（3）优化候选匹配集。根据用户自定义的属性对和值模式对候选匹配集合进行优化，去除不合理的候选匹配。

（4）计算匹配结果。利用实例的向量余弦相似度计算实例对的相似度，通过预设的阈值提取出最终的实例匹配结果。

6.4　实验：知识融合实验

6.4.1　实验内容

知识融合就是合并两个知识图谱。其基本问题就是研究如何将来自多个来源的关于一个实体的描述信息融合起来。一般来说，需要确认的有等价实例、等价类、等价属性等，根据其是否等价来关联知识。

本实验将使用到一个名叫 dedupe 的 Python 工具包，该工具包常常用于知识融合的实体匹配中。其要求用户为其标注训练过程中选择的少量数据，然后通过聚类可完成匹配。

6.4.2　实验目标

（1）了解知识融合的概念。

（2）掌握 dedupe 的使用。

（3）掌握 Python 语言的基本操作。

6.4.3　实验步骤

1. 创建项目

具体流程可参考 3.5.3 节的"创建项目"步骤。

2. 创建文件

具体流程可参考 3.5.3 节的"创建文件"步骤,其中文件名设置为 KnowledgeFusion。

3. 数据导入

如图 6-4 所示,在网络浏览器中输入网址下载文件 data. zip。文件下载完成后,进入 /home/techuser/Downloads 目录,找到下载的文件。右击该文件,在弹出的快捷菜单中选择 Open Terminal Here 命令。在 Terminal 界面,将 data. zip 解压到 KnowledgeGraph 项目目录下。

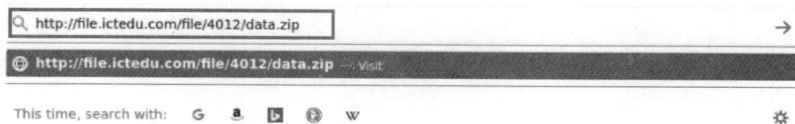

图 6-4　下载文件 data. zip

打开 KnowledgeGraph 项目,可以看到 input. csv 出现在目录中,如图 6-5 所示。

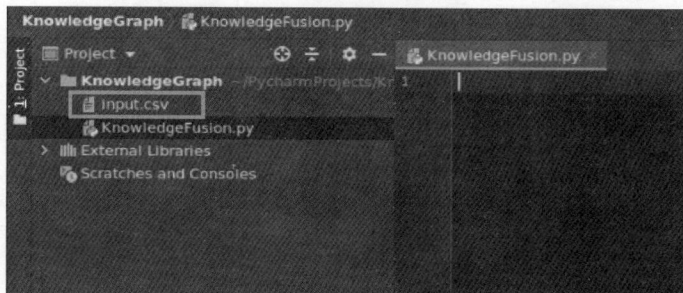

图 6-5　成功创建 input. csv

4. 算法代码

打开 KnowledgeFusion. py 文件,会看到里面一片空白,依次输入以下代码段(以下代码段均须保存/运行才能通过检测)。

(1) 导入需要使用到的 Python 工具包:

```
# coding = utf - 8

import os # 文件流操作
import csv # 读取 csv 文件
import re # 正则表达式
import dedupe # 实体匹配的模型
from unidecode import unidecode # 转换文字
```

(2) 处理数据函数,负责处理数据,清洗混乱数据:

```
def data_process(data):
    """
    处理数据
```

```
        :param data:数据
        :return: 处理后的数据
        """
        data = unidecode(data)
        data = re.sub('  +', ' ', data)
        data = re.sub('\n', ' ', data)
        data = data.strip().strip('"').strip("'").lower().strip()
        if not data:
            data = None
        return data
```

（3）加载数据函数，根据输入的文件路径读取其中的数据，需要注意的是，文件格式应为.csv：

```
def load_data(file_path):
    """
    加载数据
    :param file_path: 文件路径
    :return: 数据
    """
    data_dict = {}
    with open(file_path, 'r', encoding = 'utf - 8') as f:
        dict_reader = csv.DictReader(f)
        for row in dict_reader:
            clean_data = [(k, data_process(v)) for (k, v) in row.items()]
            row_id = int(row['Id'])
            data_dict[row_id] = dict(clean_data)
    return data_dict
```

（4）主函数，负责程序的主要逻辑，其将会涉及 dedupe 模型的训练，训练需要用户自行判断一些例子是否相同：

```
if __name__ == '__main__':
    input_file = './input.csv'
    output_file = './results.txt'
    settings_file = './settings'
    training_file = './train.json'
    print('loading data ...')
    data_dict = load_data(input_file)
    # 数据的结构类型
    fields = [
        {'field': 'Site name', 'type': 'String'},
        {'field': 'Address', 'type': 'String'},
        {'field': 'Zip', 'type': 'Exact', 'has missing': True},
        {'field': 'Phone', 'type': 'String', 'has missing': True},
        ]
    # 声明模型
    deduper_model = dedupe.Dedupe(fields)
    if os.path.exists(training_file):
        print('reading labeled examples from ', training_file)
        with open(training_file, 'rb') as f:
            deduper_model.prepare_training(data_dict, f)
    else:
        deduper_model.prepare_training(data_dict)
    # 人工判定是否相同
```

```
print('starting active labeling...')
dedupe.console_label(deduper_model)
deduper_model.train()
with open(training_file, 'w', encoding = 'utf - 8') as f:
    deduper_model.write_training(f)
with open(settings_file, 'wb') as f:
    deduper_model.write_settings(f)
# 聚类
print('clustering...')
clustered_results = deduper_model.partition(data_dict, 0.5)
print('results len', len(clustered_results))
clustered_dict = {}
# 存储数据
for index,(ids, scores) in enumerate(clustered_results):
    for id, score in zip(ids, scores):
        clustered_dict[id] = {"cluster Id":index, "score":score}
with open(output_file, 'w', encoding = 'utf - 8') as f_output, open(input_file, 'r', encoding = 'utf - 8') as f_input:
    reader = csv.DictReader(f_input)
    fieldnames = ['culster Id', 'score'] + reader.fieldnames
    writer = csv.DictWriter(f_output, fieldnames = fieldnames)
    writer.writeheader()
    for line in reader:
        id = int(line['Id'])
        line.update(clustered_dict[id])
        writer.writerow(line)
```

5. 运行代码

如图 6-6 所示,打开 Terminal 界面,在出现的命令行窗口中输入命令即可运行程序。程序运行完成后,可以看到文件 results.txt、settings 及 train.json(见图 6-7),其中 settings、train.json 为训练保存文件,文件 results.txt 中为训练结果,具体内容如图 6-8 所示。

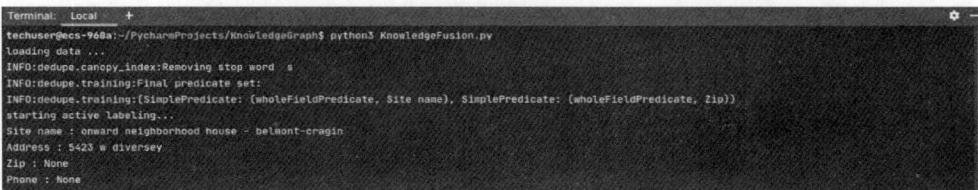

图 6-6 运行程序

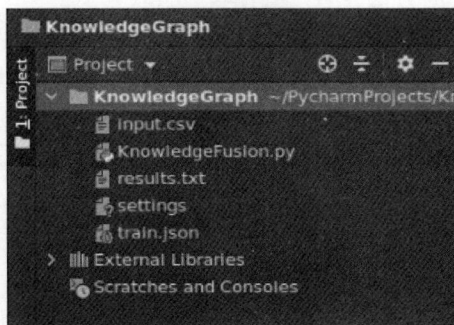

图 6-7 运行后文件夹中出现的文件

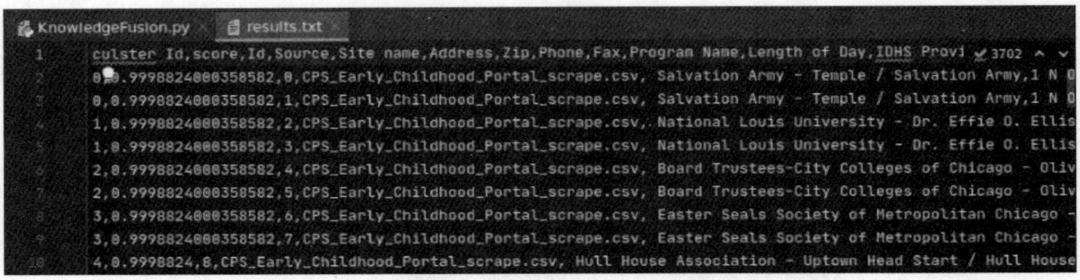

```
culster Id,score,Id,Source,Site name,Address,Zip,Phone,Fax,Program Name,Length of Day,IDHS Provi
0,0.9998824000358582,0,CPS_Early_Childhood_Portal_scrape.csv, Salvation Army - Temple / Salvation Army,1 N O
0,0.9998824000358582,1,CPS_Early_Childhood_Portal_scrape.csv, Salvation Army - Temple / Salvation Army,1 N O
1,0.9998824000358582,2,CPS_Early_Childhood_Portal_scrape.csv, National Louis University - Dr. Effie O. Ellis
1,0.9998824000358582,3,CPS_Early_Childhood_Portal_scrape.csv, National Louis University - Dr. Effie O. Ellis
2,0.9998824000358582,4,CPS_Early_Childhood_Portal_scrape.csv, Board Trustees-City Colleges of Chicago - Oliv
2,0.9998824000358582,5,CPS_Early_Childhood_Portal_scrape.csv, Board Trustees-City Colleges of Chicago - Oliv
3,0.9998824000358582,6,CPS_Early_Childhood_Portal_scrape.csv, Easter Seals Society of Metropolitan Chicago -
3,0.9998824000358582,7,CPS_Early_Childhood_Portal_scrape.csv, Easter Seals Society of Metropolitan Chicago -
4,0.9998824,8,CPS_Early_Childhood_Portal_scrape.csv, Hull House Association - Uptown Head Start / Hull House
```

图 6-8 运行结果显示

6.4.4 实验总结

本实验主要是通过 dedupe 工具包实现了知识融合中的实体匹配部分。该工具包并不能完全脱离人工，但只需要对一小部分数据进行人工标注，即可通过聚类预测其他数据的相似分数。本实验只是带领实验者进行了一次尝试，以了解知识融合中使用的工具，如想深入了解，还得自行加深学习。

课后习题

1. 选择题

1-1（多选题）知识图谱异构问题中的语言层不匹配除了语言表达能力的不匹配还包括下列哪些不匹配？（　　）

A. 语法不匹配　　B. 逻辑表示不匹配

C. 原语的语义不匹配　　D. 概念化不匹配

1-2 语言层不匹配中体现在一些本体语言能够表达的事情在另一些语言中不能表达出来的是（　　）。

A. 语法不匹配　　B. 语言表达能力不匹配

C. 原语的语义不匹配　　D. 概念化不匹配

1-3 模式层不匹配中的模型覆盖不匹配部分不包括下列哪一个维度？（　　）

A. 模型的粒度　　B. 模型的广度

C. 模型的深度　　D. 本体模型的观点

1-4 解决本体概念融合的方法主要是本体集成和（　　）。

A. 本体映射　　B. 单本体的集成

C. 全局-局部本体的集成　　D. 映射分类

1-5 本体映射首先要确定映射分类，下列不属于本体映射的分类的是（　　）。

A. 映射的对象　　B. 映射的功能

C. 映射的复杂程度　　D. 映射的实体

1-6 一般将知识图谱匹配方法划分为 3 类，下列选项中不属于知识图谱匹配方法划分的是（　　）。

A. 基于快速相似度计算的方法　　B. 基于规则的方法

C. 基于分治的方法　　D. 基于学习的方法

1-7 实例的融合与匹配主要面临的问题是时间复杂度和（　　）。

    A. 空间复杂度　　　　　　　　　　B. 匹配精度

    C. 融合精度　　　　　　　　　　　D. 匹配容易程度

2. 判断题

2-1 基于单本体的集成方法是直接将多个异构本体集成为一个本体，该本体要提供统一的语义规范和共享词汇。不同的系统都可以使用这个本体，这样可以减弱由本体异构导致的互操作问题。（　　）

2-2 基于规则的实例匹配思想是降低每次相似度计算的时间复杂度 t，映射过程只能使用简单且速度较快的匹配器，映射线索尽量简单。（　　）

3. 简答题

3-1 简述什么是异构问题。

3-2 本体概念融合的技术和方法有哪些？

3-3 实例的融合与匹配面临的问题是什么？

第7章

知识图谱推理

★本章导读★

本章是关于知识图谱推理的内容,主要包括知识图谱推理的概念、技术和方法及应用。

7.1 节介绍推理问题的定义和分类,以及面向知识图谱的推理。推理是通过一系列逻辑规则和语义知识来推导新的结论的过程。根据推理过程中的推导方法和策略,我们可以将推理方法分为基于演绎的推理和基于归纳的推理。知识图谱推理是基于知识图谱的推理,是一种重要的人工智能技术。7.2 节介绍基于演绎的知识图谱推理,包括本体推理、基于逻辑编程的推理方法和基于查询重写的方法。本体推理是一种基于本体的推理方法,旨在通过本体的层次结构和属性关系来推断新的知识。基于逻辑编程的推理方法使用逻辑规则表示知识,然后通过逻辑推理来推导新的结论。基于查询重写的方法则是通过查询重写技术来推导新的结论,是一种比较高效的推理方法。7.3 节介绍基于归纳的知识图谱推理,包括基于图结构的推理方法和基于规则学习的推理方法。基于图结构的推理方法是一种基于图结构的表示方法,通过分析节点和边的局部结构来推导新的结论。基于规则学习的推理方法则是通过学习规则来推断新的知识,是一种较为高效的推理方法。

本章全面介绍知识图谱推理的相关技术和方法,包括基于演绎的推理和基于归纳的推理,并给出了一个具体的知识图谱推理算法案例。理解本章的内容对于理解知识图谱的实际应用非常重要,对于实现知识图谱的智能化应用和优化算法具有重要的指导作用。

★知识要点★

(1) 推理问题的定义和分类:推理的概念、分类以及面向知识图谱的推理问题,包括单实例推理、多实例推理和规则推理等。

(2) 基于演绎的知识图谱推理:基于演绎的推理方法,包括本体推理、基于逻辑编程的推理方法和基于查询重写的推理方法。

(3) 基于归纳的知识图谱推理:基于归纳的推理方法,包括基于图结构的推理方法和基于规则学习的推理方法。

7.1 推理简介

7.1.1 什么是推理

推理在人类长期的社会发展和演变中扮演着重要的角色,包含了思考、认知和理解,是人们认知世界的重要途径。具体来说,推理是通过已有知识推断出未知知识的过程。推理的方法大致可以分为逻辑推理和非逻辑推理,其中逻辑推理的过程包含了严格的约束和推理过程,而非逻辑推理的过程,相对模糊。

逻辑推理按照推理方式的不同,可分为演绎推理(deductive reasoning)和归纳推理(inductive reasoning)。

1. 演绎推理

演绎推理是一种自上而下(top-down)的逻辑推理,是指在给定的一个或多个前提下,推断出一个必然成立的结论的过程。典型的演绎推理有肯定前件假言推理、否定后件假言推理以及三段论。

在假言推理中,给定的前提中一个是包含前件和后件的假言命题,一个是性质命题,假言推理根据假言命题前后件之间的逻辑关系进行推理。

(1) 肯定前件假言推理是指性质命题肯定了假言命题的前件,从而推理出肯定的假言后件。例如,通过假言命题"如果今天是星期二(前件),那么小明会去上班(后件)"以及性质命题"今天是星期二",能推理出"小明会去上班"。

(2) 否定后件假言推理是指性质命题否定了假言命题的后件,从而推理出否定的假言前件。例如,通过前面的假言命题和性质命题"小明不会去上班",能推出"今天不是星期二"。

(3) 在假言三段论中,给定两个假言命题,且第二个假言命题的前件和第一个假言命题的后件的声明内容相同,可以推理出一个新的假言命题,其前件与第一个假言命题的前件相同,其后件与第二个假言命题的后件相同。例如,给定两个假言命题"如果小明生病了,那么小明会缺席"以及"如果小明缺席了,那么他将错过课堂讨论",可以推理出"如果小明生病了,那么他将错过课堂讨论"。

从以上的例子可以看出,演绎推理是一种形式化的逻辑推理。

2. 归纳推理

归纳推理是一种自下而上的推理,是指基于已有的部分观察得出一般结论的过程,分为溯因推理(abductive reasoning)和类比推理(analogy reasoning)。典型的归纳推理有归纳泛化(inductive generalization)和统计推理(statistical reasoning)。

(1) 归纳泛化是指基于对个体的观察而得出可能适用于整体的结论,即在整体的一些样本中得到的结论可以泛化到整体上。例如,有 20 个球,每个球不是黑色的就是白色的,要估计黑球和白球大概的个数。可以从 20 个球中抽样 4 个球,如果发现 4 个球中有 3 个白色和 1 个黑色,那么可以通过归纳泛化推理出这 20 个球中可能有 15 个球是白色的,5 个球是黑色的。

(2) 统计推理是将整体的统计结论应用于个体。例如,经统计,90%就读于某高中的同学都上了大学,如果小明是这所高中的同学,那么可以由统计推理得出小明有 90%的概率会上大学。

归纳推理是一种非形式化的推理,是由具体到一般的推理过程。它和演绎推理有本质的不同,因为即便是在最理想的归纳推理中,如果作为推理前提的部分已有观察为真,也不能保证结论一定成立,即在任何情况下前提的真值都不能完全肯定结论的真值。但在演绎推理中,如果前提均为真,那么一定可以推理得到结论也为真。

溯因推理也是一种逻辑推理,是基于一个或多个已有观察事实 O(Observation),并根据已有的知识 T(Theory)推断出对已有观察最简单且最有可能的解释的过程。例如,当一个病人显示出某种病症,而造成这个病症的原因可能有很多时,寻找在这个病人例子中最可能原因的过程就是溯因推理。

在溯因推理中,要使基于知识 T 而生成的对观察 O 的解释 E 是合理的,需要满足两个条件:

(1)E 可以由 T 和 O 经过推理得出,可以采用演绎推理、归纳推理等多种方式;

(2)E 和 T 是相关且相容的。例如,我们知道下雨了马路一定会湿(T),如果观察到马路是湿的(O),那么可以通过溯因推理得到很大概率是因为下雨了(E)。

溯因推理是归纳推理的一种,因为整个推理过程的前提和结论并没有必然的联系。

类比推理可以看作只基于对一个事物的观察而进行的对另一个事物的归纳推理,是通过寻找两者之间可以类比的信息,将针对已知事物的结论迁移到新事物的过程。例如,小明和小红是同龄人,他们都喜欢歌手 A 和歌手 B,且小明还喜欢歌手 C,那么通过类比推理可以得出小红也喜欢歌手 C。由于被类比的两个事物虽然有可类比的信息,但并不一定同源,而且有可能新推理出的信息和已知的可类比信息没有关系,所以类比推理常常会导致错误的结论,称为不当类比。例如,在上例中,如果歌手 C 和歌手 A、歌手 B 完全不是一种类型或一个领域的歌手,那么小明喜欢歌手 C 与他喜欢歌手 A 和歌手 B 是完全无关的,所以将"喜欢歌手 C"的结论应用到小红身上并不合适。造成不当类比的原因有很多,包括类比事物不相干、类比理由不充分以及类比预设不当等,尽管类比推理的结论相较于前面介绍的 3 种推理得到的结论错误率更高,但类比推理依然是一种普遍存在的推理方式。

7.1.2 面向知识图谱的推理

面向知识图谱的推理主要围绕关系的推理展开,即基于图谱中已有的事实或关系推断出未知的事实或关系,一般着重考查实体、关系和图谱结构 3 方面的特征信息。如图 7-1 所示为人物关系图推理,利用推理可以得到新的事实(X, isFatherOf, M),以及得到规则 isFatherOf(X, Y) $<=$ fatherIs(Y, X)等。具体来说,知识图谱推理主要能够辅助推理出新的事实、新的关系、新的公理以及新的规则等。

一个丰富、完整的知识图谱的形成会经历很多阶段,从知识图谱的生命周期来看,不同的阶段涉及不同的推理任务,包括知识图谱补全、不一致性检测、查询扩展等。将不同且相关的知识图谱融合为一是一种有效地完善和扩大知识图谱的方式,而融合的过程包含两个重要的推理任务:实体对齐(Entity Alignment)和关系对齐(Relation Alignment)。其中关系对齐也叫作属性对齐(Property Alignment),即识别出分别存在于两个知识图谱中的两个实体实际上表示的是同一个实体,或者两个关系是同一种语义的关系,从而在知识图谱中将其对齐,形成一个统一的实体或关系。

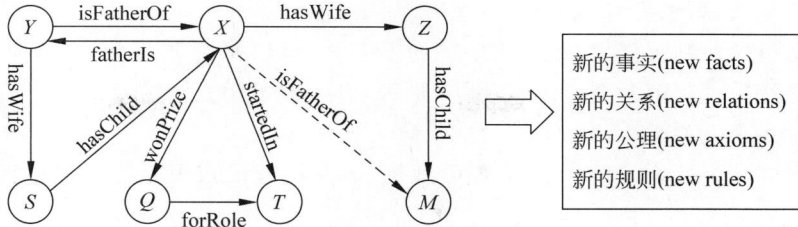

图 7-1　人物关系图推理

由于现实世界中的知识千千万万,想要涵盖所有的知识是很难的,所以知识图谱的不完整性很明显,在对知识图谱进行补全的过程中,链接预测是一种典型的推理任务。知识图谱中的三元组可以通过人工定义得到,也可以通过文本抽取得到。由于人工知识的局限性以及算法的不确定性,一个知识图谱中不可避免地会存在冲突的信息,所以不一致性检测也是知识图谱中重要的推理任务,即检测知识图谱中有冲突或不正确的事实。存储了众多知识的知识图谱的一个重要作用是提供知识服务,为相关的查询返回正确的相关知识信息,但查询的模糊以及知识图谱本身的语义丰富性容易造成查询困难,而推理有利于查询重写,可有效地提升查询结果的质量。

知识图谱的推理的主要技术手段可以分为两大类。

(1) 基于演绎的知识图谱推理,如基于描述逻辑、Datalog、产生式规则等;

(2) 基于归纳的知识图谱推理,如路径推理、表示学习、规则学习、基于强化学习的推理等。

以演绎推理为核心的知识图谱推理主要是基于描述逻辑、Datalog 等进行的,而以归纳推理为核心的知识图谱推理主要是围绕对知识图谱图结构的分析、对知识图谱中元素的表示学习、利用图上搜索和分析进行规则学习以及应用强化学习方法等进行的。

7.2　基于演绎的知识图谱推理

7.2.1　本体推理

1. 本体与描述逻辑概述

演绎推理的过程需要明确定义的先验信息,所以基于演绎的知识图谱推理多围绕本体展开。本体的一般定义为概念化的显示规约,它给不同的领域提供共享的词汇。因为共享的词汇会被赋予一定的语义,所以演绎推理一般都在具有逻辑描述基础的知识图谱上展开。

对于逻辑描述的规范,W3C 提出了 OWL。OWL 按表达能力从低到高划分成 OWL Lite、OWL DL 和 OWL Full。OWL Lite 和 OWL DL 在语义上等价于某些描述逻辑(Description Logic,DL)而 OWL Full 没有对应的描述逻辑。目前,OWL 是知识图谱语言中最规范、最严谨、表达能力最强的语言,而且 OWL 基于 RDF 语法,使表示出来的文档具有语义理解的结构基础,OWL 的另外一个作用是促进了统一词汇表的使用,定义了丰富的语义词汇。

基于 OWL 的模型论,在丰富逻辑描述的知识图谱中,除了包含实体和二元关系,还包含了许多更抽象的信息,例如,描述实体类别的概念以及关系之间的从属信息等,从而有一

系列实用有趣的推理问题,包括:

(1) 概念包含。判定概念 C 是否为 D 的子概念,即 C 是否被 D 包含。

(2) 概念互斥。判定两个概念 C 和 D 是否互斥,即不相交。需要判定 $C \cap D \sqsubseteq \bot$ 是否为给定知识库的逻辑结论。

(3) 概念可满足。判定概念 C 是否可满足,需要找到该知识库的一个模型,使 C 的解释非空。

(4) 全局一致。判定给定的知识库是否全局一致(简称一致,Consistent),需要找到该知识库的一个模型。

(5) TBox 一致。判定给定知识库的 TBox 是否一致,需要判定 TBox 中的所有原子概念是否都成立。

(6) 实例测试。判定个体 a 是否是概念 C 的实例,需要判定 $C(a)$ 是否为给定知识库的逻辑结论。

(7) 实例检索。找出概念 C 在给定知识库中的所有实例,需要找出属于 C 的所有个体 a,即 $C(a)$ 是给定知识库的逻辑结论。

2. 基于 Tableaux 的本体推理方法

基于表运算(Tableaux)的本体推理方法是描述逻辑知识库一致性检测的最常用方法。基于表运算的推理方法通过一系列规则构建 Abox,以检测可满足性,或者检测某一实例是否存在某概念,基本思想类似于一阶逻辑的归结反驳。

以一个例子阐述该方法的基本思想。假设知识库 K 由以下 3 个声明构成:
$$C(a), C \sqsubseteq D, \neg D(a)$$

将以 a 作为实例的所有概念的集合记作 $\mathcal{L}(a)$。使用 $\mathcal{L} \leftarrow C$ 表示 $\mathcal{L}(a)$ 通过加入 C 进行更新。例如,如果 $\mathcal{L}(a) = \{D\}$ 而且通过 $\mathcal{L}(a) \leftarrow C$ 来对 $\mathcal{L}(a)$ 进行更新,那么 $\mathcal{L}(a)$ 将变成 $\{C, D\}$。

在给出的例子中,不经推导可以得到 $\mathcal{L}(a) = \{C, \neg D\}$。TBox 声明 $C \sqsubseteq D$ 与 $\neg D \sqsubseteq \neg C$ 等价。因此,通过 $\mathcal{L}(a) \leftarrow \neg D$,得到 $\mathcal{L}(a) = \{C, \neg D, \neg C\}$,出现了矛盾,这表明 K 是不一致的。

上面例子中构建的内容实质上是表的一部分。表是表达知识库逻辑结论的一种结构化方法。如果在表构建过程中出现矛盾,那么知识库是不一致的。

以描述逻辑 $A\mathcal{L}C$ 为例,在初始情况下,$\mathcal{L}$ 是起始的 ABox,迭代运用如下规则:

$\cap^+$ 规则:若 $C \cap D(x) \in \mathcal{L}$,且 $C(x), D(x) \notin \mathcal{L}$,则 $\mathcal{L} := \mathcal{L} \cup \{C(x), D(x)\}$;

$\cap^-$ 规则:若 $C(x), D(x) \in \mathcal{L}$,且 $C \cap D(x) \notin \mathcal{L}$,则 $\mathcal{L} := \mathcal{L} \cup \{C \cap D(x)\}$;

$\exists$ 规则:若 $\exists R.C(x) \in \mathcal{L}$,且 $R(x,y), C(y) \notin \mathcal{L}$,则 $\mathcal{L} := \mathcal{L} \cup \{R(x,y), C(y)\}$
其中,y 是新加进来的个体。

$\forall$ 规则:若 $\forall R.C(x)R(x,y) \in \mathcal{L}$,且 $C(y) \notin \mathcal{L}$,则 $\mathcal{L} := \mathcal{L} \cup \{C(y)\}$;

$\sqsubseteq$ 规则:若 $C(x) \in \mathcal{L}, C \sqsubseteq D$,且 $D(x) \notin \mathcal{L}$,则 $\mathcal{L} := \mathcal{L} \cup \{D(x)\}$;

$\bot$ 规则:若 $\bot(x) \in \mathcal{L}$,则拒绝 $\mathcal{L}$。

给定包含如下公理和断言的本体:MannWomen$\sqsubseteq \bot \mathcal{L}$,Man(Allen),检测实例 Allen 是否在 Woman 中。首先,加入待反驳的结论 Woman(Allen),根据 $\cap^-$ 规则,Mann $\cap$ Women(Allen)加入 $\mathcal{L}$ 中,再通过 $\sqsubseteq$-规则得到 $\bot$(Allen),这样就出现了矛盾,所以拒绝现在的 $\mathcal{L}$,即 Allen 不在 Woman 中。

为了提高 Tableaux 算法的效率，研究者提出了不少优化技术，使该算法对于中小型描述逻辑知识库的推理达到了实用化的程度。目前，前沿的超表运算（Hypertableaux）技术进一步提高了 Tableaux 算法的效率，并能处理表达能力很强的描述逻辑。

目前，已经有不少公开的基于表运算的 OWL 推理系统，比较著名的包括 FaCT＋＋、RacerPro、Pellet 和 HermiT，其中，HermiT 是目前唯一实现了 Hypertableaux 算法的开源 OWL 推理系统。

虽然 Tableaux 算法是最通用的描述逻辑知识库一致性的检测方法，但是这类算法并不一定具有最优的最坏情况组合复杂度。例如，针对 SHOIN 知识库进行一致性检测的问题是 NExpTime-完全问题，但是针对 SHOIN 的 Tableaux 算法需要非确定性的双指数级的计算空间，而能处理 SHOIN 的 Hypertableaux 算法的组合复杂度也达到了 2NExpTime 级别。因此，如何为 SHOIN 等强表达力的描述逻辑设计最优组合复杂度的 Tableaux 算法仍有待研究。

7.2.2 基于逻辑编程的推理方法

1. 逻辑编程与 Datalog 简介

逻辑编程是一种基于规则的知识表示语言。与本体推理相比，规则推理有更大的灵活性。本体推理通常仅支持预定义的本体公理上的推理，而规则推理可以根据特定的场景定制规则，以实现用户自定义的推理过程。逻辑编程也可以与本体推理相结合，集合两者的优点。

逻辑编程的研究始于 Prolog 语言，后来由 ISO 标准化。Prolog 在早期的人工智能研究中应用广泛，多用于实现专家系统。通常情况下，Prolog 程序是通过 SLD 消解和回溯来执行的。运行结果依赖规则内部的原子顺序和规则之间的顺序，因此不是完全声明式的（declarative）。在程序存在递归的情况下，有可能出现运行无法终止的情况。为了得到完全的声明式规则语言，研究人员开发了一系列 Datalog 语言。从语法上来说，Datalog 程序基本上是 Prolog 的一个子集。它们的主要区别是在语义层面，Datalog 基于完全声明式的模型论的语义，并保证可终止性。

2. Datalog 语言

Datalog 语言是一种面向知识库和数据库设计的逻辑语言，便于撰写规则，实现推理。Datalog 与 OWL 的关系如图 7-2 所示。

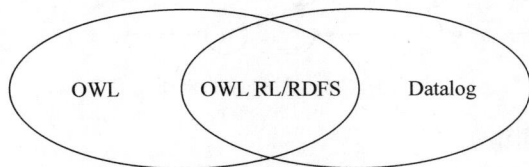

图 7-2 Datalog 与 OWL 的关系

其中，OWL RL 和 RDFS 处于 OWL 和 Datalog 的交集之中。OWL RL 的设计目标之一就是找出可以用规则推理来实现的一个 OWL 片段。

Datalog 的基本符号有常量（constant）、变量（variable）和谓词（predicate）。常量通常用小写字母 a、b、c 表示具体的实例。变量用大写字母 X、Y、Z 表示，有时也会用问号（?）开头。原子(atom)形如 $p(t_1,t_2,\cdots,t_n)$，其中，p 是一个谓词，$t_1,t_2,\cdots,t_n$ 为项，n 被称为 p 的元数。

Datalog 规则形如 H :- $B_1,B_2,\cdots,B_m$

其中，$H,B_1,B_2,\cdots,B_m$ 为原子。H 称为此规则的头部原子，$B_1,B_2,\cdots,B_m$ 称为体部原子。规则的直观含义为：当体部原子都成真时，头部原子也应成真。

例如，规则 has_child(Y,X):-has_son(X,Y)表示当 X 和 Y 有 has_son 的关系时，则 Y 与 X 有 has_child 的关系。

Datalog 事实(fact)是形如 $F(c_1,c_2,\cdots,c_n)$:-的没有体部且没有变量的规则。事实也常写成"$F(c_1,c_2,\cdots,c_n)$"的形式。

例如，规则 has_child(alice，bob):-即为一个事实，表示 alice 和 bob 有 has_child 的关系。

Datalog 程序是规则的集合。例如，下面的两条规则构成了一个 Datalog 程序：

(1) has_child(X,Y):-has_son(X,Y)

(2) has_child(Alice，Bob)

3. Datalog 推理举例

下面的规则集表达了给定一个图，计算所有的路径关系，即节点 X、Y 之间是否联通：

path(X,Y):-edge(X,Y)①

path(X,Y):-path(X,Z)，path(Z,Y)②

节点 X 和 Y 联通有两种情况：

(1) X、Y 之间通过一条边(edge)直接连接；

(2) 存在一个节点 Z，使得 X、Z 联通并且 Z、Y 联通。

下面的 3 个事实表示了一个图中的 3 条边。

edge(a,b),edge(b,c),edge(d,e)

Datalog 的语义通过结果集定义，直观来讲，一个结果集是 Datalog 程序可以推导出的所有原子的集合。

例如，上面的关于图联通的例子，结果集为{path(a,b),path(b,c),path(a,c),path(d,e),edge(a,b),edge(b,c),edge(d,e)}，如图 7-3 所示。

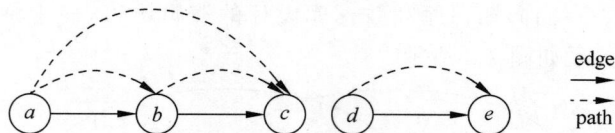

图 7-3 图联通的例子

4. Datalog 与知识图谱

Datalog 程序可以应用在知识图谱中进行规则推理。一个知识图谱可以自然地被看作一个事实集。只需人工引入一个特殊的谓词 triple，每一个三元组(subject，property，object)便可以作为一个事实 triple(subject，property，object)。另一种方法是按照描述逻辑 ABox 的方式来看待，即三元组(s,rdf:type,C)看作 $C(s)$，其他的三元组(s,p,o)看作 $p(s,o)$。这样一来，Datalog 规则就可以作用于知识图谱上。

下面介绍的 3 种语言 SWRL、OWL RL、RDFS 都与 Datalog 密切相关。

（1）SWRL(Semantic Web Rule Language)。SWRL 是 2004 年提出的一个完全基于 Datalog 的规则语言。SWRL 规则形如 Datalog，只是限制原子的谓词必须是本体中的概念或者属性。SWRL 虽然不是 W3C 的推荐标准，但在实际中被多个推理机支持，应用广泛。

（2）OWL RL。OWL RL 是 W3C 定义的 OWL 2 的一个子语言，其设计目标为可以直接转换成 Datalog 程序，从而使用现有的 Datalog 推理机推理。

（3）RDFS(RDF Schema)。RDFS 是 W3C 定义的一个基于 RDF 的轻量级的本体语言。RDFS 的推理也可以用 Datalog 程序表示。RDFS 的表达能力大体是 OWL RL 的一个子集。

7.2.3 基于查询重写的方法

基于查询重写的方法实现知识图谱的查询，一般有两种情况。

第一种情况是知识图谱已经存在。

第二种情况是数据并不以知识图谱的形式存在，而是存在外部的数据库中。

第一种情况下，可以直接在知识图谱中进行查询，则称此查询为本体介导的查询回答(Ontology-Mediated Query Answering，OMQ)。在 OMQ 下，查询重写的任务是将一个本体 TBox T 上的查询 q 重写为查询 qT，使得对于任意的 ABox A，qT 在 A 上的执行结果等价于 q 在 (T,A) 上的执行结果。

第二种情况称为基于本体的数据访问(Ontology-Based Data Access，OBDA)。在 OBDA 的情况下，数据存放在一个或多个数据库中，由映射(Mapping)将数据库的数据映射为一个知识图谱。映射的标准语言为 W3C 的 R2RML 语言。

OMQ 可以看作 OBDA 的特殊情况，即每个本体中谓词的实例都存储在一个对应的特定表中，而映射只是一个简单的同构关系。以下着重介绍 OBDA。

OBDA 框架包含外延(extensional)和内涵(intensional)两部分。

（1）外延层为符合某个数据库架构(schema) S 的一个源数据库 D，S 通常包括数据库表的定义和完整性约束。

（2）内涵层为一个 OBDA 规范 $P=(T,M,S)$，其中，T 是本体，S 是数据源模式，M 是从 S 到 T 的映射。

这样 OBDA 的实例定义为外延层和内涵层的一个实例 $I=(P,D)$，其中，$P=(T,M,S)$，且 D 符合 S。用 $M(D)$ 表示将映射 M 作用于数据库 D 上生成的知识图谱。给定这样 OBDA 实例 I，OBDA 的语义即定义为一个知识库$(T,M(D))$。

OBDA 的主要推理任务为查询。当查询时，本体 T 为用户提供了一个高级概念视图数据及方便查询的词汇，用户只针对查询，而数据库存储层和映射层对用户完全透明。这样 OBDA 可以将底层的数据库呈现为一个知识图谱，从而掩盖了底层存储的细节。

OBDA 有多种实现方式，最直接的方式是生成映射得到的知识图谱 $M(D)$，然后保存到一个三元组存储库中，这种方式也称作 ETL(Extract Transform Load)，其优点是实现简单直接。但是当底层数据量特别大或者数据经常变化时，或者映射规则需要修改时，ETL 的成本可能很高，而且需要额外的存储空间。

在此，更感兴趣的是虚拟 OBDA 的方式，此方式下，可以通过查询重写的方式实现三元组，OBDA 将在本体层面的 SPARQL 查询重写为在原始数据库上的 SQL 查询。与 ELT 的方式相比,虚拟 OBDA 方式更轻量化、更灵活,也不需要额外的硬件。为了保证可重写性,本体语言通常使轻量级的本体语言 DL-Lite,被 W3C 标准化为 OWL2QL。

给定一个 OBDA 实例 $I = (P, D)$、$P = (T, M, S)$ 以及一个 SPARQL 查询 q,通过 OBDA 重写回答查询的具体步骤为:

(1) 查询重写。对于 OMQ 的情况,利用本体 T 将输入的 SPARQL 重写为另一个 SPARQL。

(2) 查询展开。将 SPARQL 利用映射 M 展开,把每一个查询中的谓词替换成映射中的定义,生成 SQL 语句查询。

(3) 查询执行。将生成的 SQL 语句交给数据库引擎并执行。

(4) 结果转换。SQL 语句查询的结果做一些简单的转换,变换成 SPARQL 的查询结果。

OBDA 查询重写的流程如图 7-4 所示。

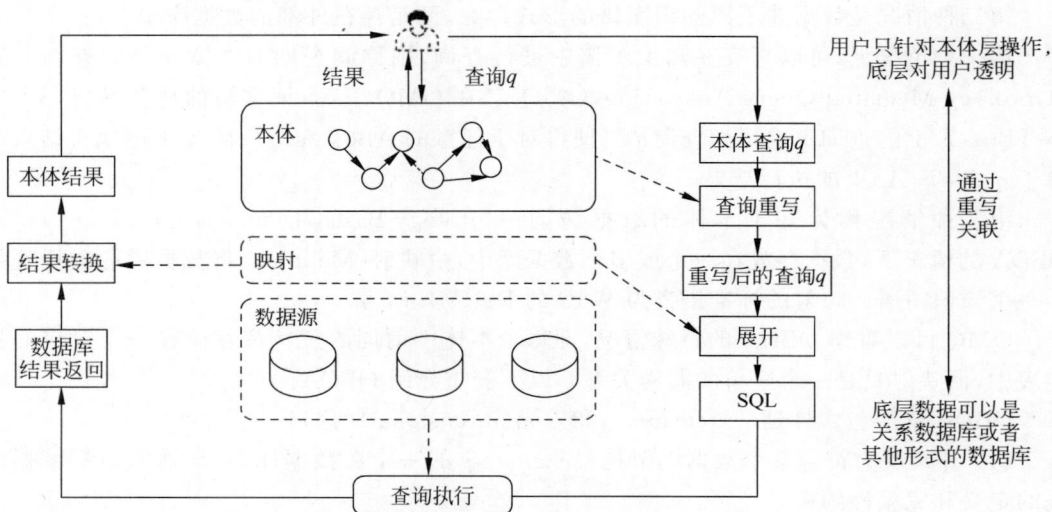

图 7-4　OBDA 查询重写的流程

7.3　基于归纳的知识图谱推理

7.3.1　基于图结构的推理

1. 方法概述

对于那些自底向上构建的知识图谱,图谱中大部分信息都是表示两个实体之间拥有某种关系的事实三元组。对于这些三元组,从图的角度来看,可以看作是标签的有向图,有向图以实体为节点,以关系为有向边,并且每个关系边从头实体的节点指向尾实体的节点,如图 7-5 所示。

有向图中丰富的图结构反映了知识图谱丰富的语义信息,在知识图谱中典型的图结构是两个实体之间的路径。例如,上面的示例中描述了不同人物之间的关系以及人物的职业信息,其中包含如下路径:

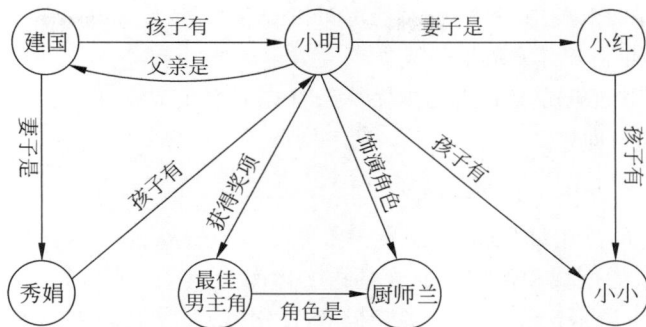

图 7-5　有向图示例

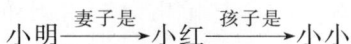

$$小明 \xrightarrow{\text{妻子是}} 小红 \xrightarrow{\text{孩子是}} 小小$$

这是一条从实体小明到实体小小的路径,表述的信息是小明的妻子是小红,小红的孩子有小小。从语义角度来看,这条由关系"妻子是"和"孩子有"组成的路径揭示了小明和小小之间的父子关系,这条路径蕴涵着三元组:

$$小明 \xrightarrow{\text{孩子有}} 小小$$

而这个推理过程不仅存在于这个包含小明、小红和小小的子图中,同样也存在于建国、秀娟和小明的子图中,而路径 $A \xrightarrow{\text{妻子是}} B \xrightarrow{\text{孩子有}} C$ 和三元组 $A \xrightarrow{\text{孩子有}} C$ 是常常同时出现在知识图谱中的。其中 A、B、C 是 3 个代表关系的变量,由"妻子是"和"孩子有"两种关系组成的路径与关系"孩子有"在图谱中是经常共现的,且其共现与 A、B、C 具体是什么实体没有关系。这说明了路径是一种重要的进行关系推理的信息,也是一种重要的图结构。

除了路径,实体的邻居节点以及它们之间的关系也是刻画和描述一个实体的重要信息,例如,上例中的关于"小明"的 7 个三元组鲜明地描述了小明这个人物,包括(小明,父亲是,建国)、(小明,获得奖项,最佳男主角)以及(小明,妻子是,小红)等。一般而言,离实体越近的节点对描述这个实体的贡献越大,在知识图谱推理的研究中,常考虑的是实体一跳和两跳范围内的节点和关系。

当把知识图谱看作是有向图时,往往强调的是在知识图谱中的事实三元组,即表示两个实体之间拥有某种关系的三元组,而对于知识图谱的本体和上层的架构则关注较少,因为本体中许多含有丰富逻辑描述的信息并不能简单地转化为图的结构。

2. PRA 算法

下面介绍基于知识图谱路径特征的 PRA 算法。PRA 处理的推理问题是关系推理,其中包含了两个任务。

(1)给定关系 r 和头实体 h,预测可能的尾实体 t 是什么,即在给定 h 和 r 的情况下,预测哪个三元组(h,r,t)成立的可能性比较大,这叫作尾实体链接预测。

(2)在给定 r 和 t 的情况下,预测可能的头实体 h 是什么,这叫作头实体链接预测。

PRA 针对的知识图谱主要是自底向上自动化构建的含有较多噪声的图谱,例如 NELL,并将关系推理的问题形式化为一个排序问题,对每个关系的头实体链接预测和尾实体链接预测都单独训练一条排序模型。PRA 将存在于知识图谱中的路径当作特征,并通过图上的计算对每个路径赋予相应的特征值,然后利用这些特征学习一个逻辑斯蒂回归分类器完成关系推理。在 PRA 中,每一个路径都可以作为判断当前关系的一个专家,不同的路径从不同的角度说明了当前关系是否成立。

在 PRA 中,利用随机游走的路径排序算法首先需要生成一些路径特征,一个路径 P 是由一系列关系组成的,即:

$$P = T_0 \xrightarrow{r_1} T_1 \xrightarrow{r_2} \cdots \xrightarrow{r_{n-1}} T_{n-1} \xrightarrow{r_n} T_n$$

其中,T_n 为关系 r_n 的作用域(range)以及关系 r_{n-1} 的值域(domain),即 $T_n = \text{range}(r_n) = \text{domain}(r_{n-1})$,关系的值域和作用域通常是指实体的类型。

基于路径的随机游走定义了一个关系路径的分布,并得到每条路径的特征值为 S_h,$P(t)$,S_h,$P(t)$ 可以理解为沿着路径 P 从 h 开始能够到达 t 的概率。具体操作为:在随机游走的初始阶段,如果 $e = s$,则 S_h,$P(e)$ 初始化为 1,否则初始化为 0。在随机游走的过程中,S_h,$P(e)$ 的更新原则如下:

$$S_h, P(e) = \sum_{e' \in \text{range}(p')} S_h, P'(e')(e') \cdot P(e \mid e'; r_l)$$

其中,$P(e \mid e'; r_l) = r_l(e', e) / |r_l(e', \cdot)|$ 表示从节点 e' 出发沿着关系 r_l 通过一步游走能够到达节点 e 的概率。对于关系 r,在通过随机游走得到一系列路径特征 $P_r = \{P_1, P_2, \cdots, P_n\}$ 之后,PRA 利用这些路径特征为关系 r 训练一个线性的预测实体排序模型,其中,关系 r 下的每个训练样本,即一个头实体和尾实体的组合的得分计算方法如下:

$$\text{score}(h, t) = \sum_{p_i \in p_r} S_h P'(e')(e') \cdot P(e \mid e'; r_l)$$

基于每个样本的得分,通过一个逻辑斯蒂函数得到每个样本的概率,即:

$$p(r_i = 1 \mid \text{score}(h_i, t_i)) = \frac{\exp(\text{score}(h_i, t_i))}{1 + \exp(\text{score}(h_i, t_i))}$$

再通过一个线性变化加上最大似然估计,设计损失函数如下:

$$l_i(\theta) = w_i [y_i \ln p_i + (1 - y_i) \ln(1 - p_i)]$$

其中,y_i 为训练样本 (h_i, t_i) 是否具有关系 r 的标记,如果 (h_i, r, t_i) 存在,则标记为 1;如果不存在,则标记为 0。

在路径特征搜索的过程中,PRA 增加了对有效路径特征的约束,来有效减小搜索空间:路径在图谱中的支持度(support)应大于某设定的比例 α;路径的长度小于或等于某设定的长度;每条路径至少有一个正例样本在训练集中。采集路径随机游走过程采用了 LVS(Low-Variance Sampling)的方法。

7.3.2　基于规则学习的推理

基于规则的推理具有精确且可解释的特性,规则是基于规则推理的核心,所以规则获取是一个重要的任务。自动化的规则学习旨在快速地从大规模知识图谱中学习置信度较高的规则,并服务于关系推理任务。

规则一般包含两部分,分别为规则头(head)和规则主体(body),其一般形式为

$$\text{rule: head} \leftarrow \text{body}$$

解读为有规则主体的信息可推出规则头的信息。其中,规则头由一个二元的原子(atom)构成,而规则主体由一个或多个一元原子或二元原子组成。原子(atom)是指包含了变量的元

组,例如,isLocation(X)是一个一元原子,表示实体变量 X 是一个位置实体;hasWife(X, Y)是一个二元原子,表示实体变量 X 的妻子是实体变量 Y。二元原子可以包含两个或一个变量,例如,liveIn(X,Hangzhou)是一个指含有一个实体变量 X 的二元原子,表示了变量 X 居住在杭州。

在规则主体中,不同的原子是通过逻辑合取组合在一起的,且规则主体中的原子可以以肯定或否定的形式出现,例如下面的规则:

isFatherOf(X,Z) ← hasWife(X,Y) ∧ hasChild(Y,Z) ∧ ¬ usedDivorced(X) ∧ ¬ usedDivorced(Y)

这里的规则示例说明了如果任意实体 X 的妻子是实体 Y,且实体 Y 的孩子有 Z 且 X 和 Y 都不曾离婚,那么可以推出 X 的孩子也有 Z。这条规则里的规则主体就包含了以否定形式出现的原子。所以,规则也可以表示为

$$\text{rule：head} \leftarrow \text{body}^+ \wedge \text{body}^-$$

其中,body$^+$ 表示以肯定形式出现的原子的逻辑合取集合,而 body$^-$ 表示以否定形式出现的原子的逻辑合取集合。

如果规则主体中只包含有肯定形式出现的原子而不包含否定形式出现的原子,称这样的规则为霍恩规则(horn rule),可以表示为以下形式:

$$a_0 \leftarrow a_1 \wedge a_2 \wedge \cdots \wedge a_n$$

其中,a_i 为一个原子。

在知识图谱的规则学习方法中,另一种被研究得比较多的规则类型叫作路径规则(path rule),路径规则可以表示为如下形式:

$$r_0(e_1,e_{n+1}) \leftarrow r_1(e_1,e_2) \wedge r_2(e_2,e_3) \wedge \cdots \wedge r_n(e_n,e_{n+1})$$

其中,规则主体中的原子均为含有两个变量的二元原子,且规则主体的所有二元原子构成一个从规则头中的两个实体之间的路径,且整个规则在知识图谱中构成一个闭环结构。这几种不同规则的包含关系如下:

$$\text{路径规则} \in \text{霍恩规则} \in \text{一般规则}$$

路径规则是霍恩规则的一个子集,而霍恩规则又是一般规则的一个子集,从规则的表达能力来看,一般规则的表达能力最强,包含各种不同的规则类型,霍恩规则次之,规则路径的表达能力最弱,只能表达特定类型的规则。

在规则学习过程中,对于学习到的规则一般有 3 个评价指标,分别是支持度(support)、置信度(confidence)和规则头覆盖度(head coverage)。下面分别介绍这 3 种评价指标的计算方法。

对于一个规则 rule,在知识图谱中,其支持度(support)是指满足规则主体和规则头的实例个数,规则的实例化是指将规则中的变量替换成知识图谱中真实的实体后的结果。所以,规则的支持度通常是一个大于或等于 0 的整数值,用 support(rule)表示。一般来说,一个规则的支持度越大,说明这个规则的实例在知识图谱中存在得越多,从统计角度来看,也越可能是一个比较好的规则。

规则的置信度(confidence)的计算方式为

$$\text{confidence(rule)} = \frac{\text{support(rule)}}{\sharp \text{ body(rule)}}$$

即规则支持度和满足规则主体的实例个数的比值,即在满足规则主体的实例中,同时也能满

足规则头的实例比例。一个规则的置信度越高,一般说明规则的质量也越高。

由于知识图谱往往具有明显的不完整性,而前面介绍的规则置信度计算方法间接假设了知识图谱中不存在三元组是错误的,这显然是不合理的。所以,基于部分完全假设(Partial Completeness Assumption,PCA)的置信度(PCA Confidence)也是一个衡量规则质量的方法,且考虑了知识图谱的不完整性。PCA 置信度的计算方法为

$$\text{confidence(rule)} = \frac{\text{support(rule)}}{\# \, \text{body(rule)} \, \wedge \, r_0(x,y')}$$

从上面的式子可以看出,和前面介绍的置信度计算方法相比,PCA 置信度最大的区别是分母中需要多考虑一个条件 $r_0(x,y')$,这里 $r_0(x,y)$ 是规则头,而 $r_0(x,y')$ 说明在知识图谱中,只有当规则头中的头实体 x 通过关系 r_0 连接到除 y 以外的实体时才能算进分母的计数,否则不作分母计数。这样考虑的原因是,如果头实体 x 和关系 r_0 没有在知识图谱中构成相关的三元组,而通过规则主体可以推出三元组 $r_0(x,y)$,那么根据知识图谱的不完全假设,$r_0(x,y)$ 只是在知识图谱中缺失而不是错误的三元组,所以不应该将这类实例化例子计算在分母中,否则会降低规则的置信度。所以,在 PCA 置信度中排除了来自这类实例对置信度值的负面影响。

规则头覆盖度(Head Coverage)的计算方法为

$$\text{HC(rule)} = \frac{\text{support(rule)}}{\# \, \text{head(rule)}}$$

即规则支持度和满足规则头的实例个数的比值,即在满足规则头的实例中,同时也满足规则主体的实例比例。一个规则的头覆盖度越高,一般说明规则的质量也越高。

规则的支持度、置信度以及头覆盖度从不同的角度反映了规则的质量,但三者之间没有必然的关联关系。例如,置信度高的规则,头覆盖度并不一定高,所以在规则学习中通常会结合这 3 个评价指标综合衡量规则的质量。

一种典型的规则学习方法 AMIE。AMIE 能挖掘的规则形如:

$$\text{fatherOf}(f,c) \leftarrow \text{motherOf}(m,c) \wedge \text{marriedTo}(m,f)$$

AMIE 是一种霍恩规则,也是一种闭环规则,即整条规则可以在图中构成一个闭环结构。在规则学习任务中,最重要的是如何有效搜索空间,因为在大型的知识图谱上简单地遍历所有可能的规则并评估规则的质量效率很低,几乎不可行。

AMIE 定义了 3 个挖掘算子(mining operators),通过不断在规则中增加挖掘算子来探索图上的搜索空间,并且融入了对应的剪枝策略。3 个挖掘算子如下:

(1)增加悬挂原子(Adding Dangling Atom)。即在规则中增加一个原子,这个原子包含一个新的变量和一个已经在规则中出现的元素,可以是出现过的变量,也可以是出现过的实体。

(2)增加实例化的原子(Adding Instantiated Atom)。即在规则中增加一个原子,这个原子包含一个实例化的实体以及一个已经在规则中出现的元素。

(3)增加闭合原子(Adding Closing Atom)。即在规则中增加一个原子,这个原子包含的两个元素都是已经出现在规则中的变量或实体。增加闭合原子之后,规则就算构建完成了。

在探索规则结构的过程中,AMIE 还引入了两个重要的剪枝策略,来有效缩小搜索空

间。AMIE 的剪枝策略主要包含两条：

（1）设置最低规则头覆盖度过滤，头覆盖度很低的规则一般是一些边缘规则，可以直接过滤掉。在实践中，AMIE 将头覆盖度值设为 0.01。

（2）在一条规则中，每在规则主体中增加一个原子，都应该使规则的置信度增加，即

$$confidence(a_0 \leftarrow a_0 \wedge a_2 \wedge \cdots \wedge a_n \wedge a_{n+1}) > confidence(a_0 \leftarrow a_0 \wedge a_2 \wedge \cdots \wedge a_n)$$

如果在规则中增加一个新的原子 a_{n+1}，但没有提升规则整体的置信度，那么就将拓展后的规则 $a_0 \leftarrow a_0 \wedge a_2 \wedge \cdots \wedge a_n \wedge a_{n+1}$ 剪枝掉。

在规则学习过程中，AMIE 通过 SPARQL 在知识图谱上的查询对规则的质量进行评估。无论采用哪种挖掘算子来增加规则中的原子，每一个原子都需要选择一个知识图谱中的关系。在选择增加实例化算子时还涉及如何选择实体，把选择的实体和关系组成的原子添加到规则中后，需要满足事先设置的头覆盖度的要求，AMIE 用对知识图谱的查询来筛选合适的选项，例如，

$$SELECT\ ?\ r\ WHERE\ a_0 \wedge a_2 \wedge \cdots \wedge a_n \wedge A?\ r(X,Y)$$
$$HAWING\ COUNT(a_0) > k$$

这样经过查询筛选得到的关系候选项满足了符合一定头覆盖度的要求。

7.4　实验：知识推理实验

7.4.1　实验内容

在计算机及人工智能领域，推理是一个从前提到结论的过程，一般分为 3 类，即演示推理、归纳推理、设证推理。相对于无结构的数据形式，结构化的知识图谱的一大优势就是能够支撑高效的推理。知识推理主要就是通过检测某一实例或本体的可满足性来计算新的概念包含关系。

在本实验中，先使用 Protege 进行知识本体建模，然后使用推理机去推理各个类的层级关系。

7.4.2　实验目标

（1）掌握 Protege 的安装方法。
（2）掌握 Protege 的基本操作。
（3）使用 Protege 进行本体建模。
（4）使用 Protege 进行知识推理。

7.4.3　实验步骤

1. 数据导入

如图 7-6 所示，在网络浏览器中输入网址下载文件 Opening Protege-5.5.0-linux.tar.gz。文件下载完成后，进入 /home/techuser/Downloads 目录，找到下载的文件。右击该文件，在弹出的快捷菜单中选择 Open Terminal Here 命令。在 Terminal 界面，将文件解压到 KnowledgeGraph 项目目录下。

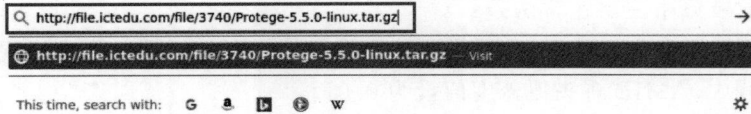

图 7-6　下载文件 Opening Protege-5.5.0-linux.tar.gz

2. 知识建模

要开始知识建模,需要先完成知识建模。如图 7-7 所示,首先执行命令打开 Protege,出现一个新建的本体页面,也可以选择 File→New 命令创建新的本体页面。创建本体时,要在 Ontology IRI 中填写新建本体资源的 IRI,如图 7-8 所示,一定要先填写符合自己标准的 IRI。

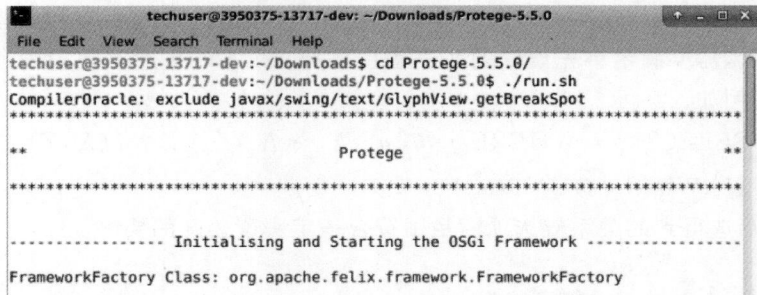

图 7-7　启动 Protege

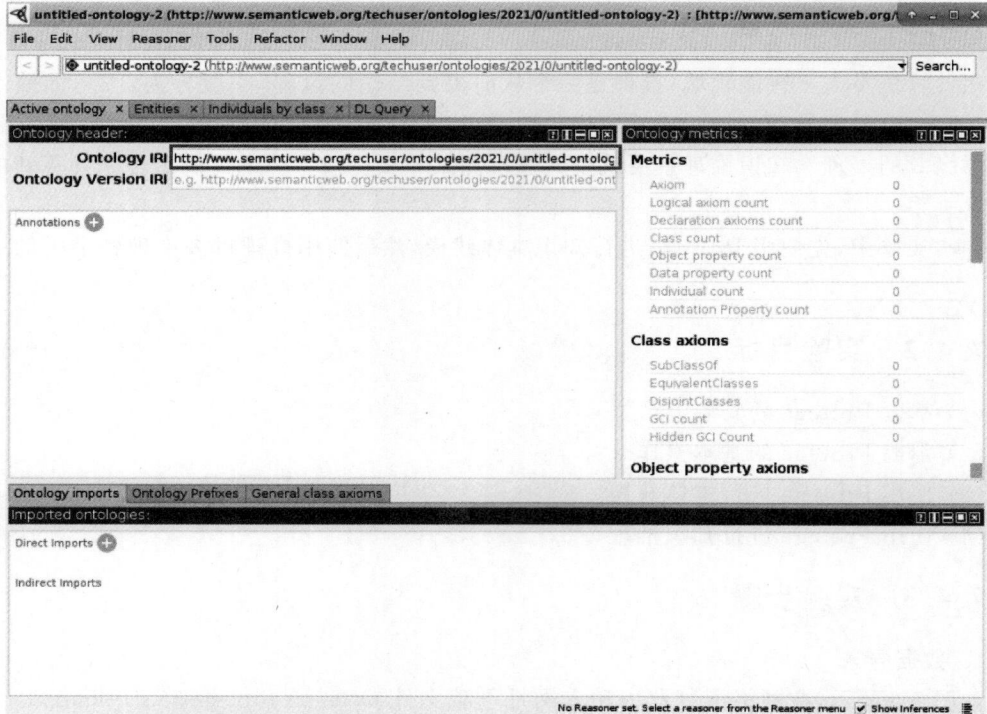

图 7-8　新建本体资源的 IRI

新建好本体文件后,开始建立本体,单击 Entities 标签,出现如图 7-9 所示的界面,其中包括以下选项。

（1）Classes：用于类的添加、删除。

（2）Object properties：对象属性，定义类之间的关系。

（3）Data properties：数据属性，定义类具有的属性。

（4）Annotation properties：注释属性，对本体进行相关信息的注释。

（5）Datatypes：数据类型可以修改数据的类型。

（6）Individuals：实例，进行实例的创建。

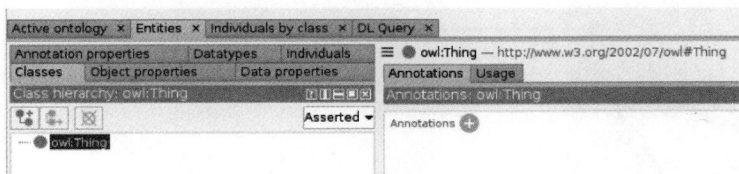

图 7-9 Entities 界面

在如图 7-9 所示的界面下进行本体的构建，本次知识建模会对动物、植物进行建类。如图 7-10 所示，在 Classes 中选中"owl：Thing"选项，并选择 Tools→Create class hierarchy 命令，在弹出的界面输入如图 7-11 所示文字。

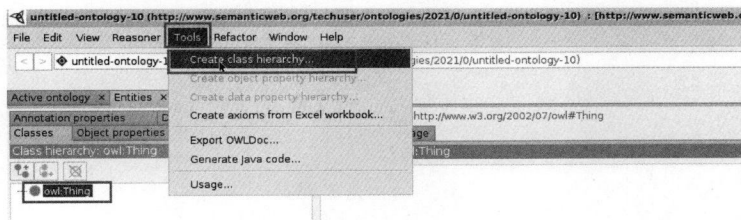

图 7-10 打开 Enter hierarchy 界面

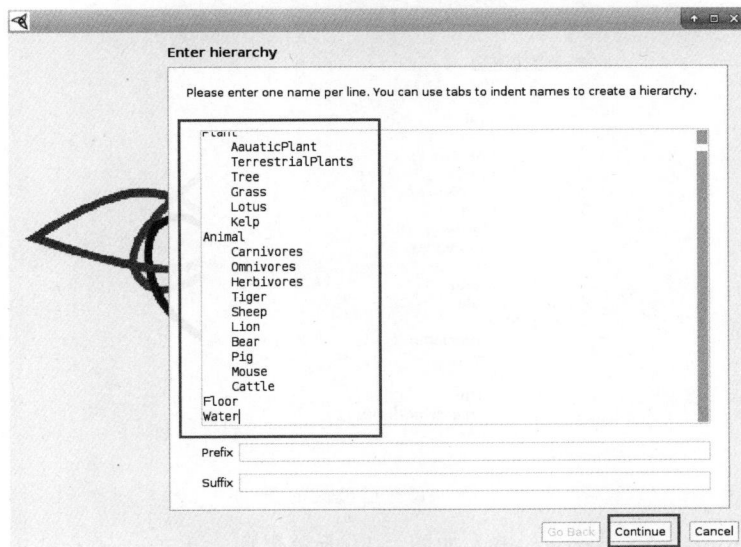

图 7-11 在 Enter hierarchy 界面输入类相关的文字

单击 Continue 按钮,弹出 Make sibling classes disjoint 界面,取消选中"Do you want to make sibling classes disjoint?(Recommended)"复选框,单击 Finish 按钮,如图 7-12 所示。再次单击 owl:Thing 选项,就能看见下面出现了需要的类结构,如图 7-13 所示。这种建模方式可以一次性建立大量的类,可以节省很多时间。

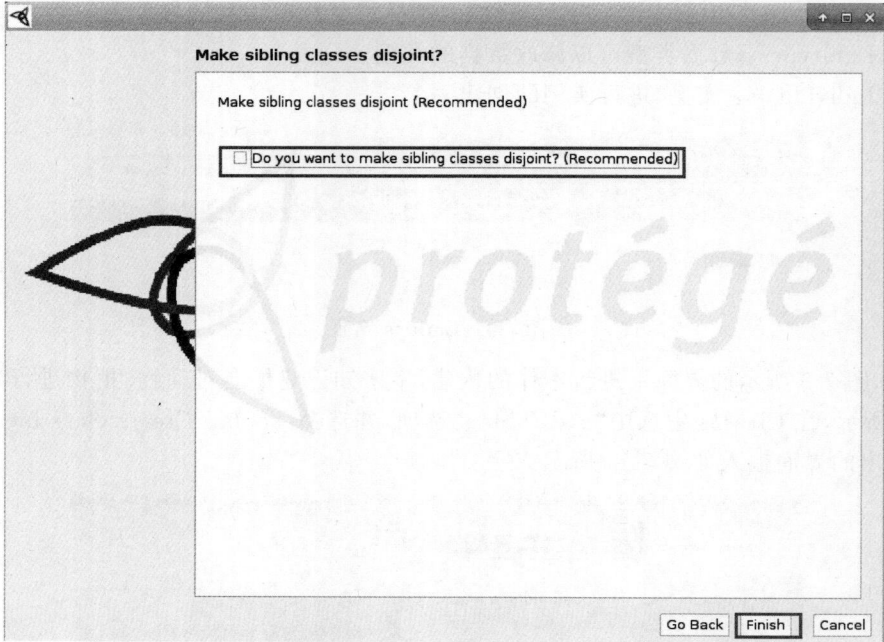

图 7-12　完成建类

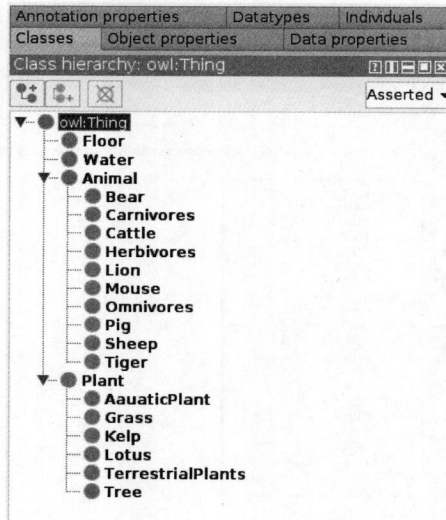

图 7-13　已建成的类

再次选择 Object properties,进入如图 7-14 所示界面。单击 owl:topObjectProperty 选项,在其右键快捷菜单中选择 Add sub-properties 命令,在弹出的 Enter hierarchy 界面输入

如图 7-15 所示的文字。其后操作与类的操作基本一致，取消选中"Do you want to make sibling object properties disjoint？（Recommended）"复选框，单击 Finish 按钮，即可完成创建，完成后如图 7-16 所示。

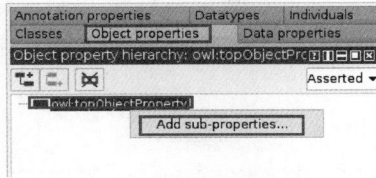

图 7-14 创建对象属性

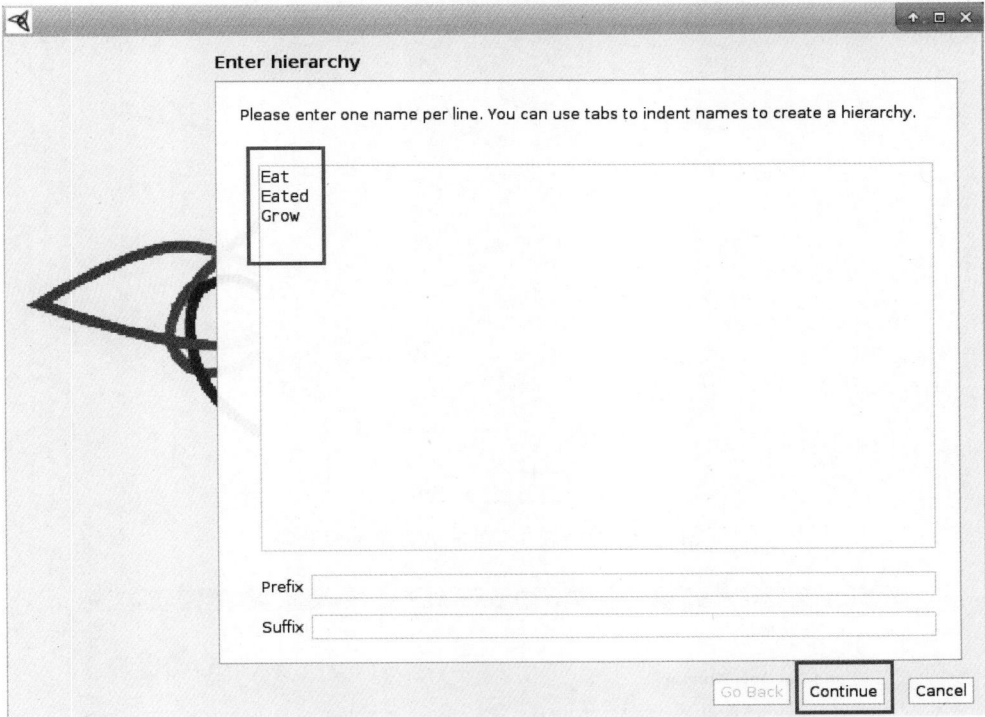

图 7-15 在 Enter hierarchy 界面输入属性相关的文字

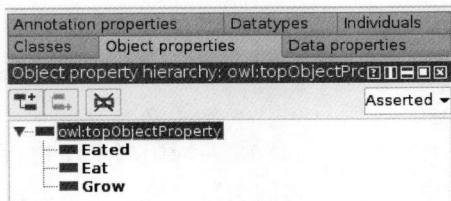

图 7-16 已创建的属性

3. 知识推理

前序工作已经完成，现在要做的就是将具体的植物分类为水生植物和陆生植物，具体的动物分类为肉食动物、素食动物和杂食动物。

1) 动物知识推理

回到 Classes 选项，完成 Animal 的分类，将其分为 Carnivores、Herbivores、Omnivores 三个分类，并添加对应的充分必要条件。单击 Carnivores→Equivalent To 后的＋号，进入 Carnivores 界面。在 Class expression editor 中输入相关文字（文字含义为匹配归属于动物，且只吃动物的类），如图 7-17 所示。单击 OK 按钮，完成 Carnivores 的充分必要条件设定，如图 7-18 所示。

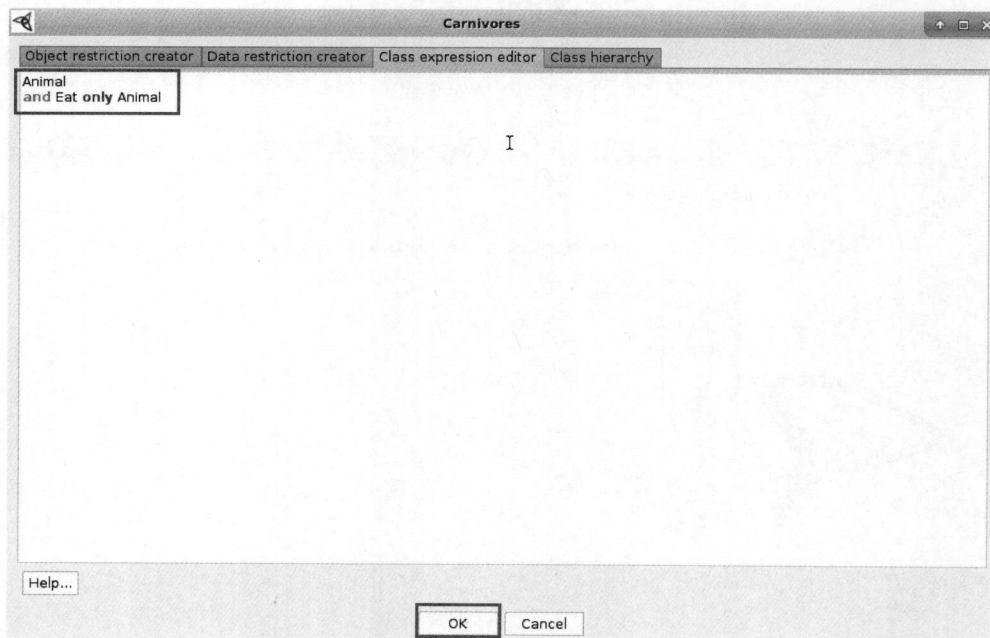

图 7-17　Carnivores 的充分必要条件设定

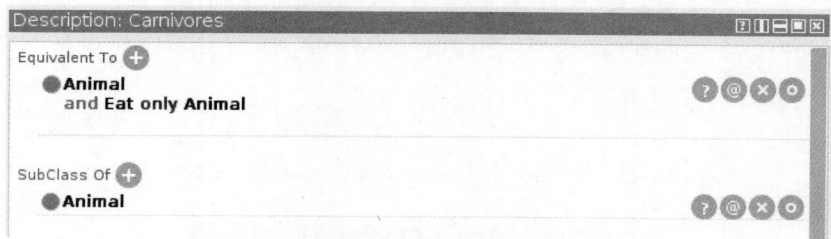

图 7-18　完成设定的 Carnivores

以同样的步骤为 Herbivores 和 Omnivores 完成充分必要条件的设定。分别在相关分类的 Equivalent To 输入相关文字，分别表示"匹配归属于动物，且只吃植物的类"及"匹配归属于动物，且即可以吃动物又可以吃植物的类"，完成后得到的设定分别如图 7-19 和图 7-20 所示。

接着开始设置具体动物的子类（SubClass Of）。以 Pig 举例，先单击 SubClass Of 后的加号，在弹出的界面中选择 Object restriction creator，如图 7-21 所示。由于猪属于杂食性动物，会吃猪肉，所以选择 Eat Some Pig，同时还会吃草，所以还要选择 Eat Some Grass。最终 Pig 的子类显示如图 7-22 所示。

图 7-19　完成设定的 Herbivores

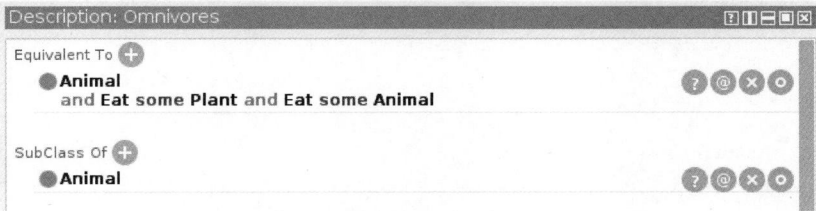

图 7-20　完成设定的 Omnivores

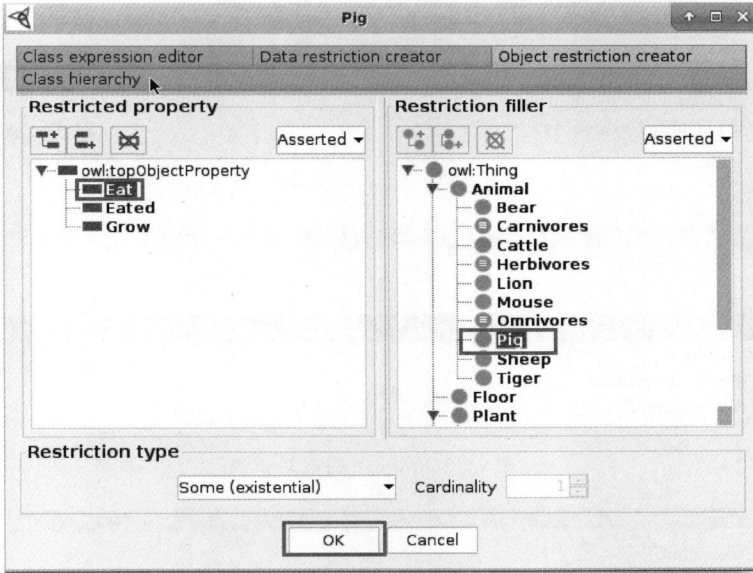

图 7-21　设置 Pig 的子类

图 7-22　Pig 的最终子类

　　同理可以完成 Bear、Cattle、Lion、Mouse、Sheep 和 Tiger 的子类设置，分别如图 7-23～图 7-28 所示。

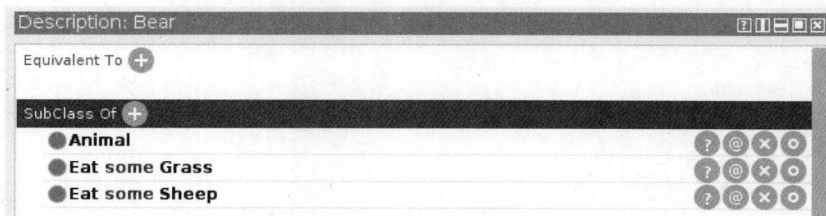

图 7-23　Bear 的最终子类

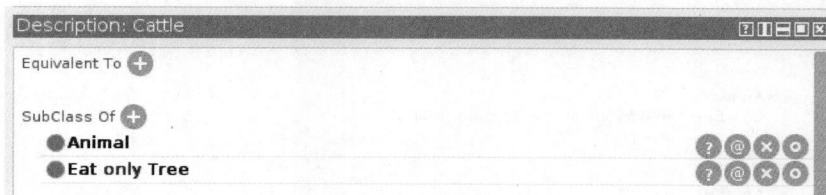

图 7-24　Cattle 的最终子类

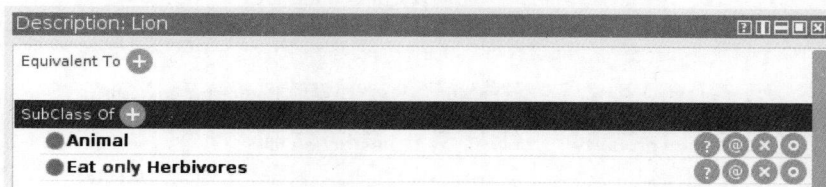

图 7-25　Lion 的最终子类

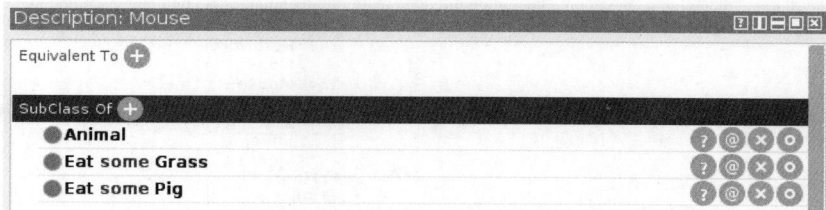

图 7-26　Mouse 的最终子类

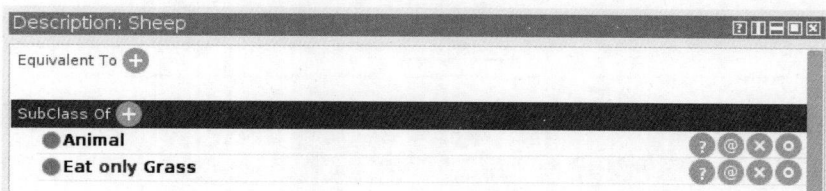

图 7-27　Sheep 的最终子类

图 7-28　Tiger 的最终子类

完成以上操作后,单击 Reasoner,选中 HermiT 1. 4. 3. 456 推理机,再单击 Start reasoner 命令开始推理,如图 7-29 所示。

切换 Asserted 为 Inferred,即可查看推理的结果(见图 7-30),各类动物已经归纳完成。

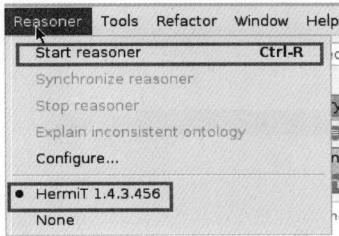

图 7-29 开始推理

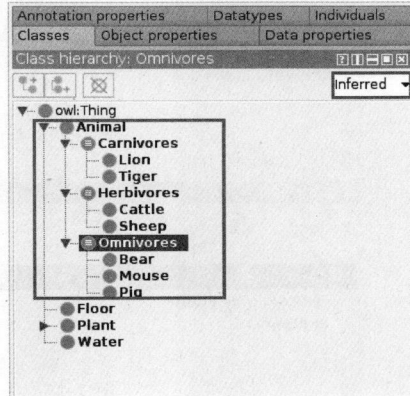

图 7-30 推理结果

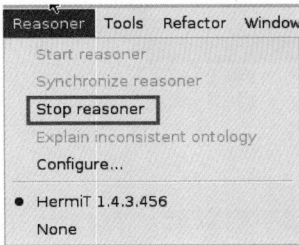

图 7-31 停止推理

推理完成后,切换 Inferred 为 Asserted,调至手动模式,然后选择 Reasoner→Stop reasoner 命令,停止推理过程,如图 7-31 所示。

2)植物知识推理

完成动物部分推理后,即可进行植物部分的归纳。和动物推理类似,先给两个植物分类 AauaticPlant 和 TerrestrialPlants 添加充分必要条件。分别在两个植物分类的 Equivalent To 输入相关文字,分别表示属于植物且只能生长在水里的类及属于植物且只能生长在地面的类,完成后得到的设定,如图 7-32 和图 7-33 所示。

图 7-32 完成设定的 AauaticPlant

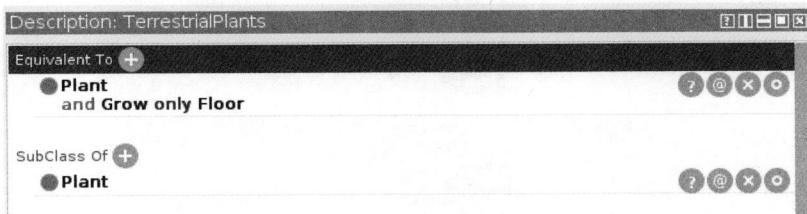

图 7-33 完成设定的 TerrestrialPlants

随后可以完成 Grass、Tree、Kelp 和 Lotus 的子类设置，分别如图 7-34～图 7-37 所示。

图 7-34　Grass 的最终子类

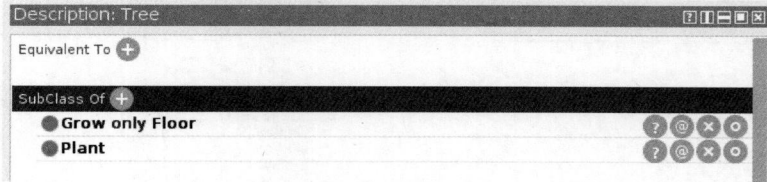

图 7-35　Tree 的最终子类

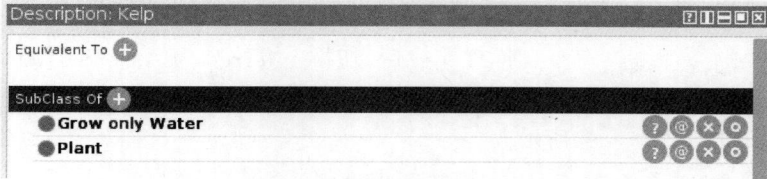

图 7-36　Kelp 的最终子类

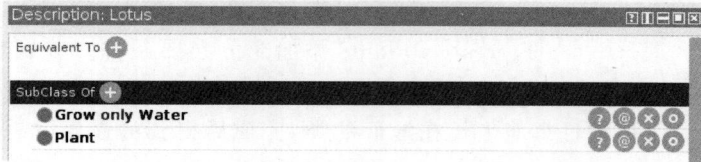

图 7-37　Lotus 的最终子类

使用推理机推理后，可以得到如图 7-38 所示的目录。该目录正是通过类之间的关系，由推理机推理所得。

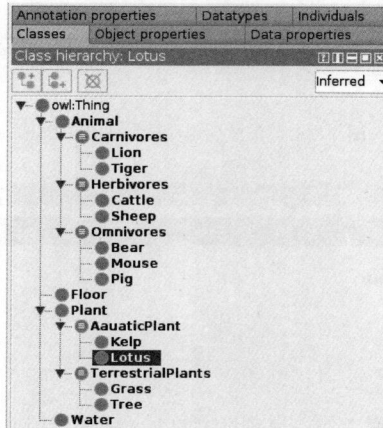

图 7-38　推理结果

7.4.4 实验总结

本次实验主要是通过动物与植物的归类问题作为例子,简单讲解了如何使用 Protege 进行知识推理。从这个实验可以得出,类细节的 Equivalent To 通过设定条件整合下属的类,而 SubClass Of 则是描述该类的一些特征来寻找其父类。知识推理正是通过类之间的约束和关系来进行推理的。

课后习题

1. 选择题

1-1 通过已有知识推断出未知知识的过程被称为(   )。

    A. 推理   B. 演绎   C. 推断   D. 预测

1-2 在知识图谱中推理主要指通过已经有的实体、关系和(   )来推理可能存在的部分。

    A. 属性   B. 联系   C. 图结构   D. 边属性

1-3 推理的方法可以分为逻辑推理和非逻辑推理,逻辑推理按照推理方式分为演绎推理和(   )。

    A. 溯因推理   B. 类比推理   C. 属性推理   D. 归纳推理

1-4 主要是通过对知识图谱已有信息的分析和挖掘进行推理,其中最常用的信息是三元组的推理方法是(   )。

    A. 基于归纳的知识图谱推理   B. 基于图结构的推理

    C. 基于演绎的知识图谱推理   D. 基于强化学习的知识图谱推理

1-5 基于归纳的知识图谱推理可以分为 3 类,下列不属于分类的是(   )。

    A. 基于图结构的推理   B. 基于规则学习的推理

    C. 基于强化学习的知识图谱推理   D. 基于表示学习的推理

1-6 将知识图谱中实体和关系作为元素映射到一个连续的向量空间中,为每个元素学习在向量空间中表示。基于这样的推理方法称为(   )。

    A. 基于图结构的推理   B. 基于规则学习的推理

    C. 基于强化学习的知识图谱推理   D. 基于表示学习的推理

2. 判断题

2-1 传统的数据流学习主要是从数据记录中提取知识结构。在语义网中,数据根据领域知识被建模成本体流,而数据流则被表示为本体。(   )

2-2 近年来提出的图神经网络主要用于处理图结构的数据,随着信息在节点之间的传播以归纳图中节点间的依赖关系,图结构的表示方式使得模型可以基于图进行推理。(   )

2-3 GNN 模型在知识图谱推理中丰富了知识库中实体和关系元素的表达,在得到未知实体或关系的表示等方面具备一定的推理表达能力。(   )

3. 简答题

3-1 什么是推理?推理的方法有哪些?

3-2 基于归纳的知识图谱推理有哪些?

3-3 简述知识图谱推理模型中可采用的 GAN 模型的基本原理。

第8章

知识图谱存储

★本章导读★

　　本章主要介绍知识图谱存储的相关内容。知识图谱存储是指将知识图谱中的数据进行持久化存储,并通过存储系统提供的查询接口来实现对知识图谱的快速查询和更新。知识图谱存储的设计和实现是知识图谱技术的重要组成部分,影响着知识图谱系统的性能和可扩展性。知识图谱的数据模型是三元组模型或图模型,需要将其映射到存储系统中。三元组模型使用关系型数据库或者与关系数据库类似的存储方式,而图模型则需要使用图数据库。存储方法包括知识图谱数据的基本操作,如添加、删除、修改等,以及知识图谱的存储方式,包括关系表存储和图存储两种方式。存储技术包括索引技术和分布式存储技术。索引技术主要用于提高知识图谱的查询效率,分布式存储技术则可以提高知识图谱的可扩展性和容错性。

　　8.1节介绍知识图谱的数据模型,包括知识图谱的三元组模型和图模型。其中,三元组模型是指将知识图谱中的事实表示为主体、谓词和客体的三元组形式,而图模型则是指将知识图谱中的实体和关系表示为节点和边的形式。8.2节详细介绍知识图谱的存储方法,包括基本操作、关系表存储和图存储。其中,关系表存储是指将知识图谱中的三元组数据存储在关系型数据库中,而图存储则是将知识图谱存储在图数据库中。此外,还介绍了知识图谱存储的基本操作,包括插入、查询和删除等操作。8.3节介绍知识图谱存储的关键技术,包括边索引和图结构索引。边索引是指将知识图谱中的边存储在单独的索引表中,以便快速查询知识图谱中的边。而图结构索引则是指通过对图的结构进行索引,来加速查询操作。此外,本节还介绍了图数据库中的一些特殊技术,例如,社区检测和最短路径计算等。

　　知识图谱存储是知识图谱技术中的一个重要领域,其研究和发展对于知识图谱的实际应用和推广有着重要的作用。

★知识要点★

　　(1) 知识图谱的数据模型,包括三元组模型和图模型。

　　(2) 知识图谱的存储方法,包括关系表存储和图存储。

　　(3) 知识图谱存储的基本操作,包括插入、查询和删除等操作。

　　(4) 知识图谱存储的关键技术,包括边索引和图结构索引。

8.1　数据模型

8.1.1　知识图谱的三元组模型

知识图谱用于描述现实中的概念、实体与关系。它提供了一种描述现实世界的通用模型,这种模型不仅可以被人直观理解,也可以被计算机程序有效处理。现实世界可以表达为知识图谱中的实体(如柏拉图)、概念(如哲学家)、属性(如柏拉图的出生时间是公元前427年)和关系(如柏拉图是苏格拉底的学生)。知识图谱在语义网络领域通常用W3C提出的资源描述框架(Resource Description Framework,RDF)来表示。RDF是W3C提出的知识表示模型,用来描述和表达互联网上资源的内容与结构。

1. 基本的三元组模型

很多现实世界中的概念、实体和事件都有自己的属性描述。例如,实体"柏拉图"可以用一个属性英文译名和相应的属性值"Plato"描述,这个属性和属性值描述了实体"柏拉图"所对应的英文译名是"Plato"。此外,知识图谱也表达了现实世界中不同实体、概念和事件之间的相互关系。例如,实体"柏拉图"和"雅典"通过"出生地"关系连接起来,描述"柏拉图出生于雅典"这个事实。

RDF的基本数据单元是一个三元组,可以表示为

<主体(Subject),谓词(Predicate),客体(Object)>

每个实体的一个属性及属性值,或者它与其他实体间的一条关系,都可以表示成三元组,成为一个事实或一条知识。于是,知识就被表示成三元组形式。三元组的谓词可以是两个实体间的关系,也可以是一个实体的某种属性。对于后面这种情况,三元组的3个元素又被称为主体、属性及属性值。因此,一个知识图谱数据集可以看作三元组的集合。

在RDF中,人们利用国际化资源标识符(Internationalized Resource Identifier,IRI)标识对象(从网页等信息资源拓展到所有对象)。这些IRI所对应的事物既包括现实世界中的实体(如一个人),也包括人们在社会实践中形成的概念(如哲学家、城市),还包括关系或属性(比如出生地)等。在上述RDF三元组模型中,IRI被用来区分同名实体。IRI本质上是一个全局唯一标识,就好比我们的身份证。基于IRI的实体(或概念)标识避免了基于名称的实体标识中常会出现的重名问题,这在实际应用中有着积极意义。

实际情况中,很多应用对知识图谱的规模有较高的要求(如大规模互联网应用),在构建知识图谱的过程中往往会简化对同名实体的区分;仅构建基于字符串的三元组,以便快捷地构造规模更大的知识图谱数据集,其代表性知识图谱就是NELL。在NELL中,每个概念都是按照名称进行表示的。除了基本的三元组模型外,在知识图谱的实际应用中,还常常需要表达一些相对复杂的语义,包括对多元关系、时空知识、多模态知识以及对象知识的表示。

2. 对多元关系的表示

基本的三元组模型只讨论了二元关系的情况,而在实际应用中实体间还可能存在多元关系。针对多元关系,构建知识图谱时常见的做法就是将多元关系本身也抽象成一个实体,其代表性知识图谱就是Freebase。在Freebase中,每个多元关系对应一个实体。

例如,"古雅典在地米斯托克利的带领下与入侵的古波斯阿契美尼德王朝进行了马拉松战役",Freebase 就将马拉松战役这个事件定义成了一个实体。这个事件实体涉及古雅典、地米斯托克利以及古波斯阿契美尼德王朝。分解出来的三元组,如图 8-1 所示。

马拉松战役	涉及实体	古雅典
马拉松战役	涉及实体	古波斯阿契美尼德王朝
地米斯托克利	参加战役	马拉松战役

图 8-1　三元组实例

在由多元关系向二元关系转换的过程中,很容易损失语义信息。比如,原句中是古波斯入侵古希腊,其中入侵者是古波斯,这些信息在上述三元组中并未表达出来。

3. 对时空知识的表示

在实际应用中,知识往往也与时间、地点相关。比如,"苏格拉底的学生是柏拉图"这条知识发生在公元前 407 年,地点位于北纬 38°02′东经 23°44′的雅典,即公元前 407 年柏拉图在雅典跟随苏格拉底学习。

为了对这种带时空信息的知识建模,研究人员提出在三元组的基础上扩展成五元组,也就是给每条知识增加其经纬度坐标和时间信息。于是,<亚里士多德,导师,柏拉图>这个三元组就被扩展成了<亚里士多德,导师,柏拉图,(北纬 38°02′东经 23°44′),公元前 407 年>的五元组形式。

4. 对多模态知识的表示

对于互联网上的多媒体信息,三元组模型会基于每个多媒体文件在互联网上的位置形成一个实体,然后建立起此多媒体文件与相关实体的关系。按此方法组织数据的典型知识图谱是 DBpedia。

DBpedia 首先将所有维基百科上的图片建模为一个实体,并且定义了"图片资源链接"之类的关系,然后将实体与它的图片资源通过这一关系进行连接。比如,维基百科中柏拉图头像图片的路径地址是 http://.../Plato_Silanion_Musei_Capitolini_MC1377.jpg。DBpedia 将这一图片路径地址也作为一个实体,通过 IRI 唯一标识,并且定义了人物实体图片谓词。所以,柏拉图的头像可以表达为一个三元组:

<柏拉图:http://*****.com/foaf/0.1/depiction,wikiFile: Plato_MC1377.jpg>

三元组模型简单、易于扩展,使得基于这一模型构建大规模数据集成为可能。

三元组模型的缺点体现在如下两个方面:

(1)对于所有知识都只能拆分成二元关系的组合,难以表达复杂语义。

(2)三元组主要表达的是事实性知识,对于事理逻辑的表达能力有限,难以有效支撑逻辑推理。在实际应用中,需要联合使用其他知识表示,比如谓词逻辑,并基于三元组知识开展有效的推理。

8.1.2　知识图谱的图模型

在实际应用中,常将三元组数据通过预先定义的语义关联转换成一个或多个连通图。于是,整个知识图谱就可以表示成一个大图。

1. 有向图

RDF 表达的知识图谱数据可以方便地转换成一个有向图。在这个图中，每个实体或者属性值构成图上的点，每个三元组可以视为连接主体及客体的有向边，而三元组中的谓词可以视作有向边上的标签。相比于将知识图谱数据视作三元组集合，知识图谱的图模型更利于展示通过语义关联建立起来的全局结构。

图 8-2 展示了与"柏拉图"相关的知识图谱三元组数据的图形式，其中知识图谱可以表示成一个有向图。其中，椭圆形表示实体，圆形表示概念，矩形表示属性值，每条有向边表示一个三元组的谓词。

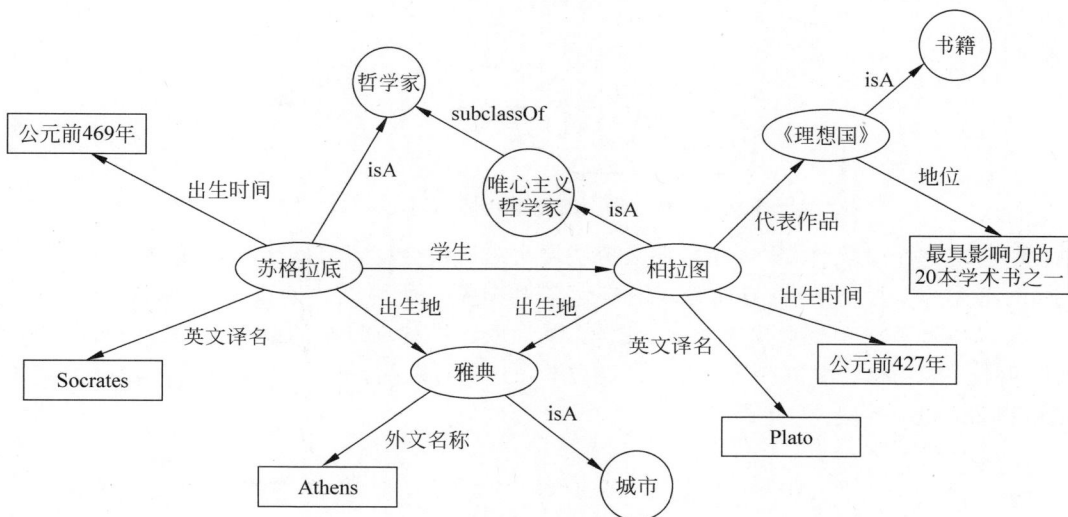

图 8-2　与"柏拉图"相关的知识图谱

2. 属性图

除了基于 RDF 的有向图模型外，属性图是另一种管理知识图谱数据时常用的数据模型。与 RDF 相比，属性图对于节点属性和边属性具备内在的支持。目前，属性图在图数据库领域被广泛采用。

在属性图中，每个节点和边都具有唯一的标识符；节点和每条边均具有类型标签，用来标识实体或关系的类型；节点和边均具有一组属性，每个属性由属性名和属性值组成。属性图能表达丰富的信息，而且没有改变图的整体结构。与"柏拉图"相关的知识图谱对应的属性图如图 8-3 所示。

3. 树状图

除了图形式的知识图谱，在实际应用中概念与实体之间的关系也经常被组织成层次结构，构成一棵树（也就是没有环的图），典型的表示层次关系的树状知识图谱就是 WordNet。

WordNet 是普林斯顿大学建立和维护的英文字典，它主要依靠语言学专家来定义名词、动词、形容词以及副词之间的语义关系，其所定义的关系主要是同义词关系与上下位关系。图 8-4 是 WordNet 中树状图的示例，其中描述了从犬科动物和猫科动物到动物的上下位关系，比如动物（animal）是哺乳动物（mammal）的上位词。

4. 有向无环图

在利用自动化方法构建的实体以及概念层级结构（也就是概念图谱）中，如果某个实体

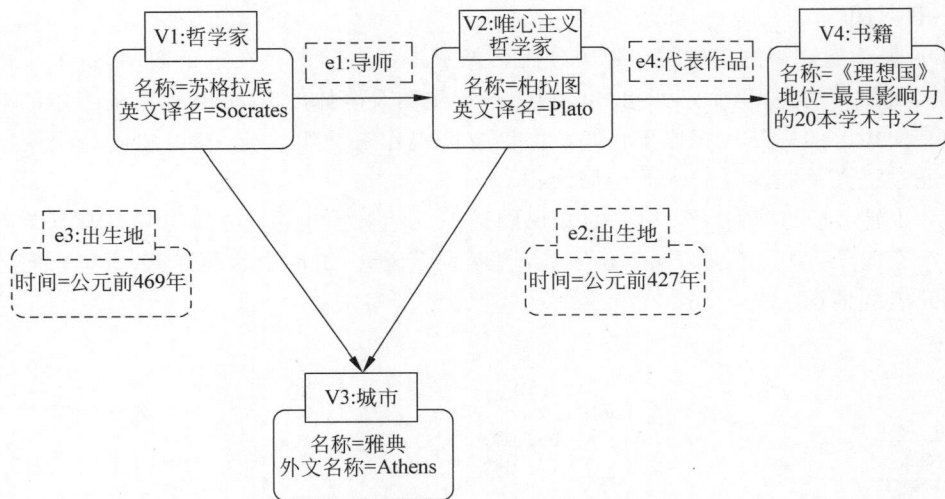

图 8-3　与"柏拉图"相关的知识图谱对应的属性图

（概念）存在多个父实体（父概念），那么树状层次结构将会变成有向无环图（Directed Acyclic Graph，DAG）。严格来讲，有向无环图表达了 IsA 关系所构成的偏序关系，WikiTaxonomy 是一个从维基百科中提取出来的概念图谱，其抽取了维基百科中的所有类及实体的信息，并抽取出这些实体与类以及子类与父类之间的 IsA 关系。图 8-5 给出了 DAG 结构的 WikiTaxonomy 片段。

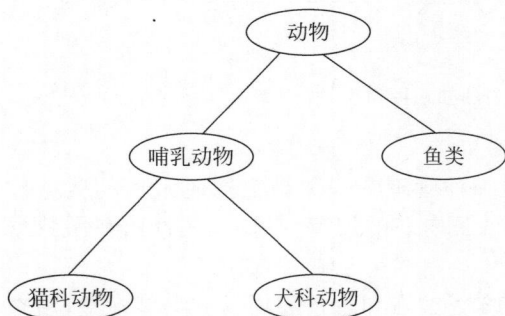

图 8-4　WordNet 中树状图的示例　　图 8-5　DAG 结构的 WikiTaxonomy 片段

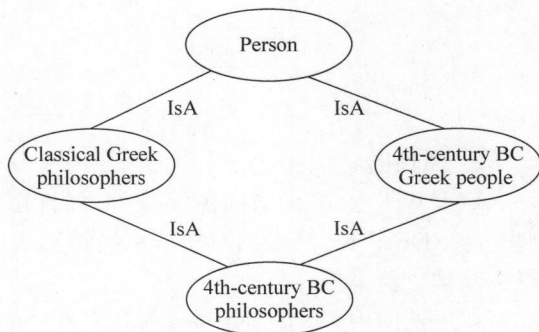

5. 带权重的有向图

在利用大规模文本语料自动构建的概念图谱中，对于每条 IsA 关系可以附加该关系在语料中被观察到的频率。可以用频率估计给定实体（概念）、某个概念（实体）的典型性，而典型性是概念认知的关键，因此，带权重的有向图也是一类重要的知识图谱表示模型。Probase 就是基于这种思想构建的知识图谱。Probase 是从海量 Web 语料中根据 Hearst 模式自动抽取而获得的。在抽取过程中，每条 IsA 关系在语料中出现的频率得以保留。一般而言，频率越高，相应的 IsA 关系越可信。

6. 带概率的有向图

保留关系抽取过程置信度的知识图谱还有 YAGO。YAGO 是德国马克斯·普朗克实验室基于维基百科抽取出的信息与 WordNet 中的类型信息结合所形成的知识图谱。

YAGO 中包含多种关系,对于每种关系,它都给出一个 0.90~0.98 的置信度,这一置信度表达了这种关系的某个实例是正确事实的概率。为了计算每种关系的置信度,YAGO 对每种关系都随机抽取了若干关系实例,然后由多人来判断这些关系实例准确与否,并以此为依据计算这些关系的置信度,进一步将置信度值转换成概率,因此 YAGO 可表示成一个边带概率的有向图。

8.2 知识图谱存储方法

8.2.1 知识图谱数据的基本操作

在传统的关系数据库领域,对关系数据库所做的查询可以通过多个关系表上的基本操作(包括选择、投影、连接等)完成。如果将知识图谱用三元组关系表进行表示,则可以将知识图谱数据上的常见查询任务分解为与关系操作类似的基本操作,主要包括以下两种。

(1) 选择(selection):在知识图谱中选择满足给定条件的知识图谱片段。

(2) 连接(join):按照一定条件从两个知识图谱的笛卡儿积中选取知识图谱片段。

很多复杂的知识图谱查询任务可以通过上述基本操作的组合来完成。例如,选择操作"选择出生于雅典的人物",其答案为苏格拉底和柏拉图,示例如图 8-6 所示。

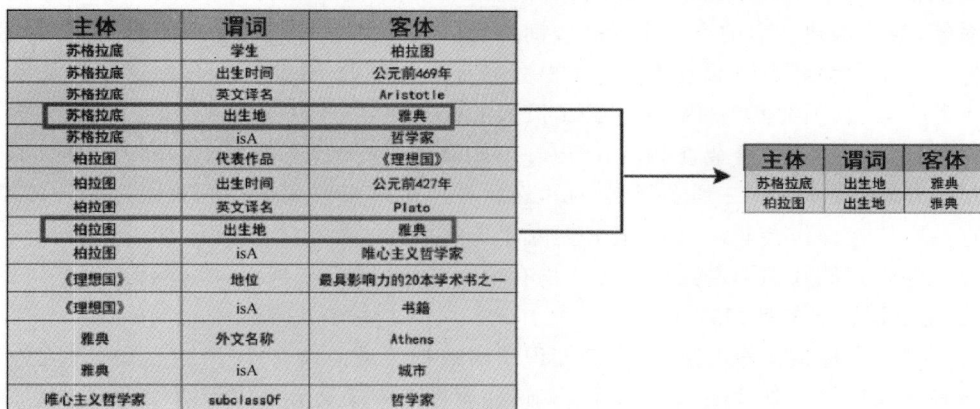

图 8-6 基本操作的组合示例

例如,连接操作"苏格拉底学生的出生地",将<苏格拉底,学生,柏拉图>与<柏拉图、出生地、雅典>在"柏拉图"字段进行了等值连接,示例如图 8-7 所示。

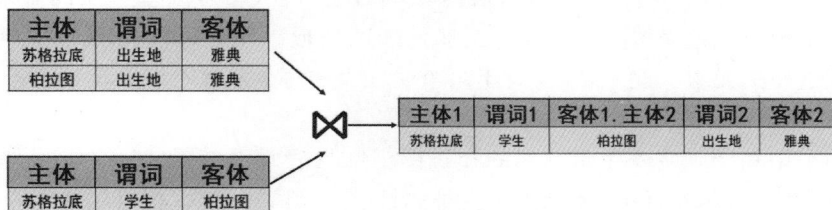

图 8-7 等值连接示例

在实际应用中,知识图谱数据的查询运算常呈现出如下特点。

（1）选择度高：知识图谱中常见选择操作的答案仅涉及知识图谱中很少的三元组，其原因在于大部分选择操作是为了查询实体的某个相关属性。

（2）连接数量多：知识图谱中常见的运算经常会包含大量的连接操作，这是知识图谱数据表示的碎片化（很多简单事实分解为了多个三元组）导致的。

8.2.2 知识图谱的关系表存储

关系模型自问世以来取得了巨大的成功，市面上已经存在大量成熟的关系型数据库系统。知识图谱数据的三元组很容易映射到关系模型上，因此，使用关系模型（也就是关系表）存储知识图谱中的三元组是重要的存储方案之一。

基于关系表对知识图谱数据进行组织的方式可以分成 4 类。

1. 基于三列表的存储方式

基于三列表的存储方式通过维护一个巨大的三元组表来管理 RDF 知识图谱数据。这个三元组表包含 3 列，分别对应主体、谓词和客体。当系统接收到用户输入的查询请求时，系统将该查询转换为 SQL 查询。这些 SQL 查询通常需要对三元组表执行多次自连接（self-join）操作以得到最终结果。

使用一个大规模三元组表管理知识图谱数据的首要问题是：系统不论执行何种查询，都需要扫描整个表。这样做的代价是巨大的。Virtuoso 是 OpenLink 公司开发的知识图谱管理系统，通过构建索引的方式来提高查询执行的效率。它是典型的将整个知识图谱数据集存储于一个大关系表中的系统。为了提高各种操作的效率，Virtuoso 在这个大关系表上构建了若干索引，因此其整体性能得到了巨大的提升。

对于知识图谱上的复杂查询，Virtuoso 可能需要进行大量的自连接操作。而为了执行自连接操作，系统需要将三列表复制一份，然后在两个规模巨大的三列表上进行连接操作，显然这些自连接操作会非常耗时，特别是对于那些数据规模很大的表而言。所以，用一个巨大的三元组表存储知识图谱数据的方法仍有很大的局限性。

2. 基于属性表的存储方式

为了减少自连接操作的次数，很多知识图谱数据管理系统在单个大三元组表之外还构建了额外的属性表来管理知识图谱数据。这些属性表方法又分为以下两种。

（1）分类属性表方法：根据实体类型将三元组分类，相同类的三元组放在同一个表中。

（2）聚类属性表方法：将相似的三元组聚类，然后将每类三元组集中在一个属性表中进行管理。

对于上述两种方法，由于知识图谱数据表示的灵活性（容忍一些劣质或者不规范的数据），会存在部分三元组无法放入任何一个属性表的情形。此时，属性表方法通常会另建一个表来管理这些三元组。此外，并非属于某个属性表的每个实体在各个谓词上都有值，所以属性表中可能存在若干条目为空。

典型的采用基于属性表存储方式的知识图谱数据管理系统是 Jena。Jena 首先维护了一个大的三元组表，此外，Jena 还维护了 3 种属性表：单值属性表、多值属性表和属性类表，单值属性表是将实体中所有客体值唯一的谓词聚集起来组织而成的一个表；多值属性表是为每一个客体值不唯一（或取值可能不明确）的谓词构建的只有两列的表，分别存储主体值和客体值。属性类表是在单值属性表的基础上增加了存储实体类型列的表。Jena 的知识图谱数据存储方式如图 8-8 所示。

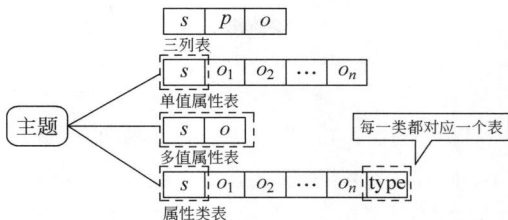

图 8-8 Jena 的知识图谱数据存储方式

对于采用属性表方法存储数据的知识图谱,其执行查询的时候不用扫描整个数据集,而且,属性表方法中的连接操作不再是关系表的自连接操作,整体效率有所提高。但是基于属性表存储数据的知识图谱的最大问题在于可能存在空值,不论是分类属性表还是聚类属性表,在属性表中都可能存在相当多的空值,这些空值会导致极大的空间浪费。

3. 基于垂直表的存储方式

针对三列表和属性表连接操作效率低的问题,SW-Store 提出了按照谓词分表的方法。具体而言,SW-Store 将三元组按照谓词分成不同的表,每个表保存谓词相同的三元组,这种方法称为垂直分割。这种方法用不同表之间的连接代替自连接,避免了自连接操作。因为在现有的关系型数据库中,不同表之间的连接操作要快于自连接操作,所以 SW-Store 能在一定程度上提高效率。

但是,垂直表也存在缺点:它无法很好地支持谓词是变量的查询操作。比如在如图 8-9 所示的垂直表中查询"柏拉图和苏格拉底的关系",这时就需要扫描所有表才能回答,导致操作效率较低。

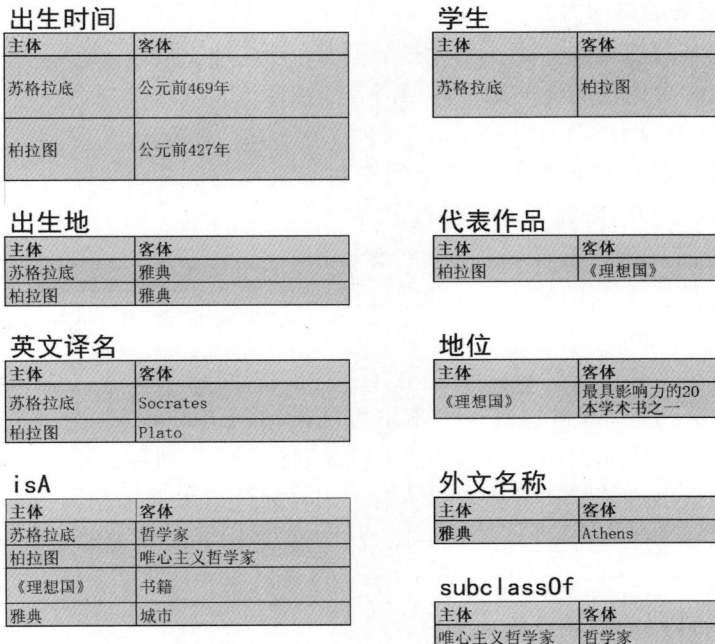

出生时间

主体	客体
苏格拉底	公元前469年
柏拉图	公元前427年

学生

主体	客体
苏格拉底	柏拉图

出生地

主体	客体
苏格拉底	雅典
柏拉图	雅典

代表作品

主体	客体
柏拉图	《理想国》

英文译名

主体	客体
苏格拉底	Socrates
柏拉图	Plato

地位

主体	客体
《理想国》	最具影响力的20本学术书之一

isA

主体	客体
苏格拉底	哲学家
柏拉图	唯心主义哲学家
《理想国》	书籍
雅典	城市

外文名称

主体	客体
雅典	Athens

subclassOf

主体	客体
唯心主义哲学家	哲学家

图 8-9 在垂直表中查询"柏拉图和苏格拉底的关系"

4. 基于全索引的存储方式

除了采用一般的关系型数据库相关技术,还有一些系统针对知识图谱数据和运算的特点提出了特定的优化技术,如 Hexastore 和 RDF-3x。它们都是利用知识图谱三元组的特点来构建索引的。

为了加速知识图谱数据在运算过程中的连接运算，Hexastore 和 RDF-3x 将三元组中主体、谓词、客体的各种排列情况都枚举出来，然后为它一一构建索引。主体、谓词和客体的排列情况共计 6 种。比如，针对三元组 $<s,p,o>$ Hexastore 和 RDF-3x 还将额外存储 5 个对应的三元组：$<s,o,p>$、$<p,s,o>$、$<p,o,s>$、$<o,s,p>$ 和 $<o,p,s>$。这些索引内容正好对应知识图谱运算中带变量的三元组模式的各种可能。于是，不论是基于主体来查询谓词和客体，还是基于谓词来查询主体和客体，抑或是基于客体来查询谓词和主体，系统都能很快地找到相应的结果。因为这类方法构建了大量索引，所以选取满足查询条件的三元组的效率极高，但是，连接操作依然低效，而且索引维护与更新的代价高昂。

8.2.3　知识图谱的图存储

针对知识图谱的图模型表示，很多系统设计了相应的图存储模式，主要有以下两种。

（1）邻接表，就是知识图谱中的每个节点（实体）对应一个列表，列表中存储与该实体相关的信息。

（2）邻接矩阵，就是在计算机中维护多个 $n \times n$ 的矩阵，其中，n 为知识图谱中节点的数量。每个矩阵对应一个谓词，其中每一行或每一列都对应知识图谱中的一个节点。若谓词 p 所对应的矩阵中第 i 行和第 j 列为 1，则表示知识图谱中第 i 个节点到第 j 个节点有一条谓词为 p 的边。

1. 基于邻接表的存储方式

一些知识图谱数据管理系统采用邻接表存储知识图谱数据。图 8-10 展示了一个知识图谱及其邻接表的示例。实体的相关谓词与客体按链表形式进行组织。

在利用图结构管理知识图谱数据时，一个关键问题是如何在基于图结构的指数候选空间中对查询操作有效剪枝。为此，研究者基于邻接表存储方式构建了一个知识图谱数据管理系统——gStore。gStore 提出了一种基于位图索引的有效剪枝策略以加速数据访问。

节点	邻接表
柏拉图	（isA，唯心主义哲学家）、（出生时间，公元前427年）、（出生地，雅典）、（英文译名，Plato）、（代表作品，《理想国》）
苏格拉底	（isA，哲学家）、（出生时间，公元前469年）、（出生地，雅典）、（英文译名，Socrates）、（学生，柏拉图）
...	...

图 8-10　知识图谱及其邻接表的示例

gStore 为每个实体基于其邻接表建立了一个二进制位串作为这个实体的位图索引。在此基础上，gStore 进一步将这些位图索引按照图结构组织起来。在查询执行时，gStore 将查询条件也按照与实体相同的索引构建方式映射到一个二进制位串。如果查询的位串与某个实体的位图索引进行"与"运算后的结果与该查询位串本身不相同，那么就从候选答案中排除该实体。由于二进制位操作十分高效，因此 gStore 能实现对知识图谱数据的高效访问。

2. 基于邻接矩阵的存储方式

在实际应用中，也有不少系统将知识图谱数据表示成邻接矩阵的形式。这些系统首先给知识图谱中的主体、谓词和客体（或属性和属性值）进行编号，然后构建一个 $|V_s| \times |V_p| \times |V_o|$ 的三维矩阵 M，其中，$|V_s|$、$|V_p|$ 和 $|V_o|$ 分别表示主体、谓词及客体的数量。如果 $<s,p,o>$ 存在于知识图谱中，则设置 $M[i][j][k]=1$，否则将其设置为 0，其中 i、j、k 分别为 s、p、o 对应的编号。

　　BitMat 就是一个典型的基于邻接矩阵存储知识图谱的系统。知识图谱中的常见查询是以谓词为常量的查询,BitMat 将上述 $|V_s| \times |V_p| \times |V_o|$ 的三维矩阵切分成 $|V_p|$ 个 $|V_s| \times |V_o|$ 和 $|V_o| \times |V_s|$ 的二维矩阵。同时,为了提高基于主体和客体查询的性能,BitMat 还切分出 $|V_s|$ 个 $|V_p| \times |V_o|$ 的二维矩阵和 $|V_o|$ 个 $|V_p| \times |V_s|$ 的二维矩阵。

　　由于实际的知识图谱数据往往比较稀疏,因此 BitMat 对每个矩阵中的每一行交替存储 0 和 1 的数量以实现压缩。例如,如果 BitMat 的某个矩阵中有一行为"0011000",那么该行会被存储成"[0] 2 2 3",这里的[0]表示此行的第 1 位是"0"且"0"连续出现 2 次,再跟着 2 个"1"和 3 个"0"。基于压缩后的二维矩阵,BitMat 针对谓词的查询以及基于主体和客体的查询会非常高效。

8.3　知识存储关键技术

8.3.1　知识图谱数据库边属性的索引

　　为了适应大规模知识图谱数据的存储管理与查询处理,知识图谱数据库内部针对图数据模型设计了专门的存储方案和查询处理机制。我们以图数据库 Neo4j 为例介绍其内部存储方案,然后简要描述知识图谱数据库的两类索引技术。

　　对于遵循属性图的图数据库,存储管理层的任务是将属性图编码表示为在磁盘上存储的数据格式。虽然不同图数据库的具体存储方案各有差异,但一般认为具有"无索引邻接"(Index-Free Adjacency)特性的图数据库才称为原生图数据库

　　在实现了"无索引邻接"的图数据库中,每个节点维护着指向其邻接节点的直接引用,这相当于每个节点都可看作是其邻接节点的一个"局部索引",用其查找邻接节点比使用"全局索引"更能节省时间。这就意味着图导航操作代价与图大小无关,仅与图的遍历范围成正比。

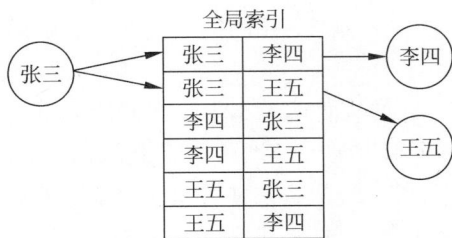

图 8-11　全局索引的示例

　　作为对比,来看看在非原生图数据库中使用全局索引关联邻接节点的情形。图 8-11 给出了一个全局索引的示例,一般用 B^+ 树实现,如查找"张三"认识的人,需要 $O(\log n)$ 的代价,其中 n 为节点总数。如果觉得这样的查找代价是可以接受的,那么换个问题,"谁认识张三"的查找代价是多少? 显然,对于这个查询,需要通过全局索引检查每个节点,看其认识的人中有没有张三,总代价为 $O(n\log n)$,这样的复杂度对于大图数据的遍历操作是不可接受的。有人说,可为"被认识"关系再建一个同样的全局索引,但那样索引的维护开销就会翻倍,而且仍然不能做到图遍历操作代价与图规模无关。

　　只有将图数据的边表示的关系当作数据库的"一等公民"(即数据库中最基本的核心概念,如关系数据库中的"关系"),才能实现真正的"无索引邻接"特性。图 8-12 给出的是将"认识"关系作为双向可导航边进行存储的逻辑图,在其中查找"张三"认识的人,只需沿着张三的"认识"出边导航;查找认识"张三"的人,只需沿着张三的"认识"入边导航;显然,这两

种操作的代价均为 $O(1)$，即与图数据的规模无关。

在 Neo4j 数据库中，属性图的不同部分是被分开存储在不同文件中的。正是这种将图结构与图上属性分开存储的策略，使得 Neo4j 能够进行高效率的图遍历操作。首先需要了解 Neo4j 中是如何存储图节点和边的。图 8-13 给出了 Neo4j 中节点和边记录的物理存储结构，其中每个节点记录占用 9 字节，每个边记录占用 33 字节。

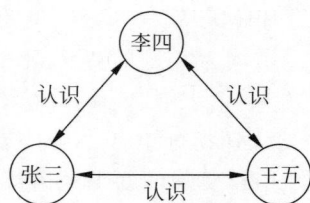

图 8-12 存储逻辑图

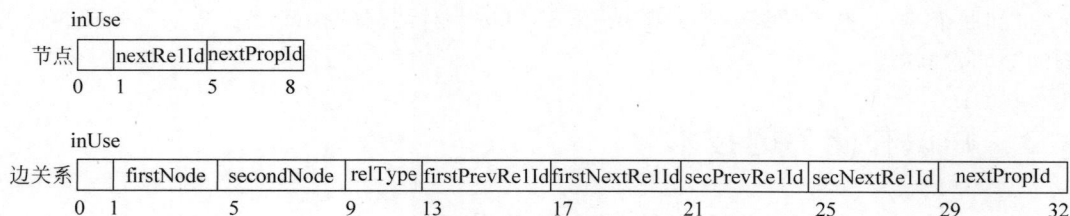

图 8-13 Neo4j 中节点和边记录的物理存储结构

节点记录存储在文件 neostore.nodestore.db 中。节点记录的第 0 字节 inUse 是记录使用标志字节的，告诉数据库该记录是否在使用中，还是已经删除并可回收用来装载新的记录；第 1~4 字节 nextRelId 是与节点相连的第 1 条边的 id；第 5~8 字节 nextPropId 是节点的第 1 个属性的 id。

边记录存储在文件 neostore.relationshipstore.db 中。边记录第 0 字节 inUse 含义与节点记录相同，表示是否正被数据库使用的标志；第 1~4 字节 firstNode 和第 5~8 字节 secondNode 分别是该边的起始节点 id 和终止节点 id；第 9~12 字节 relType 是指向该边的关系类型的指针；第 13~16 字节 firstPrevRelId 和第 17~20 字节 firstPrevRelId 分别为指向起始节点上前一个和后一个边记录的指针；第 21~24 字节 secPrevRelId 和第 25~28 字节 secNextRelId 分别为指向终止节点上前一个和后一个边记录的指针；指向前后边记录的 4 个指针形成了两个"关系双向链"；第 29~32 字节 nextPropId 是边上的第 1 个属性的 id。

Neo4j 实现节点和边快速定位的关键是"定长记录"的存储方案，将具有定长记录的图结构与具有变长记录的属性数据分开存储。例如，一个节点记录长度是 9 字节，如果要查找 id 为 99 的节点记录所在位置（id 从 0 开始），则可直接到节点存储文件第 891 个字节处访问（存储文件从第 0 个字节开始）。边记录也是"定长记录"，长度为 33 字节。这样，数据库已知记录 id 可以 $O(1)$ 的代价直接计算其存储地址，而避免了全局索引中 $O(n\log n)$ 的查找代价。

图 8-14 展示了 Neo4j 中各种存储文件之间是如何交互的。存储在节点文件中的节点 1 和节点 4 均有指针指向存储在属性文件中各自的第 1 个属性记录；也有指针指向存储在边文件中各自的第 1 条边，分别为边 7 和边 8。如要查找节点属性，可由节点找到其第 1 个属性记录，再沿着属性记录的单向链表进行查找；如要查找一个节点上的边，可由节点找到其第 1 条边，再沿着边记录的双向链表进行查找；当找到了所需的边记录后，可由该边进一步找到边上的属性；还可由边记录出发访问该边连接的两个节点记录（图 8-14 中的虚线箭头）。

需要注意的是，每条边记录实际维护着两个双向链表：一个是起始节点上的边，一个是

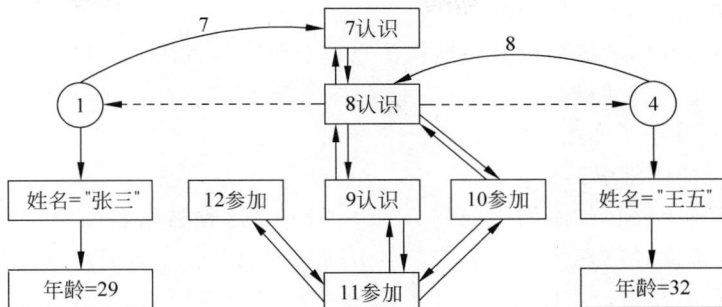

图 8-14　Neo4j 中各种存储文件交互方式

终止节点上的边,可以将边记录看作被起始节点和终止节点共同拥有,双向链表的优势在于不仅可在查找节点上的边时进行双向扫描,而且支持在两个节点间高效率地添加和删除边。

例如,由节点 1 导航到节点 4 的过程如下:

(1) 由节点 1 知道其第 1 条边为边 7;

(2) 在边文件中通过定长记录计算出边 7 的存储地址;

(3) 由边 7 通过双向链表找到边 8;

(4) 由边 8 获得其中的终止节点 id(secondNode),即节点 4;

(5) 在节点文件中通过定长记录计算出节点 4 的存储地址。

8.3.2　知识图谱数据库图结构的索引

图数据上的索引有两种:一种是对节点或边上属性数据的索引,一种是对图结构的索引。

1. 属性数据索引

Neo4j 数据库在前述存储方案的基础上还支持用户对属性数据建立索引,目的是加速针对某属性的查询处理性能。Neo4j 索引的定义通过 Cypher 语句完成,目前支持对于同一类型节点的某个属性构建索引。

例如,对所有程序员节点的姓名属性构建索引:

```
CREATE INDEX ON :程序员(姓名)
```

一般情况下,在查询中没有必要指定需要使用的索引,查询优化器会自动选择要用到的索引,例如,下面的查询查找姓名为"张三"的程序员,显然会用到刚刚建立的索引:

```
MATCH (p:程序员{姓名:'张三'})
RETURN p
```

应用该索引无疑会根据姓名属性的值快速定位到姓名是"张三"的节点,而无须扫描程序员节点的全部属性。

删除索引的语句为

```
DROP INDEX ON :程序员(姓名)
```

不难发现,为图节点或边的属性建立索引与为关系表的某一列建立索引在本质上并无不同之处,完全可以通过 B$^+$ 树或散列表实现。这种索引并不涉及图数据上的任何图结构信息。

2. 图结构索引

图结构索引是为图数据中的点边结构信息建立索引的方法。利用图结构索引可以对图查询中的结构信息进行快速匹配,从而大幅削减查询搜索空间。大体上,图结构索引分为"基于路径的"和"基于子图的"两种。

1)基于路径的图索引

一种典型的基于路径的图索引叫作 Graph Grep。这种索引将图中长度小于或等于一个固定长度的全部路径构建为索引结构。索引的关键词可以是组成路径的节点或边上属性值或标签的序列。

图 8-15 是在属性图上构建的 GraphGrep 索引。这里构建的是长度小于或等于 2 的路径索引,关键词为路径上的边标签序列,值为路径经过的节点 id 序列。例如,索引将关键词"认识,参加"映射到节点 id 序列(1,4,3)和(1,4,5)。

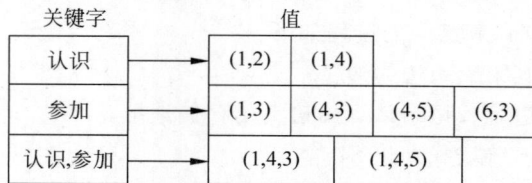

关键字	值			
认识	(1,2)	(1,4)		
参加	(1,3)	(4,3)	(4,5)	(6,3)
认识,参加	(1,4,3)		(1,4,5)	

图 8-15　属性图上构建的 GraphGrep 索引

利用该路径索引,类似"查询年龄为 29 的参加了项目 3 的程序员参加的其他项目及其直接或间接认识的程序员参加的项目"的查询处理效率会大幅提高,因为由节点 1 出发,根据关键词"认识,参加",可以快速找到满足条件的节点 3 和节点 5。

2)基于子图的索引

基于子图的索引可以看作基于路径索引的一般化形式,是将图数据中的某些子图结构信息作为关键词,将该子图的实例数据作为值而构建的索引结构。图 8-16 是在属性图上构建的一种子图索引。满足第 1 个关键词子图的节点序列为(1,2,4),满足第 2 个关键词子图的节点序列为(1,4,3)。

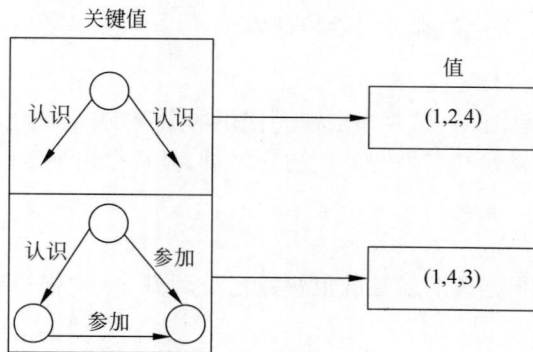

图 8-16　属性图上构建的一种子图索引

如果查询中包含某些作为关键词的子图结构,则可以利用该子图索引,快速找到与这些子图结构匹配的节点序列,这样可大幅度减小查询操作的搜索空间。不过,一个图数据的子图有指数个,将哪些子图作为关键词建立索引尚未得到很好的解决。

8.4 实验：知识图谱存储实验

8.4.1 实验内容

知识图谱是一种有向图结构，描述了现实世界中存在的实体、事件或者概念以及它们之间的关系。一般来说，知识图谱的存储形式可以分为两类：一类是基于表结构的存储，一类是基于图结构的存储。其中基于表结构的存储通过二维数据表对知识图谱中的数据进行存储，根据不同的设计原则，知识图谱可以具有不同的表结构。其中基于图结构的存储，会将实体看作节点，关系看作带有标签的边，常用的图数据库有 Neo4j、OrientDB、InfoGrid 等，本次实验主要通过 Python 将 JSON 文件转换为三元组表和类型表两种表结构。

8.4.2 实验目标

（1）了解知识图谱的存储。
（2）理解三元组表和类型表的概念。
（3）掌握使用 Python 存储知识图谱。

8.4.3 实验步骤

1. 创建项目
具体流程可参考 3.5.3 节的"创建项目"步骤。
2. 创建文件
具体流程可参考 3.5.3 节的"创建文件"步骤，其中文件名设置为 DataStorage。
3. 数据导入

如图 8-17 所示，在网络浏览器中输入网址下载文件 test.zip。文件下载完成后，进入 /home/techuser/Downloads 目录，找到下载的文件。右击该文件，在弹出的快捷菜单中选择 Open Terminal Here 命令。在 Terminal 界面，将 test.zip 解压到 KnowledgeGraph 项目目录下。

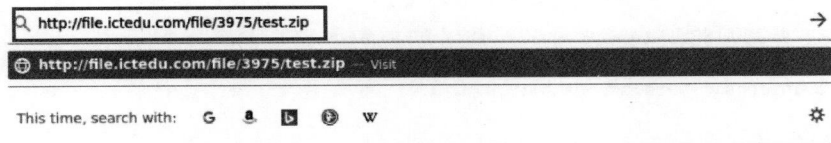

图 8-17 下载文件 test.zip

打开 KnowledgeGraph 项目，可以看到 test.json 出现在目录中，如图 8-18 所示。

4. 算法代码

打开 DataStorage.py 文件，会看到里面一片空白，依次输入以下代码段（以下代码段均须保存/运行才能通过检测）。
（1）导入需要使用到的 Python 工具包。

```
# coding = utf - 8
import json # 调用 json
```

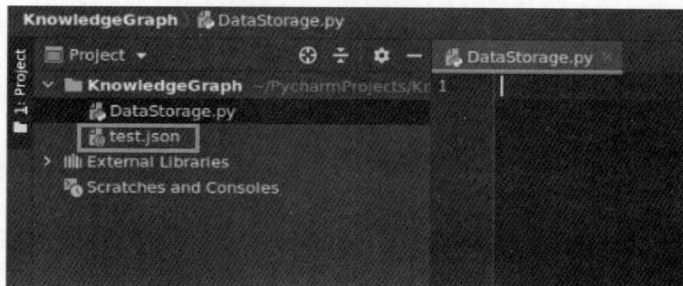

图 8-18　目录中的 test.json

```
import csv ♯ 调用 csv
```

（2）三元组表函数，负责将读取到的 JSON 文件转换为三元组表的格式。

```
def TripleTable(json_path, csv_path):
    '''
    三元组表函数
    :param json_path:json 文件路径
    :param csv_path: csv 文件路径
    :return:
    '''
    with open(json_path, "r", encoding = 'gbk') as json_file, open(csv_path, "w", encoding = 'gbk',
newline = '') as csv_file:
        ♯ 读取文件
        data_list = json.load(json_file)
        data_title = list(data_list[0].keys())
        new_data = []
        for data in data_list:
            values = list(data.values())
            for index in range(1, len(data_title)):
                new_data.append([values[0], data_title[index], values[index]])

        ♯ 文件写入
        writer = csv.writer(csv_file)
        new_title = ['S', 'P', 'O']
        writer.writerow(new_title)
        writer.writerows(new_data)
```

（3）类型表函数将 JSON 文件转换成类型表的格式。

```
def TypeTable(json_path, csv_path):
'''
类型表函数
:param json_path:json 文件路径
:param csv_path: csv 文件路径
:return:
'''
with open(json_path, "r", encoding = 'gbk') as json_file, open(csv_path, "w", encoding = 'gbk',
newline = '') as csv_file:
    ♯ 读取文件
    data_list = json.load(json_file)
    sheet_title = list(data_list[0].keys())
    sheet_data = []
    for data in data_list:
        sheet_data.append(data.values())
```

```
#csv 文件写入
writer = csv.writer(csv_file)
writer.writerow(sheet_title)
writer.writerows(sheet_data)
```

（4）主函数负责写入文件路径以及调用两个函数：

```
if __name__ == "__main__":
    json_path = './test.json'
    csv_triple_path = './triple_table.csv'
    csv_type_path = './type_table.csv'

    TripleTable(json_path, csv_triple_path)
    TypeTable(json_path, csv_type_path)
```

5. 运行代码

如图 8-19 所示，打开 Terminal，在出现的命令行窗口中输入命令即可运行程序。如图 8-20 所示，程序运行完成后，目录中出现了 triple_table.csv 和 type_table.csv 文件，其中，triple_table.csv 文件中的数据如图 8-21 所示，type_table.csv 文件中的数据如图 8-22 所示。

图 8-19　运行程序

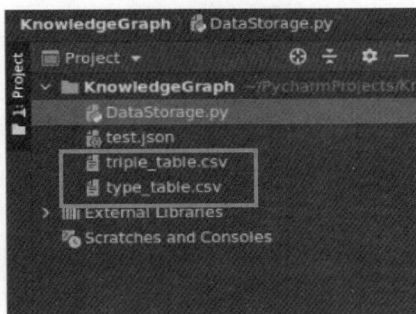

图 8-20　运行后目录中出现文件

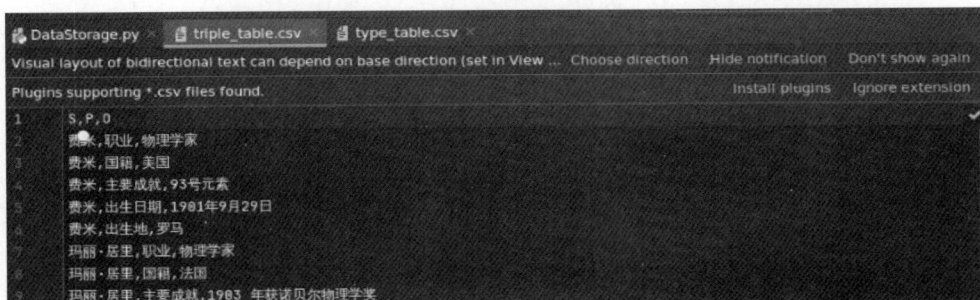

图 8-21　triple_table.csv 文件中的数据

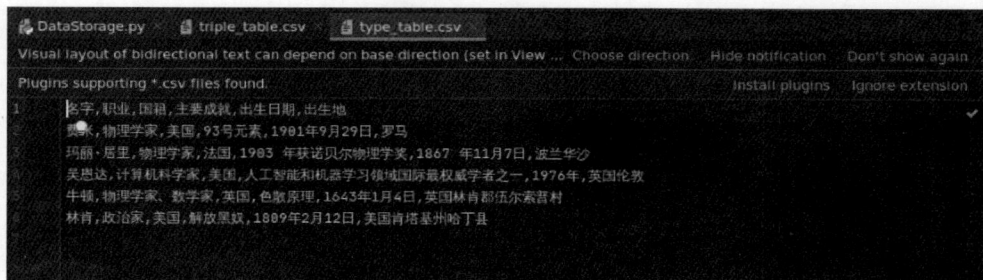

图 8-22 type_table.csv 文件中的数据

小结

本实验主要是使用 Python 将 JSON 文件转换为三元组表和类型表的格式进行存储。三元组表是对原有的数据进行拆分为两个实体和一个关系的组合。这样的存储结构虽然简单直接,但由于拆分的关系,导致使用这种存储结构的表格都较大,各种操作的开销也很大。类型表则是将表的每一列都表示该类实体的一个属性,每一行都存储该类实体的一个实例。虽解决了三元表的表格过大问题,但当知识图谱包含丰富的实体类型时,还需要创建大量的数据表。因此基于表结构的知识图谱存储方法各有优缺点,需按实际情况选择使用。

课后习题

1. 选择题

1-1 知识图谱建模与存储的数据模型主要分为 RDF 图和(　　　)。

  A. 属性图   B. 类图   C. 状态图   D. 流程图

1-2 由节点和边组成,节点表示实体、属性,边则表示了实体和实体之间的关系以及实体和属性的关系,这种图称为(　　　)。

  A. 属性图   B. 状态图   C. RDF 图   D. 流程图

1-3 属性图由节点集和边集组成。边只有一个头节点一个尾节点,每条边具有一个标签,标签代表两个节点间的(　　　)。

  A. 实体   B. 联系   C. 动作   D. 对象

1-4 基于关系数据库的存储方案是当前知识图谱使用的一种主要存储方法。下列不是知识图谱的存储分类方法的是(　　　)。

  A. 包括基于关系数据库的存储方案   B. 面向 RDF 的三元组数据库

  C. 原生图数据库   D. 三元组表存储

1-5 把知识图谱存储到关系数据库中的最直接的办法,就是在关系数据库中建立一张具有 3 列的表,该表的结构为:表(主语,谓语,宾语),这样的表称为(　　　)。

  A. 三元组表   B. 水平表   C. 属性表   D. 垂直表

1-6 与三元组表不同,表的每行记录存储一个知识图谱中一个主语的所有谓语和宾语。表的列数是知识图谱中不同谓语的数量,行数是知识图谱中不同主语的数量。这样的表称作（　　）。

  A. 三元组表　　　　B. 属性表　　　　C. 水平表　　　　D. 垂直表

1-7 知识图谱数据库的主要索引技术是指对边或者节点属性数据的索引和（　　）。

  A. 节点权值索引　　　　　　　　B. 边权值索引

  C. 节点关系　　　　　　　　　　D. 图结构的索引

2. 判断题

2-1 知识图谱数据库的对边或者节点属性数据的索引可应用关系数据库中已有的 B^+ 树索引技术直接实现。（　　）

2-2 知识图谱数据库的对边或者节点属性数据的索引一般分为基于路径的和基于子图的两种。（　　）

3. 简答题

3-1 简单介绍知识图谱建模与存储的数据模型。

3-2 知识图谱的存储方法有哪些？请简要列举。

3-3 简述知识图谱数据库的两类索引技术。

第9章

知识图谱查询

★本章导读★

本章主要讲解知识图谱查询相关的内容,包括查询语言、子图和近似子图查询、路径与关键词查询。本章旨在为读者提供查询知识图谱的技术和方法,并且使读者能够更加深入地理解知识图谱查询的本质和原理。

9.1 节介绍知识图谱查询语言 SPARQL,包括 SPARQL 的基本语法、查询方式、查询变量、过滤条件等;简要介绍 SPARQL 查询机制,包括基于图模式匹配的查询、基于路径模式匹配的查询等。9.2 节讨论子图和近似子图查询,包括子图查询的基本概念和语法以及如何使用 SPARQL 查询子图;近似子图查询即如何在知识图谱中查找与查询图相似的子图,内容涉及基于图编辑距离的相似性匹配方法和基于图匹配的相似性匹配方法。9.3 节介绍路径和关键词查询,路径查询是指在知识图谱中查找两个实体之间的路径,该路径由一系列关系连接而成;关键词查询则是指通过关键词来查询知识图谱中的实体和关系,重点是如何使用 SPARQL 进行路径查询和如何使用图数据库进行关键词查询。

通过本章的学习,可以深入了解知识图谱的查询相关内容,更好地理解知识图谱查询的本质和原理,能够熟练使用不同的查询方法来查询知识图谱中的实体和关系,有助于提高知识图谱的应用能力和研究水平。

★知识要点★

(1)知识图谱存储的查询语言:介绍了国际标准化组织提出的标准查询语言 SPARQL 的概述,以及其简单查询和查询机制等内容。

(2)子图和近似子图查询:讲解了子图查询的基本知识,包括如何定义子图以及如何进行子图匹配;还介绍了近似子图查询,包括其定义、类型、算法等。

(3)路径与关键词查询:介绍了路径查询和关键词查询两种查询方式。其中,路径查询包括如何定义路径、如何进行路径匹配,以及常用的路径查询算法;关键词查询则包括如何进行关键词检索,以及常用的关键词查询算法。

9.1 查询语言

9.1.1 概述

为了更好地管理和使用知识图谱,一个关键的任务就是对知识图谱进行查询。知识图谱上的查询需要解决两个基本问题:查询的表达和查询的执行。由于知识图谱本质上也是一种图数据,因此知识图谱上的查询与传统图数据上的查询有着密切的联系。同时由于知识图谱所特有的结构和语义信息,二者又有一定的区别。

知识图谱上的查询的关键问题是提升查询的表达能力,即充分表达实际应用中的语义信息和结构约束。国际标准化组织 W3C 提出了针对 RDF 知识图谱的标准化查询语言 SPARQL。作为一种图数据,SPARQL 查询的执行可以通过图匹配的方式实现。然而图匹配的计算复杂度较高,关于查询的执行和实现,核心问题是如何降低时空开销,同时保证结果的正确性,因此需要设计合理的模型和算法。

9.1.2 SPARQL 简单查询

SPARQL 是一种针对资源描述框架(Resource Description Framework,RDF)数据的查询语言,它类似于面向关系型数据库的查询语言 SQL。和 SQL 一样,SPARQL 也是一种声明式的结构化查询语言,即用户只需要按照 SPARQL 定义的语法规则描述其想查询的信息即可,不需要明确指定计算机实现查询的步骤。SPARQL 提供了一套完整的查询操作符,包括选择、排序、聚集等操作符,且无须声明额外的模式定义。

SPARQL 的查询语句保留了一些专用符号。查询变量使用"?"或"$"进行标记,但是"?"或"$"并不是变量名的一部分,在一个 SPARQL 查询语句中,? bcd 和 $ bcd 表示相同的变量。在 SPARQL 中,用"♯"表示注释,即"♯"字符后面的内容不是 SPARQL 查询语句的组成部分。

一个 SPARQL 查询语句通常由查询子句和 WHERE 子句组成,其中查询子句包括 SELECT、CONSTRUCT、ASK、DESCRIBE 等关键词。最常见的是 SELECT 子句,SELECT 子句识别查询结果中要返回的变量;WHERE 子句提供需要在目标数据图上进行匹配的基本图模式和相关限制条件。SPARQL 通过基本图模式来表述用户的查询需求,一个基本图模式是三元组模式的集合。三元组模式与 RDF 三元组的形式很相似,不同之处在于三元组模式中的主体、谓词或客体可能是一个变量。如果一个基本图模式与 RDF 数据的一个子图匹配,就把基本图模式中的变量用该子图中相应的 RDF 节点替换所得子图与该子图同构,并返回查询结果,这一过程就是 SPARQL 查询处理的核心过程。

例如,SPARQL 查询 Q1 从三元组< org:book1,dc:title,"Knowledge graph">中查询 book1 这本书的名字,这个查询包含 SELECT 和 WHERE 两个子句。Q1 的基本图模式包含了一个三元组模式,并且客体是一个变量(?title)。

```
Q1:查询图书名称
SELECT ?title
WHERE { org:book1 dc:title ?title .}
```

图 9-1 展示了该基本图模式的图形表示。查询结果的数量可能会有多种情况,比如有 0

个、1 个或多个匹配答案,每个答案给出了一种填充基本图
模式中变量的方式。

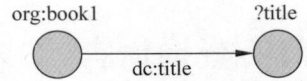

图 9-1　基本图模式的图形表示

SPARQL 提供了一些函数和关键词增强表达用户查询
意图的能力。为了便于陈述和理解,我们假设存在一个如
表 9-1 所示的知识图谱数据集。下面基于这个知识图谱数据分别介绍 SPARQL 的一些常
用函数、子句和关键词。

表 9-1　知识图谱数据集

org:book1	dc:title	"SPARQL Tutorial11"
org:book1	ns:price	42
org:book2	dc:title	"The Semantic Web"
org:book2	ns:price	23
org:book1	dc:author	org:author1
org:author1	foaf:givenName	"John"
org:author1	foaf:surname	"Doe"
org:book1	foaf:publisher	"BigPublisher"
org:book3	dc:bookTitle	"Data Mining"

1. CONCAT 函数

CONCAT 函数可以把若干个字符串拼接起来,然后将拼接出来的值通过 SELECT 子
句赋给一个返回变量。对于前表的数据,查询 Q2 将会返回{name:"John Doe"},也就是人
的全名。

```
Q2:SELECT ( CONCAT (?G, "  ", ?S) AS ?name )
WHERE { ?P foaf:givenName  ?G ; foaf:surname ?S }
```

2. BIND 函数

BIND 函数把某个值赋给基本图模式中的某个变量,其使用形式为 BIND (value AS ?
var)。比如,查询 Q3 中将拼接后的姓名赋给变量 name,其执行结果与查询 Q2 相同。

```
Q3: SELECT   ?name
WHERE {
?P foaf:givenName  ?G ; foaf:surname ?S
BIND(CONCAT(?G, " ", ?S) AS ?name) }
```

3. CONSTRUCT 子句

SELECT 查询子句直接返回指定变量的值。除了 SELECT 形式的查询子句外,还有
CONSTRUCT 形式的查询子句,它可以构建一个 RDF 图并且将其返回。返回的结果图是
基于 CONSTRUCT 子句中的指定模式进行构建的,该模式中的变量取值来自 WHERE 子
句中基本图模式匹配获得的结果。

```
Q4: CONSTRUCT { ?x dc:bookTitle  ?title }
WHERE { ?x dc:title ?title }
```

例如,基于表 9-1 中的数据,查询 Q4 构建了新的三元组,其返回结果是由如下两个三元
组构成的 RDF 图。

```
org:book1 dc:bookTitle  "SPARQL Tutorial".
org:book2 dc:bookTitle "The Semantic Web".
```

4. FILTER 关键词

执行图模式匹配会产生一个答案序列,其中每个答案都是一组变量的值,为了更好地筛选答案,SPARQL 使用 FILTER 关键词进行约束,具体的约束条件由正则表达式(regex)指定。对于满足基本图模式的答案,在替换 SPARQL 查询中的变量后,如果 FILTER 表达式的布尔值为 False 或产生了错误,答案则会被过滤掉。

例如,查询 Q5 利用正则表达式来限定字符串。Q5 使用 FILTER 关键词限定了三元组中"?title"要以"SPARQL"开头,其查询结果是{title:"SPARQL Tutorial"}。

```
Q5: SELECT ?title
WHERE { ?x dc:title ?title
        FILTER  regex(?title, "^SPARQL") }
```

在 SPARQL 查询中还可以用 FILTER 关键词表达算术操作对数值结果进行过滤。例如,查询 Q6 对客体中"?price"的取值范围进行了限定,对那些通过图模式能够匹配基本图模式"?x ns :price ?price ."的子图进行过滤,所以其查询结果只有{"The Semantic Web" 23}。

```
Q6: SELECT ?title ?price
WHERE { ?x ns:price ?price.
        FILTER (?price < 30.5)
        ?x de:title ?title. }
```

5. OPTIONAL 关键词

基本图模式要求查询结果严格匹配整个查询模式,在实际应用中,完整的图模式匹配过于严格,也就是说,如果基本图模式中包含多个三元组,则要求这些三元组都必须匹配。然而,其中有一些三元组模式可能找不到匹配内容,从而导致找不到任何匹配结果。可通过关键词 OPTIONAL 放松匹配约束,其基本的语法形式如下:

```
pattern1 OPTIONAL { pattern2 }
```

其中,pattern1 是基本图模式,pattern2 是可选图模式,查询结果需要严格匹配基本图模式 pattern1,如果 pattern2 中的三元组同时找到匹配,则返回相应的子图;如果 pattern2 中三元组找不到匹配内容,则返回与 pattern1 匹配的子图,pattern2 中涉及的变量返回值为空。

下面的示例展示了 OPTIONAL 的使用方法,基于表 9-1 中的 RDF 数据,假设带有 OPTIONA 的查询如 Q7 所示。

```
Q7: SELECT ?title ?publisher
WHERE {?x de:title ?title .
        OPTIONAL {?x foaf:publisher ?publisher}
```

使用这个 SPARQL 查询语句,由于"The Semantic Web"没有谓词 foaf :publisher 以及相应的客体,所以得到的查询结果如下:

```
      title                   publisher
"SPARQL Tutorial"        "BigPublisher"
"The Semantic Web"
```

OPTIONAL 子句中的 pattern 可以包含多个三元组模式。对于一组基本图模式,可以有多个 OPTIONAL 子句,它们之间用"、"分隔,如 Q8 所示。

```
Q8: SELECT ?title ? publisher ?date
WHERE { ?x dc: title ?title .
```

```
OPTIONAL { ?x foaf:publisher ?publisher }.
OPTIONAL { ?x foaf:publicationDate ?date }
}
```

6. UNION 关键词

SPARQL 通过关键词 UNION 对多个基本图查询模式的匹配结果进行合并,每组基本图模式用"{}"界定,每组图模式可能包含多个三元组查询。具体用法可以参照下面的 SPARQL 查询 Q9。

```
Q9: SELECT ?title
WHERE { { ?book de:title ?title } UNION
{ ?book dc:bookTitle ?title } }
```

该查询的执行结果如下:

```
    title
"SPARQL Tutorial"
"The Semantic Web"
" Data Mining"
```

9.1.3　SPARQL 查询机制及知识图谱上的推理

实现 SPARQL 查询的方法主要有两种,分别是基于关系型数据库查询的方法和基于图数据库查询的方法。知识图谱以三元组的形式存储,这些三元组可以直接用关系数据库中的关系表存储,然后把 SPARQL 查询转换成 SQL 查询,从而利用关系数据库实现 SPARQL 查询。虽然这种方法简单且容易实现,但是由于 SPARQL 查询可能包含多个三元组,导致所生成的 SQL 语句中含有多个自连接操作,所以执行效率并不是很高。

实现 SPARQL 查询的另一种方法是基于图数据库查询,这种方法比基于关系数据库查询的方法更直接。一个 SPARQL 查询本质上是一个小规模的查询图。例如,SPARQL 查询 Q10 所对应的查询图,如图 9-2 所示。

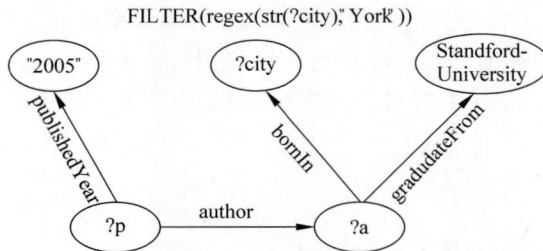

图 9-2　SPARQL 查询 Q10 所对应的查询图

知识图谱存储了大量的实体及其之间的语义关联,在此基础上可以进行查询推理。所谓推理,本质上就是利用规则在已有的 RDF 三元组数据上进行推导和归纳,从而发现隐含关系的过程。

目前主要有两种推理方式:正向推理和反向推理。

(1) 正向推理是指把归纳和推导出的新知识,即新的三元组,与原有的知识图谱存放在一起,以备后续查询和使用。

(2) 反向推理是指不提前进行归纳和推导,而是在查询需要的时候再进行推理。

正向推理的查询效率很高,但是相应的存储代价也较大。RDFS(RDF Schema)和 OWL(Web Ontology Language)各自都定义了一系列规则,用来描述数据之间隐含的关系。其中,RDFS 是描述 RDF 三元组的数据模型,OWL 是一种用来描述事物及事物之间关系的网络本体语言。

RDFS 推理是一个迭代推理的过程,即在 RDF 知识图谱上迭代地执行 RDFS 推理规则,直到没有新的三元组产生为止。表 9-2 给出了 RDFS 的部分推理规则,每条推理规则包含两部分:前件和后件。例如,有两个三元组< Google,rdf:type,公司>和<公司,rdfs:subClassOf,组织机构>,根据规则 5,可以推导出一个新的三元组< Google,rdf:type,组织机构>。

表 9-2 RDFS 的部分推理规则

序号	前 件	后 件
1	$<p,\mathrm{rdfs:domain},x>,<s,p,o>$	$<s,\mathrm{rdf:type},x>$
2	$<p,\mathrm{rdfs:range},x>,<s,p,o>$	$<o,\mathrm{rdf:type},x>$
3	$<p,\mathrm{rdfs:subPropertyOf},q><q,\mathrm{rdfs:subPropertyOf},r>$	$<p,\mathrm{rdfi:subPropertyOf},r>$
4	$<s,p,o><p,\mathrm{rdfs:subPropertyOf},q>$	$<s,q,o>$
5	$<s,\mathrm{rdf:type},x>,<x,\mathrm{rdfs:subClassOf},y>$	$<s,\mathrm{rdf:type},y>$
6	$<x,\mathrm{rdfs:subClassOf},y><y,\mathrm{rdfs:subClassOf},z>$	$<x,\mathrm{rdfs:subClassOf},z>$

OWL 也定义了一些推理规则,这些推理规则比 RDFS 的推理规则更复杂。表 9-3 列举了 OWL 的部分推理规则。

表 9-3 OWL 的部分推理规则

序号	前 件	后 件
1	$<p,\mathrm{rdfs:type,owl:SymmetricProperty}>,<v,p,u>$	$<u,p,v>$
2	$<p,\mathrm{rdf:type,owl:TransitiveProperty}>,<u,p,w><w,p,v>$	$<u,p,v>$
3	$<v,\mathrm{rdfs:subPropertyOf},w>,<w,\mathrm{rdfi,subPropertyOf},v>$	$<v,\mathrm{owl:equivalentProperty},w>$

(1)规则 1 表示如果谓词 P 是对称属性,则可以根据三元组$<v,p,u>$推理得出三元组$<u,p,v>$也成立,例如,"配偶"关系是对称属性,如果 A 是 B 的配偶,则 B 也是 A 的配偶。

(2)规则 2 表示如果谓词 P 具有传递性,那么根据三元组$<u,p,w>$和$<w,p,v>$可以推理得出三元组$<u,p,v>$,例如,"领导"关系具有传递性,如果 A 是 B 的领导,B 是 C 的领导,则 A 也是 C 的领导。

(3)规则 3 表示如果 v 是 w 的子属性,且 w 是 v 的子属性,则可以推理得出 v 和 w 是互相等价的属性。

9.2 子图与近似子图查询

9.2.1 子图查询基本知识

知识图谱在逻辑上是一种图结构,而 SPARQL 查询也可以表达为一个规模较小的查询图,因此 SPARQL 查询可以通过在大知识图谱上进行子图查询来完成,这是基于图数据库实现 SPARQL 查询的核心思想。子图查询可以建模为图论中经典的子图同构问题。在介绍子图同构之前,先介绍图同构。

首先考虑两个不带标签的图 $G=(V,E)$ 和 $G'=(V',E')$,如果存在一个双射函数(一一映射函数)$f:V \to V'$,使得 $e(v_1,v_2) \in E$ 当且仅当 $e(f(v_1),f(v_2)) \in E'$,那么图 G 与 G' 是同构的。满足这一条件的映射函数 f 就是图 G 与 G' 之间的同构映射函数。

例如,图 9-3 中的 G_2 和 G_3 是同构的(v_i 和 u_i 表示节点的标号),这是因为不难找到一个同构映射$\{(v_5,u_1),(v_1,u_2),(v_3,u_3),(v_4,u_4),(v_2,u_5)\}$。如果图 G 与 G' 的节点是带标签的,则同构映射还需要保持标签相同,也就是说,对于任意 $v \in V$,它的标签与 $f(v) \in V'$ 的标签相同。

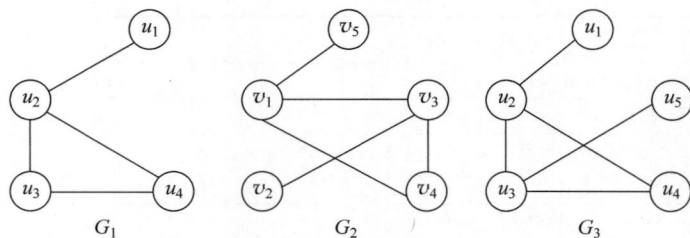

图 9-3 同构映射

对于给定的查询图 q,如果图 G 中存在至少一个子图 g 使得 q 同构于 g,则认为 q 子图同构于 G。例如,前图中 G_1 子图同构于 G_3。实际上,子图查询就是在目标图(被查询图)中寻找与查询图具有相同结构和特征的子图,因此子图查询的核心是子图同构判定。如何提高其查询效率是一个关键问题。针对这一问题,研究人员提出了很多算法,这些算法各有优缺点,其中有些算法只适用于规模较小的图,有些算法需要借助索引进行剪枝与加速(通常需要在离线阶段花费较长的时间建立索引),有些算法的空间存储开销很大,有些算法对于目标图的稀疏程度很敏感。

虽然子图查询在很多实际应用中非常有价值,但是子图匹配返回的结果可能非常多,使得查询人员淹没在大量的匹配结果中,很难从中找到更有价值的答案。所以,为了辅助用户分析查询结果,在获得子图匹配的结果之后需要做进一步的处理和筛选,选取其中具有代表性的结果呈现给用户。

9.2.2　近似子图查询

常规的子图匹配运算要求查询图中的每个节点只能映射到目标图中具有相同标签的节点,这个要求过于严格,在很多实际场景中会丢失很多有意义的匹配。此外,知识图谱描述了大量实体之间的丰富语义关联,进行近似子图查询可以召回语义更丰富的结果,因此支持近似子图查询就非常有必要。

1. 基于语义的近似查询

这类算法的基本思想是允许一个节点映射到目标图中语义相同或相近的节点。有很多算法通过设计查询节点与目标图中节点之间的相似度来扩展子图匹配的定义,一类典型的计算节点间语义相似度的方法是利用概念层级体系。我们选择基于有向图的概念层级体系来评估节点之间的语义相似性。

令 $\text{sim}(u,v)$ 表示节点 u 和节点 v 之间的相似度,一般来说,$\text{sim}(u,v)=\text{sim}(v,w)$。一种常见的方法是根据 w 和 v 在概念层级中最近公共祖先节点(least common ancestor)的深度来定义语义相似度,该深度值越大,则它们之间的语义越相近。

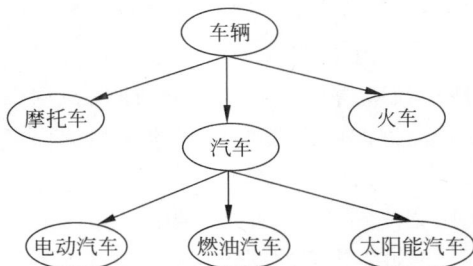

图 9-4 语义相似示例

例如,在图 9-4 中,"电动汽车"和"燃油汽车"的最近公共祖先是"汽车",而"太阳能汽车"与"火车"的最近公共祖先是"车辆",由于"汽车"的深度比"车辆"的深度大,所以"电动汽车"和"燃油汽车"的相似度比"太阳能汽车"与"火车"的相似度高。在实际应用中,语义相似度可以根据词向量、实体的概念分布、词汇的相关百科词条向量来定义。在很多系统的冷启动阶段,也可根据领域专家的知识或经验人工评估语义相似度。

在两个节点之间相似度定义的基础上可以对候选匹配进行筛选,一般要求匹配图与查询图之间的每对匹配节点间的相似度不小于某个阈值 θ,其定义与子图匹配类似。语义近似查询具体的定义如下。

对于查询图 $q=\{V,E,\Sigma,L\}$ 和目标图 G 的某个子图 $g=\{V',E',\Sigma',L'\}$,其中,V 和 V' 表示节点集合,E 和 E' 表示边集合,Σ 和 Σ' 表示节点标签,L 和 L' 表示节点到标签的映射函数。当且仅当存在一个函数 f 满足如下条件,则称 g 是 q 的一个匹配。

(1) 对于 V 中的任意一个节点 v,满足 $\text{sim}(L(v),L'(f(v)))\geqslant\theta$,并且 $f(v)\in V'$。

(2) 对于 V 中的任意两个节点 v_1 和 v_2,v_1 和 v_2 之间有一条边 $e(v_1,v_2)\in E$,当且仅当 E' 中存在 $e(f(v_1),f(v_2))\in E'$。

为了衡量每个匹配的质量,需要进一步计算每个匹配子图 g 与查询图 q 之间的相似度。一个简单的方法是对所有对应节点对之间的相似度求和:

$$\text{sim}(q,g)=\sum_{v\in V}\text{sim}(L(v),L'(f(v)))$$

其中,$\text{sim}(q,g)$ 表示查询图 q 与候选匹配 g 之间的相似度,这个值越大说明 g 与 q 越相似。如果 q 和 g 同构,则它们之间的相似度最大。此外,当节点之间的相似度阈值 θ 被设置为 1时,上面的近似查询就退化成了子图查询。

2. 融合结构和语义的近似子图查询

基于节点间语义相似度的近似子图查询在一定程度上扩展了传统的子图查询,但是这类方法仅仅考虑了节点之间的语义相似,而忽略了结构上的信息,无法描述更加丰富的语义。由于知识图谱的建模和表示都非常灵活,通常一个语义可以有多种不同的描述形式,因此两个子图即便在结构上不同,也有可能表达相同或相近的语义。

如果 SPARQL 查询中只包含了其中的一个查询模式,则只能找到部分匹配。这就要求我们设计一种能够同时融合结构和语义相似度的度量方法。

图编辑距离是在图数据上衡量两个图相似度的经典方法。一般来说,图编辑距离允许 6 种图操作:增加节点、删除节点、增加边、删除边、替换节点标签、替换边上的标签。对于两个图 q 和 g,它们之间的图编辑距离是将 q 转换成 g 所需要的最少的图编辑操作数。

图编辑距离虽然能够衡量两个图之间结构上的相似度,但是不能体现它们之间的语义相似度,所以需要设计一个同时考虑结构相似度和语义相似度的度量标准。为了解决这个问题,研究者在图编辑距离的基础上提出了语义图编辑距离,其核心思想是引入语义编辑操作和语义等价变换。

语义编辑操作包括语义节点的增加、删除与替换,以及语义边的增加、删除与替换。它们在传统的图编辑操作基础上引入了节点之间的语义距离,比如当采用语义节点增加操作增加了一个节点时,图编辑操作的代价不再是1,而是根据所增加节点的类型(即知识图谱中实体的类型)计算出其增加操作的代价,编辑操作的代价即两个类型在本体图中的语义距离。

在实际应用中,传统的图编辑操作难以处理知识图谱中结构上不同但是语义相同的子图。因此,语义图编辑操作进一步引入了3种语义等价变换,相应的编辑代价均是0。

(1)边重定向。很多关系在知识图谱中表达为其相反的关系。比如,(person1,influenced,person2)这一事实在知识图谱中可能表达为(person2,influencedBy,person1),因此需要引入边重定向操作更改边的方向,然后用谓词 r_2 替换这条边上的原始谓词 r_1,即 $(v_1,r_1,v_2) \rightarrow (v_2,r_2,v_1)$。

(2)路径替换。很多关系在知识图谱中表达为多个谓词形成的路径。该操作使用一条边替换一条路径或者使用一条路径替换一条边。例如图9-5中的路径(Person,birthplace,City,locatedIn,Country)可以替换为(Person,birthPlace,Country)。

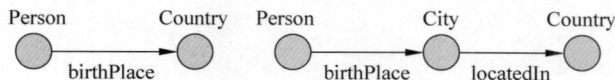

图9-5　路径替换

(3)星形替换。很多细粒度概念在知识图谱中表达为基本概念和相关谓词的组合。比如,在图9-6中,Statesman_V6是AutomobileOfAustralia(澳大利亚生产的汽车)的事实等价于它是Automobile(汽车)且装配地在澳大利亚。因此,引入星形结构,用单个边(v,type,t)替换一个星形结构或反之。这里的 t 是细粒度概念,星形结构表达了基本概念和其他谓词的组合信息。

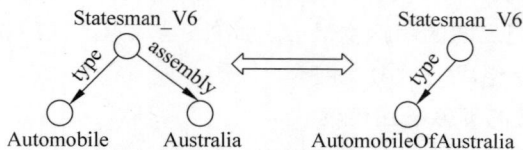

图9-6　星形替换

定义了上述图编辑操作之后,就可以定义语义图编辑距离了。给定两个图 g_1 和 g_2,它们之间的语义图编辑距离可记作 sged(g_1,g_2),即把 g_1 转换为 g_2 所需要的最少语义图编辑操作数。

显然传统的图编辑距离是语义图编辑距离的一种特殊情况,因此语义图编辑距离的计算也是一个NP难问题。在给定一个查询图的时候(可能是复杂、完整的图模式中的一种简单情况),就可以根据语义图编辑距离计算出与查询图最相近的 k 个子图,返回更全面和有意义的答案。

9.3 路径与关键词查询

9.3.1 路径查询

1. 带标签限制的路径查询

不同于一般图,知识图谱上的节点和边蕴含了丰富的语义信息,单纯地计算两个节点之间的最短路径的实际意义有限,因此一个更好的办法是对路径上的边进行限制。研究者提出了白名单标签限制的路径和黑名单标签限制的路径。

(1)白名单标签限制要求路径上的边标签只能是白名单中的标签,基于白名单标签限制的路径查询可以定义为:给定图 G 中的起始节点 s 和目标节点 t,以及白名单标签集合 T,返回从 s 到 t 的所有最短路径,使得路径上的边标签是 T 的子集。

(2)黑名单标签限制要求路径上的边标签不能出现在黑名单中,基于黑名单标签限制的路径查询指定了黑名单标签集合 S,S 可以转化成白名单标签集合 T 的路径查询,其中,$T = R - S$,而 R 代表图 G 的边标签集合。

为了实现这种带限制的路径查询,可以把所有可能的路径按照路径长度穷举出来,直到找到满足限制条件的路径为止,但是这种方法通常效率较低。

在一般的有向无权图上,基于路标(landmark)的方法是在计算或估计最短路径时广泛使用的技术之一。这一方法有很多变种,但核心思路都是先选取一些"路标"(landmark,记作 l),然后计算任意其他节点到路标集合中每个节点的最短距离以及路标集合中每个节点对之间的最短距离。这样,基于三角不等式就可以估计任意两个节点之间的最短路径了:

$$\mathrm{dist}'(s,t) = \min6L \min_{l \in L}\{\mathrm{dist}(s,l) + \mathrm{dist}\}$$

其中,$\mathrm{dist}(s,l)$ 表示节点 s 到 l 的最短路径距离;$\mathrm{dist}'(s,t)$ 是估算的最短路径距离。如果除了返回路径距离,还要找到相应的路径,那么在提前计算路标及其与其他节点之间的距离时还需要存储相应的路径信息。

2. 元路径的查询

为了更好地体现语义信息,一种可行的方法是只考虑符合特定元路径(meta path)的最短路径。它除了考虑边上的类型限制外,还对路径上的节点类型进行了限制。在指定元路径之后,通过最短路径检索可以找到更有针对性的结果,返回的结果也更具可解释性。

元路径的另一个重要应用是计算知识图谱上两个节点之间的相似度。在一般图上有很多相似度度量的方法,包括个性化的 PageRank、SimRank、SCAN 等。为了更好地支持在知识图谱等异构信息网络上进行相似节点的计算,研究者提出了基于元路径的相似度度量方法 PathSim,这种方法可以取得比较好的效果。基于相似度度量,元路径还可以被用来进行实体扩展,生成更多的实例集,从而支持各种实际应用,比如词典构建、查询结果推荐、新品牌标识等。

因此,如何发现有意义的元路径成了关键问题。针对不同任务需要不同的元路径,这里以相似节点关系解释为例介绍知识图谱上的元路径发现方法。例如,给定节点苏格拉底和亚里士多德,如何从哲学家知识图谱中找到一条最能解释两者关系的元路径?显然从前面的内容可知,苏格拉底是柏拉图的导师,柏拉图是亚里士多德的导师,这两个路径对应的元路径是解释二者关系的最合理元路径。发现这类元路径的直接方法是由专家指定,但是由于知识图谱的规模庞大并且结构复杂,这种方法难以用于实际场景。一个简单的自动化方法是枚举给定的两个节点之间所有可能的元路径,并从中选取与给定节点相关度最高的元路径。显然这个方法有局限性,其原因是元路径的数量会随着路径长度变长以指数级增加。

为了提高计算效率,有研究提出了一个相似节点发现与元路径生成交替进行的算法,其主要思路是基于给定的相似节点先自动产生一组元路径,然后以这些元路径作为查询条件发现更多的相似节点,用户从中选取那些确实相似的节点,再把这些新发现的相似节点加入之前的输入中,重复之前的步骤进一步筛选元路径。这个方法的优势是,用户可以在过程中查看和修改元路径,以及添加新的相似节点实例,深度参与整个过程,提高结果的确率。还有学者进一步提出了基于树结构进行扩展的方法,利用树结构指引元路径的逐步扩展,直到找到符合条件的元路径。

9.3.2 关键词查询

搜索引擎在推动网络信息时代的发展中起到了巨大的作用,而其中最主要的技术就是关键词查询,关键词查询具有简单、灵活等优势,容易被广大的普通用户所接受和使用。关键词查询特别适用于知识图谱场景,知识图谱包含大量的实体和关系并且具有灵活、多样的表达方式,普通用户很难清楚地了解知识图谱中使用的实体名称和谓词名称,而关键词查询使得用户无须指定精确的搜索关键词就能查找到相关知识。

知识图谱上的关键词查询通常返回包括指定关键词的子树或子图,然而这样的子树或子图可能会很多,需要从中筛选出满足特定条件的子树或子图。类似于一般图数据上的关键词查询,可以规定所返回的子树或子图包含查询中的所有关键词且规模最小。这一要求通常被建模为最小斯坦纳树(Steiner tree)的问题。

最小斯坦纳树是组合优化中的一个经典问题,是指从输入图中找到一个使得给定的所有节点集合连通并且边权总和最小的子树。对于知识图谱上的关键词查询,与关键词匹配的节点集合就是输入节点集合,输出为由这些节点构成的最小斯坦纳树。

图 9-7 给出了一个最小斯坦纳树的示例。边上的数字表示边的权重(在真实的知识图谱中,边的权重可以根据相应的谓词在知识图谱中出现的频次进行计算)。如果输入关键词匹配节点 u_2、u_3、u_5、u_8,粗边连接起来的子图就是最小斯坦纳树。

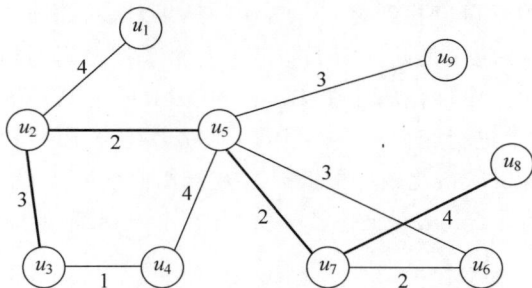

图 9-7 最小斯坦纳树的示例

在最小斯坦纳树中可以引入指定节点集合之外的节点(如节点 u_7)。一种求解最小斯坦纳树的方法是,枚举 $V-U$ 的子集 S(其中,V 是图 G 中的节点集合),U 是给定的关键词节点集合,特别注意 S 可能为空集,基于点集 $U \cup S$ 求解最小生成树 S 在所有的最小生成树中,权重最小的即为最小斯坦纳树。

关键词查询虽然简单易用,但是它的语义表达能力相对有限,因此对用户的意图建模与理解是其中的关键问题。但是,传统的关键词查询研究一般更关注查询的效率,在意图建模与理解方面的工作不多。目前有 3 类解决这一问题的思路值得关注。

第一类是直接针对搜索关键词的语义展开分析,明确用户查询意图。例如,如果用户的搜索关键词是"actor,comedy",那么用户的查询意图是查找喜剧电影演员,其中 comedy(喜剧)是对 actor(演员)的修饰。识别出其中的核心词和修饰词,然后根据决定意图的核心词对结果进行排序,这样才有可能反馈用户感兴趣的结果。

第二类是通过探索式搜索(exploratory search)逐步明确用户的搜索意图。用户很难一次性给出表达清晰查询意图的关键词,通过多轮交互式搜索可以逐步确定用户的搜索意图。第一次系统根据用户给出的关键词进行查询,将初步答案返回给用户。在此基础上,用户进一步针对这些返回的答案给出第二组关键词,再对结果进行筛选。这种方式能提高查询结果的准确度,但是会增加用户使用系统的时间开销。

第三类是对查询结果根据其结构和内容信息进行分类,找出其中有代表性的结构或对所找到的结构进行抽象概括,用户只需要从不同的分类或概括中选择满足用户需求的结果即可。

9.4 实验:实体语义搜索实验

9.4.1 实验内容

随着互联网数据量的快速积累,人们不再单单满足于获取搜索的目标实体,而是更加希望能够获取更加具体化的答案式的搜索结果。实体语义搜索技术正是为了满足人们的此类需求而诞生的。Elasticsearch 是一个非关系数据库,可以较为方便地实现实体语义搜索功能。

本次实验通过使用 Python 操作 Elasticsearch,创建表头,读入数据,之后输入特定形式的搜索语句来实现实体语义的搜索功能。

9.4.2 实验目标

(1) 了解实体语义搜索的作用。
(2) 掌握使用 Python 操作 Elasticsearch。
(3) 掌握使用 Elasticsearch 实现实体语义检索。

9.4.3 实验步骤

1. 创建项目
具体流程可参考 3.5.3 节的"创建项目"步骤。

2. 创建文件
具体流程可参考 3.5.3 节的"创建文件"步骤,其中文件名设置为 SemanticSearch。

3. 数据导入

如图 9-8 所示,在网络浏览器中输入网址下载文件 ESDemo.zip。文件下载完成后,进入/home/techuser/Downloads 目录,找到下载的文件。右击该文件,在弹出的快捷菜单中选择 Open Terminal Here 命令。在 Terminal 界面,解压文件 ESDemo.zip,如图 9-9 所示。

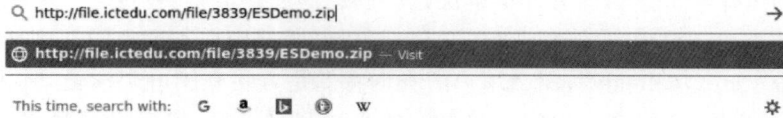

图 9-8　下载文件 ESDemo.zip

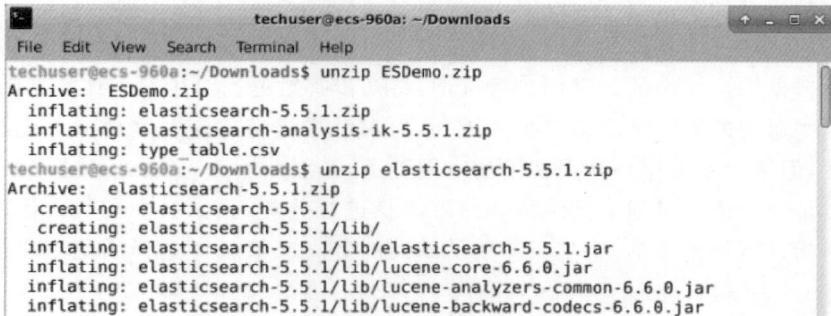

图 9-9　解压文件

解压后,输入以下命令为 Elasticsearch 本地安装中文分词器,并开始运行Elasticsearch:

```
cd elasticsearch-5.5.1/bin
./elasticsearch-plugin install file:///home/techuser/Downloads/elasticsearch-analysis-
ik-5.5.1.zip
./elasticsearch
```

若出现如图 9-10 所示信息,则代表 Elasticsearch 数据库运行成功。其中,127.0.0.1为 IP 地址,9200 为端口,started 为状态。

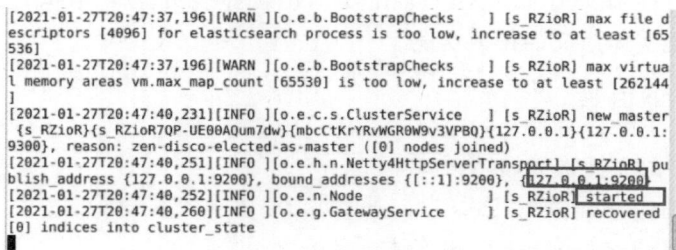

图 9-10　Elasticsearch 数据库运行成功

在/home/techuser/Downloads 目录下,输入命令,将 type_table.csv 移动到 KnowledgeGraph项目目录下:

```
mv type_table.csv  ../PycharmProjects/KnowledgeGraph/
```

打开 KnowledgeGraph 项目,可以看到 type_table.csv 出现在目录中,如图 9-11 所示。

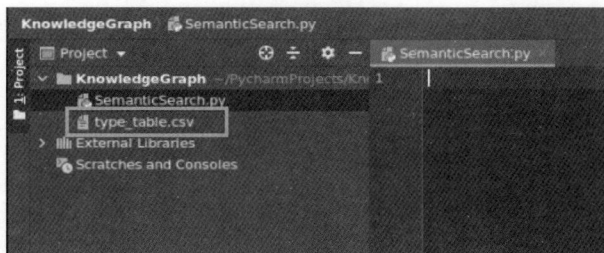

图 9-11　目录中的 type_table.csv

4. 算法代码

打开 SemanticSearch.py 文件,会看到里面一片空白,依次输入以下代码段(以下代码段均须保存/运行才能通过检测)。

(1) 导入需要用到的 Python 工具包:

```
# coding = utf - 8
import csv # 操作 csv 文件
from elasticsearch import Elasticsearch # Elasticsearch 数据库
import time # 时间相关操作
```

(2) ES 对象类负责控制 Elasticsearch 数据库,内含 search 函数,用于检索 Elasticsearch 数据库中的数据:

```
class ElasticObj:
    def __init__(self, index_name, index_type, ip = "127.0.0.1"):
        '''
        :param index_name: 索引名称
        :param index_type: 索引类型
        '''
        self.index_name = index_name
        self.index_type = index_type
        self.es = Elasticsearch([ip], http_auth = ('elastic', 'password'), port = 9200)
    def create_index(self):
        '''
        创建索引
        :return:
        '''
        # 创建映射
        _index_mappings = {
            "mappings": {
                self.index_type: {
                    "properties": {
                        "name": {
                            "type": "text",
                            "index": True,
                            "analyzer": "ik_max_word",
                            "search_analyzer": "ik_max_word"
                        },
                        "occupation": {
                            "type": "text",
                            "index": "not_analyzed"
                        },
                        "nationality": {
                            "type": "string",
```

```
                                "index": "not_analyzed"
                            },
                            "achievement": {
                                "type": "string",
                                "index": "not_analyzed"
                            },
                            "birth": {
                                "type": "string",
                                "index": "not_analyzed"
                            },
                            "birthPlace": {
                                "type": "string",
                                "index": "not_analyzed"
                            }
                        }
                    }
                }
            }
        if self.es.indices.exists(index = self.index_name) is not True:
            res = self.es.indices.create(index = self.index_name, body = _index_mappings)
            print(res)
    def load_data(self,csvfile):
        '''
        加载数据,并存储到 ES 中
        :param csvfile: CSV 文件,包括完整路径
        :return:
        '''
        with open(csvfile,'r',encoding = 'gbk')as f:
            list = csv.reader(f)
            index = 0
            doc = {}
            for item in list:
                if index >= 1:                    #第一行是标题
                    doc['name'] = item[0]
                    doc['occupation'] = item[1]
                    doc['nationality'] = item[2]
                    doc['achievement'] = item[3]
                    doc['birth'] = item[4]
                    doc['birthPlace'] = item[5]

                    res = self.es.index(index = self.index_name, doc_type = self.index_type,
body = doc)

                index += 1
    def search(self,comand):
        '''
        搜索函数
        :param comand:指令
        :return:
        '''
        comand_split = comand.split(':')
        if len(comand_split) == 1:
            doc = {"query":{"match":{'name':comand_split}}}
            _searched = self.es.search(index = self.index_name, doc_type = self.index_type,
body = doc)
            for hit in _searched['hits']['hits']:
```

```
            print(hit['_source']['name'], hit['_source']['occupation'], hit['_source']
['nationality'],
                    hit['_source']['achievement'], hit['_source']['birth'], hit['_source']
['birthPlace'])
        elif len(comand_split) == 2:
            keywords = ['职业', '工作', '国家', '国籍', '成就', '成果', '生日', '出生日期', '出生
于', '出生地']
            contain_index = -1
            for index in range(len(keywords)):
                if comand_split[1] == keywords[index]:
                    contain_index = index
                    continue
            doc = {"query": {"match": {'name': comand_split[0]}}}
            _searched = self.es.search(index = self.index_name, doc_type = self.index_type,
body = doc)
            results = []
            for hit in _searched['hits']['hits']:
                if contain_index == 0 or contain_index == 1:
                    results.append(comand_split[0] + "的" + keywords[contain_index] + '是' + hit
['_source']['occupation'])
                elif contain_index == 2 or contain_index == 3:
                    results.append(comand_split[0] + "的" + keywords[contain_index] + '是' + hit
['_source']['nationality'])
                elif contain_index == 4 or contain_index == 5:
                    results.append(comand_split[0] + "的" + keywords[contain_index] + '是' + hit
['_source']['achievement'])
                elif contain_index == 6 or contain_index == 7:
                    results.append(comand_split[0] + "的" + keywords[contain_index] + '是' + hit
['_source']['birth'])
                elif contain_index == 9:
                    results.append(comand_split[0] + "的" + keywords[contain_index] + '是' + hit
['_source']['birthPlace'])
                elif contain_index == 8:
                 results.append(comand_split[0] + keywords[contain_index] + hit['_source']
['birthPlace'])
            print(results)
            with open("results", 'w', encoding = 'utf-8') as f:
                for result in results:
                    f.write(str(result + '\n'))
        else:
            print("目前尚不支持该功能")
```

（3）主函数负责程序的主要逻辑，并负责测试实体语义检索功能：

```
if __name__ == "__main__":
    obj = ElasticObj("preson", "preson_type")
    obj.create_index()
    obj.load_data('./type_table.csv')
    time.sleep(1)                        #需要等待数据加载到 ES 中
    obj.search("居里:职业")
```

5. 运行代码

如图 9-12 所示，打开 Terminal 界面，在出现的命令行窗口中输入命令即可运行程序。如图 9-13 所示，程序运行完成后，目录中出现 results 文件，打开此文件，可以看到实体语义检索的检索结果，如图 9-14 所示。

图 9-12　程序运行

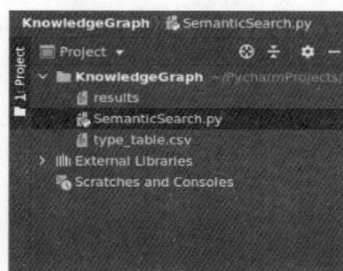

图 9-13　运行后目录

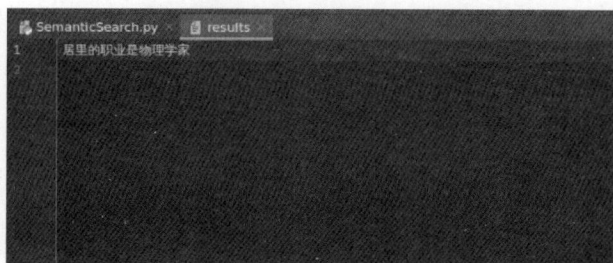

图 9-14　运行结果

9.4.4　实验总结

本实验通过使用 Python 语言操作 Elasticsearch 数据库，实现了一个简单的实体语义搜索样例程序。由于篇幅限制，这个样例程序并不成熟，但足够完成实体语义搜索的演示效果。目前输入的检索指令需要为特定格式，后面可自行尝试改进。

课后习题

1. 选择题

1-1 知识图谱中的关系数据库查询语言 SQL 从功能上划分为 4 个部分，下列不属于其功能的是（　　）。

  A. 数据查询   B. 数据操纵   C. 数据排序   D. 数据定义

1-2 下列方法不属于关系数据库标准查询语言 SQL 中的数据操纵的是( )。

  A. SELECT   B. INSERT   C. UPDATE   D. DELETE

1-3 知识图谱的数据库分为关系数据库和图数据库,其中一种与 SQL 类似被广泛应用于图数据库查询语言的是( )。

  A. SELECT   B. SPARAQL   C. UPDATE   D. DESCRIBE

1-4 基于子图的索引往往可以看作是基于( )的一般化形式,其本质是将图数据结构的一些子图结构作为查询信息,而这些子图就可以看作是有路径组成的索引信息。

  A. 路径   B. 关键词   C. 节点索引   D. 边索引

1-5 图数据库查询语言 SPARAQL 给我们提供了多种 RDF 查询机制,下列不属于 RDF 查询机制的是( )。

  A. 三元组模式   B. 子图模式   C. 属性节点   D. 属性路径

1-6 在基于关键词直接在知识图谱中搜索答案的策略中,其索引构造方式不包含( )。

  A. 关键词倒序/升序索引   B. 摘要索引

  C. 路径索引   D. 权重索引

1-7 在基于关键词结构化索引查询策略的一般流程中,下列不属于一般流程的是( )。

  A. 关键词映射   B. 结构化查询构建

  C. 结构化查询索引   D. 结构化查询排序

2. 判断题

2-1 在查询到关键词的语义信息之后,还需要对查询结果进行质量排序,以便于用户能观察到最好的结果。可以使用 TF/IDF 排序方法对查询结果排序。( )

2-2 为了解决子图建立过程中的子图数据过多问题,我们可以从用户的查询日志中查找经常使用的子图,并按照频率由高到低建立子图索引。( )

3. 简答题

3-1 简述知识图谱中关系数据库和图数据库的查询语言。

3-2 简述基于子图的查询索引原理。

3-3 基于路径和关键词查询的一般流程是什么?

第10章

知识图谱推荐

★本章导读★

本章是关于知识图谱推荐的内容,探讨了如何利用知识图谱技术提升推荐系统的效果和可解释性,知识图谱推荐是基于知识图谱的推荐技术,旨在帮助用户发现其感兴趣的物品和服务。

10.1 节介绍推荐系统的基础概念和分类,以及基于协同过滤、基于内容和基于知识的推荐方法。其中,基于知识的推荐方法与知识图谱密切相关,通过知识图谱中的实体、属性和关系等知识,为用户推荐相关物品。此外,还介绍了知识表示学习方法和混合推荐方法。10.2 节介绍知识图谱中的物品和用户画像,这是推荐系统中的重要概念。通过知识图谱中实体的属性和关系,可以构建物品和用户的画像,进而为推荐系统提供更准确的推荐。其中,基于知识图谱的物品画像和用户画像是 10.2 节的重点内容。10.3 节介绍跨领域与可解释性推荐。在实际应用中,常常需要将不同领域的知识融合到推荐系统中,以提升推荐效果。基于知识图谱的跨领域推荐是 10.3 节的重点之一。此外,10.3 节还介绍了基于知识图谱的可解释性推荐方法,它可以帮助用户理解推荐结果的原因和依据。

在本章的学习中,读者需要掌握推荐系统的基础概念和分类,了解基于协同过滤、基于内容和基于知识的推荐方法,以及知识表示学习方法和混合推荐方法。同时,还需要掌握知识图谱中的物品和用户画像构建方法,以及基于知识图谱的跨领域推荐和可解释性推荐方法。最后,需要了解基于本体的用户画像构建方法,并能够实践应用。

★知识要点★

(1) 推荐算法概述:介绍了协同过滤、基于内容的推荐和基于知识的推荐算法,包括它们的优缺点和适用场景。

(2) 图谱的物品和用户画像:详细讲解了知识图谱中物品和用户的属性和关系,以及如何利用这些信息构建物品和用户画像。

(3) 跨领域与可解释性推荐:介绍了跨领域推荐和可解释性推荐的概念,包括如何利用知识图谱进行跨领域推荐和如何构建可解释性的推荐模型。

10.1　推荐的基本问题

10.1.1　基于协同过滤的推荐

推荐的任务可以形式化地表述为：给定一个用户 u 和一组候选物品（也称为项目或资源）集合 I，为 I 中每个候选物品 i 计算出 u 喜好 i 的匹配分值，然后根据匹配分值筛选出要推荐给 u 的物品。

这里所述的喜好，视具体的推荐场景而表现为购买、点评、浏览等用户行为。若仅需要为用户 u 推荐最相关的物品，则推荐任务的目标可建模为寻找 $i_0 = \underset{i \in I}{\operatorname{argmax}} P(i \mid \hat{u}, \hat{i})$。若推荐多个物品，则只需要根据推荐的物品数 n 将 I 中的物品按照匹配分值的降序取列表的前 n 个。计算物品匹配分值 p 的主要依据是 u，即用户 u 的相关信息。因此针对不同的用户，推荐模型会产生不同的推荐物品，这正体现了推荐系统的个性化特征。实现千人千面的推荐不仅是个性化推荐系统的基本要求，也是设计推荐算法最主要的挑战。

目前，各类推荐算法层出不穷，其分类也存在多种标准，常用的一种分类法是将推荐算法大致分为基于协同过滤的（Collaborative-filtering-based）、基于内容的（Content-based）和混合的（Hybrid）三大类。

基于协同过滤的推荐算法目前应用得最广泛，其基本原理是根据用户之前的喜好或者与他兴趣相近的其他用户的选择来向该用户推荐物品。这类算法又可细分为基于记忆的（Memory-based）和基于模型的（Model-based）两类。无论是哪类协同过滤算法，系统都需要获取用户对物品的历史交互信息（Interaction），包括用户的购买、评分、浏览等行为记录。

如果用 behavior(M) 表示用户 M 的行为记录，则协同过滤算法所计算的物品 i 与用户 u 的匹配分值 P 可以表示为

$$P(i \mid \text{behavior}(u))$$

基于协同过滤的算法对 behavior(u) 数据有显著依赖，这导致了以下几个影响推荐效果的关键问题。

（1）冷启动问题。新用户或者新物品在系统中没有充足的历史交互数据可用于对用户/物品间的相似性进行分析，这使得新物品很难被推荐，而对于新用户，系统也因难以获知其兴趣、偏好而无法做出有效推荐。

（2）数据稀疏问题。在一个大型推荐系统（网站）中，不少物品（尤其是比较冷门的物品）并没有或只有很少的用户交互记录，交互数据稀疏使得对这些物品刻画精准画像十分困难，这导致很多基于模型的方法的效果不佳。

10.1.2　基于内容的推荐

基于内容的推荐算法则通过对用户的偏好特征和物品的描述特征进行提取，在特征表示的基础上计算用户与物品的匹配分值，从而实现准确的推荐。虽然这类方法不需要收集用户与物品的历史交互信息，避免了冷启动和数据稀疏问题，但同样面临着一些挑战。

（1）特征描述问题。很多基于内容的推荐系统利用社会化标签来描述用户与物品的特征，但现实的系统中仍存在大量未标注过的用户/物品，并且不同人对同一事物、概念会产生不同的标签描述，容易引入噪声。此外，对音频、视频、图像等多媒体对象往往难以用文字进

行直观、简单的描述。

（2）同义词/多义词问题。同一物品常常有多个名称，或者同一个条目常常对应多个不同的物品。例如，"十面埋伏"既可以是一个成语，也可以是一部电影、小说，甚至还可以是衍生的游戏、歌曲或剧目的名称。一词多义现象使得系统难以从文字表面准确区分不同的实体，从而造成特征错配与误判，影响推荐效果。

（3）同质性问题。基于内容的推荐算法与基于协同过滤的推荐算法都缺乏推荐结果的多样性。用户往往只能得到与自己兴趣相匹配的物品，推荐给用户的也都是其以前喜好的同类物品（例如，给刚刚买过电视机的用户推荐其他电视机，这显然不合理），难以发掘用户未知的新兴趣点（即没有表现在历史交互记录中，但用户实际上会喜好的物品）。

10.1.3　基于知识的推荐

推荐算法的核心是用户 u 与待推荐物品 i 的关联匹配，获得 u 与 i 的精确画像是匹配的前提。用户行为特征（behavior(u)）或者用户/物品的内容的特征（content(u) 或 content(i)），为提取 u 与 i 的精确画像提供了依据。但是由于数据缺失，用户与物品的画像仍有很大的提升空间。一个直接的想法是补入各类关于用户与物品的"知识"，以弥补原始数据的不足，从而完善用户与物品的画像。因此，这类被称为基于知识的推荐算法的优化目标可以形式化地表示为

$$\underset{i\in I}{\text{argmax}}P(i\mid \text{knowledge}(u,i))$$

其中，knowledge(u,i)是一种广义上的知识。一般来说，与推荐系统中的用户或物品有关的信息都可以理解为知识，例如，用户的社交网络信息、商品目录等。另外，不同的推荐场景和推荐对象涉及的知识是不同的。

"基于知识的推荐系统"一词在 2000 年左右被提出，但是早期推荐算法中的知识无论在规模还是形式丰富性方面都远远不及当前的知识图谱。比如，传统的基于约束的推荐系统通过与用户的交互获知用户对物品的特定需求，将其刻画为约束条件或规则集合。但是，基于与用户反复交互而获得的知识在规模和多样性上都是有限的。

图 10-1 描述了主流推荐算法的基本框架，从中可见各类算法产生的数据为精准刻画用户画像与物品画像所带来的帮助。其中，知识图谱不仅为用户/物品画像提供了精准和丰富的数据支撑，还为准确计算待推荐物品的匹配分值提供了帮助。

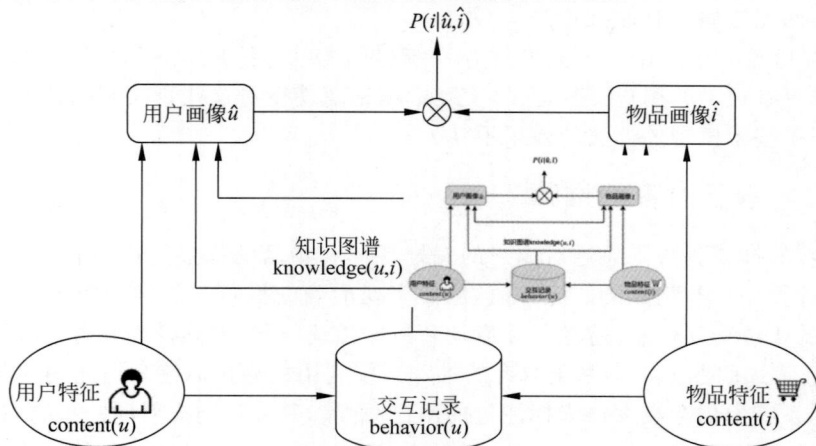

图 10-1　主流推荐算法的基本框架

10.2 物品与用户画像

10.2.1 基于知识图谱的物品画像

基于知识图谱的物品画像算法分为显式模型与隐式模型两大类。

1. 显式物品画像模型

显式物品画像算法利用知识图谱中实体的相关属性值作为物品的背景知识,用这些知识来判断两个物品间关联程度(或相似度)的强弱。

根据相似度计算方法的不同,其可分为基于属性向量的表示模型和基于异构信息网络的关联模型。下面主要针对电影推荐场景展开介绍,但相关模型同样可以推广到其他类型物品的推荐场景中。

1)基于属性向量的表示模型

以电影画像为例,这类模型利用电影的属性为每部电影生成一个表示向量。具体而言,对于一部电影 m,先用向量 $\boldsymbol{v}_p \in \mathbf{R}^n$ 来表示其属性 p 的向量,其中,n 是属性 p 中不同取值的总数。属性一般只考虑可枚举属性,而不考虑数值型属性。如果电影 m 在属性 p 上的值是属性 p 值域中的第 i 个值,则其属性向量 $\boldsymbol{v}_p$ 的第 i 维值为 1,剩余维度的值都为 0。

一般需要借助 TF-IDF 思想为每个维度计算一个更加精细的分值。相应的 TF-IDF 值可以根据属性的特点进行计算。例如,假设电影 m 有一个演员 a,则在 m 的演员属性向量中 a 所对应维度的 TF 值可设为 a 在 m 的演员表中排序的倒数(体现了 a 在 m 中的重要程度),而 IDF 值则可与 a 参演的电影数量成反比。

基于属性向量,两部电影在某属性 p 上的相似度可通过 $\boldsymbol{v}_p$ 的余弦距离进行量化,然后进一步计算一个用户 u 对某部电影 m_i 的喜好评分:

$$v_i = \frac{\sum_{m_j \in M(u)} v_j \, \mathrm{sim}(m_j, m_i)}{|M(u)|}$$

$$\mathrm{sim}(m_j, m_i) = \frac{\sum_p \alpha_p \, \mathrm{sim}_p(m_j, m_i)}{P}$$

其中,v_j 是用户 u 对电影 m_j 的喜好评分,$\mathrm{sim}(m_j, m_i)$ 是电影 m_j 与 m_i 的综合相似度,$M(u)$ 是用户 u 喜欢的电影集合;α_p 是属性 p 的权重(可通过训练获得),$\mathrm{sim}_p(m_j, m_i)$ 是电影 m_j 与 m_i 在属性 p 上的相似度(即它们的属性 p 向量的余弦距离),P 则是所有属性的数量。

上式体现的算法基本思想是:如果 m_i 与用户 u 评分较高的电影 m_j 相似,则电影 m_i 值得推荐给用户 u;而 m_j 与 m_i 的相似度通过对它们各个属性向量的相似度进行综合计算获得。该思想其实也与基于电影的协同过滤原则一致,但是对电影间相似度的计算不再基于用户评分的历史记录,而是基于电影的属性(即知识)相似度。

2)基于异构信息网络的关联模型

在知识图谱中,不同电影的实体可能在某个属性上链向同一个实体,例如,两部电影可以拥有相同的导演或者演员。图 10-2 展现了电影《战狼 1》与《战狼 2》的电影知识图谱子图,从中可以看出两部电影之间存在多条多种类型的链接路径,这些路径刻画了两部电影之间的关联程度或相似性,可作为刻画电影精准画像的依据。

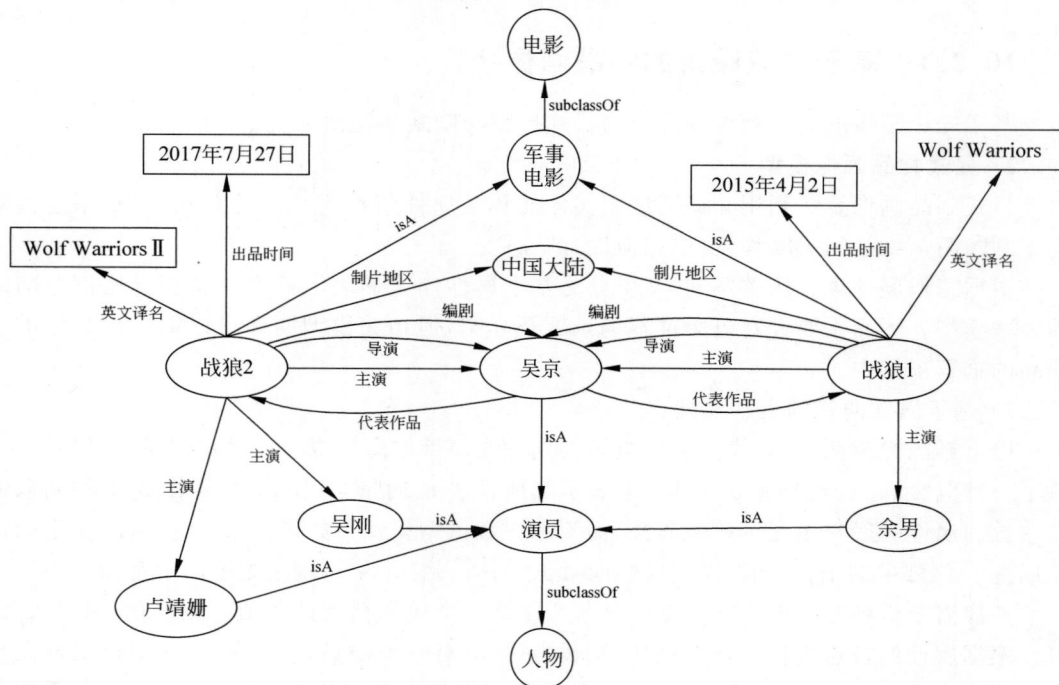

图 10-2　电影《战狼 1》与《战狼 2》的电影知识图谱子图

例如,图中路径"战狼 1→吴京←战狼 2"和"战狼 1→军事电影←战狼 2"表明电影《战狼 1》与《战狼 2》非常相似,因为它们都是吴京主演的军事题材电影。因此,向一个看过《战狼 1》的用户推荐《战狼 2》,准确率会很高。

关于利用链接路径来度量两个节点相似度的算法思想,已有大量的研究成果,一种简单的方法如下:

$$\mathrm{sim}_p(v,v') = \frac{2\times|\,S_p(v)\bigcap S_p(v')\,|}{|\,S_p(v)\,|+|\,S_p(v')\,|}$$

该公式计算的是两部电影 v 和 v' 关于属性 p 的相似度,其中,$S_p(v)$ 表示 v 在属性 p 上的邻居集合,两部电影的相似度综合了其所有属性上相似度的结果。这种计算电影间相似度的方法本质上是在度量两部电影属性及邻居相互重叠的程度。

2. 隐式物品画像模型

基于隐式物品画像的推荐算法大都利用某种表示学习(representation learning)方法将知识图谱中的物品相关知识先表示成向量(这个过程常称为 Embedding),再在此基础上进一步生成物品的综合表示向量(即物品画像),然后将其输入深度神经网络中计算出用户与物品的匹配分值,从而实现推荐。

在基于知识图谱的隐式物品画像模型中,两个物品即便没有共同的属性值,但只要潜在关联足够多,它们的表示向量在向量空间中也有可能很接近,相似的物品因此仍有机会被准确识别出来。下面介绍两类隐式物品画像模型,分别是基于结构特征的图向量(graph vector）模型和基于非结构特征的自动编码器模型。

1）基于结构特征的图向量模型

这类模型基于知识图谱的结构特征学习图中节点的表示向量，这些向量是物品画像的基础。这类模型又可细分为基于随机游走的图向量模型和基于距离的翻译模型两类。

在基于随机游走的图向量模型中，最基础的版本是 DeepWalk。其基本思想是：在图中先按一定的规则选择起点发起多次随机游走，每次随机游走中所经过的节点被认为是与起始节点相关的节点，它们与起始节点一起构成正例样本，而其他未经过的节点则经过随机采样构成负例样本，最后将正负例样本输入 Skip-gram 模型，利用模型习得所有节点的表示向量。

另一类基于距离的翻译模型则是从 TransE 模型演化而来，是专为知识图谱的表示而设计的模型，这类模型也用于很多基于知识的物品画像任务中，例如，针对新闻推荐任务设计了一个深度知识推荐网络，通过一种翻译模型来习得知识图谱中的实体向量，用于表示新闻。

2）基于非结构特征的自动编码器模型

自动编码器（auto-encoder）也是一种流行的深度学习模型，常被用于数据压缩、降维和特征提取。自动编码器会尽可能地在输出层重建输入数据，而其中的隐藏层尽管要比输入层和输出层规模小，但其中包含的信息足够代表输入数据的特征，因此可作为表示学习的输出。

除了知识图谱结构化特征所蕴含的知识，互联网上能够刻画物品特征的其他非结构化信息同样可视为物品的相关知识，例如，文本、图像等多媒体数据。引入这些非结构化信息可以进一步丰富物品画像的内容，从而解决传统推荐系统中的数据稀疏问题。针对非结构化信息，使用自动编码器可习得其特征表示向量。

10.2.2 基于知识图谱的用户画像

知识的加入不仅有助于完善物品画像，还利于进一步完善用户画像。利用知识图谱准确理解用户的搜索意图，也可视作一种用户画像的完善。

1. 基于概念标签的用户画像

标签一般以单词或短语的文本形式呈现，被广泛应用于各类网站与应用系统中的用户描述，包括用户的社会属性、兴趣爱好等特征。标签已被证明是对用户画像简单、直接且有效的刻画方式。用户的标签来源于多种渠道，包括用户注册数据、用户自己打的标签，以及利用机器学习算法从用户的行为中挖掘出的标签。

利用知识图谱中的同义词/近义词信息、实体的分类（所属概念）和属性等信息可以对已有标签做进一步的补充与完善，从而使画像的标签更加准确、完整、精细。一般而言，知识图谱有助于改善基于标签的画像中存在的以下问题。

（1）标签不准确。例如，一个关于张某三离婚案的新闻内容中只出现了名字叫"某三"的人物，而只打上人物标签"某三"容易产生歧义，借助知识图谱则可以准确识别出新闻中提及的人物是张某三，因此应该为其打上规范的人物标签"张某三"。

（2）标签不完整。还是关于张某三离婚案的新闻，利用知识图谱中的人物关系，可以补充与这一事件关系密切的人物标签，这些补充的标签能为后续的搜索、推荐等任务提供更直接、充分的依据。

（3）标签语义失配。一般来说，越具体的标签对用户或物品特征的刻画能力越强。例如，"篮球迷"标签代表的用户群体过于庞大，不足以精确刻画用户的个性化特征，而"姚明""科比"这样的标签才能清晰地表明用户是这些篮球明星的粉丝。但是过于精细的标签有时也易造成类似机器学习中的过拟合问题，标签必须进行适当的泛化，才能实现期望的语义匹配。

如图 10-3 所示的例子展示了两个没有共同原始画像标签的用户 A 与 B，但从画像标签中可以观察出两人很相似，这是因为"学生"和"00 后"都是刻画大学生群体的典型标签，"复旦大学"和"上海交通大学"都是位于上海的 C9 高校，"小米 15"和"荣耀 Magic6"都是流行的学生智能手机。两人的原始标签所刻画的用户特征虽然足够精细，但如果只基于两人是否有共同标签来判断两人的相似性，则无法得到令人满意的结果，即标签失配。如果利用概念图谱中的概念泛化原始的画像标签，则可以发现它们所属的共同概念（见图 10-3 中虚线框上的标签），从而有效解决了原始标签的失配问题。

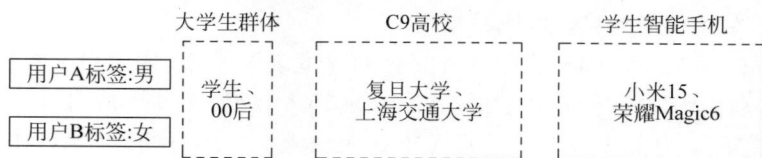

图 10-3　展示了两个没有共同原始画像标签的用户 A 与 B

2. 基于深度学习的用户画像

在大多数个性化推荐系统中，用户的偏好都是基于用户曾经喜好的物品推断而得的，因此很多基于深度学习的用户画像模型都是在物品画像的基础上生成用户画像。下面简要介绍两类典型的基于深度学习的用户画像模型。

（1）针对序列化推荐（Sequential Recommendation）任务的深度画像模型。序列化推荐的任务根据用户历史上交互过的物品以及交互的先后时间顺序来预测用户接下来会交互的物品，其输入是用户与物品的历史交互序列，其输出是用户下一个要交互的物品。模型结合用户的历史交互记录与知识图谱数据先产生用户喜好的物品表示向量（即物品画像），再将其综合成用户的偏好表示向量（即用户画像），并存入一个键值对记忆网络（Key-Value Memory Network，KV-MN）。记忆网络是一种深度神经网络，可存储各种表示向量，并能根据新产生的交互记录及时更新其存储的信息。

（2）基于兴趣传播的深度画像模型。RippleNet 推荐系统是这类工作的典型代表。其基本思想是：用户的偏好不仅能用其历史上交互过的物品来表征，与这些物品关联的其他实体（通过知识图谱发现）也能在一定程度上表征用户的偏好。该模型首先将用户的历史交互物品（对应知识图谱中的某些实体节点）视作用户的原始兴趣，然后通过迭代计算得到用户喜好物品的 K 阶邻居（即知识图谱中通过 K 步跳转可达的邻居）的表示向量。整个过程可视作用户的兴趣传播，距离越远的邻居（即 K 越大）能表达用户兴趣的程度越弱。

仍以前面的电影知识图谱子图为例，一个看过电影《战狼 1》的用户，其兴趣偏好在一定程度上体现在演员吴京和电影《战狼 2》上，因为它们分别是"战狼 1"节点的 1 阶邻居和 2 阶邻居，与电影《战狼 1》高度相关。因此，一个用户 u 的偏好表示向量 $\boldsymbol{u}$（即 u 的画像）可以按照如下公式计算：

$$u = o_u^1 + o_u^2 + \cdots + o_u^k$$

其中，$o_u^i (1 \leq i \leq k)$ 表示用户 u 的 i 阶邻居向量，在实际计算中它包含了 i 步可达的邻居信息。

10.3 跨领域与可解释性推荐

10.3.1 基于知识图谱的跨领域推荐

如何有效关联异构的表示是跨领域推荐的关键。知识图谱中的丰富背景知识为关联与桥接不同领域的用户与物品带来了全新的机遇。相关的推荐模型不仅能发掘不同领域中各类物品的潜在关联，还能发掘不同领域中异构特征的语义关联，知识图谱的引入主要起到了不同领域间的关联与桥接作用。下面详细介绍知识图谱在异构领域间的实体关联和特征语义关联这两方面的应用，以及相应的跨领域推荐算法。

1. 跨领域的实体关联

用户的兴趣点（Point Of Interest，POI）在很大程度上能反映用户的个人偏好，这些 POI 通常作为一类实体存在于知识图谱中。因此，利用知识图谱往往能发现 POI 与用户喜好的物品（如音乐、电影等）间存在的潜在关联。

例如，先利用英文知识图谱 DBpedia 构建一个丰富的语义网络，包含 POI 音乐家等实体及其类别与属性等。然后，通过一种基于图的权重迭代传播算法计算用户所在的 POI 与一些音乐家的相关度，从而为用户推荐音乐家。

2. 跨领域的特征语义关联

很多传统推荐算法需要先找出用户与物品的特征，再基于这些特征之间的相似性来计算用户与物品之间的匹配程度，相似性评估往往要求特征来自同一领域或属于同一特征空间，换言之，这些特征必须是同构的。在跨领域推荐的场景中，有一类具有重大应用价值的跨领域推荐任务，即用户与物品分别来自不同领域，例如，为微博用户推荐豆瓣网站上的电影。用户与物品分属于不同领域，各自的特征表示往往也是异构的，这是这类跨领域推荐任务的主要挑战。

研究者针对这类跨领域推荐任务提出了一种利用知识图谱发现异构特征（即标签）间语义关联并实现推荐的算法。该算法利用百科图谱来计算不同标签的语义相似度。

首先将标签映射到百科图谱中的某个实体，标签实体对应的百科词条页面间的超链接可视为标签之间的某种语义联系，这样就构建出了一个由标签实体及其超链接关系构成的知识图谱。

然后在该知识图谱中应用显式语义分析（Explicit Semantic Analysis，ESA）模型为每个标签实体 i 生成一个语义向量 $[c_1, c_2, \cdots, c_E]$（向量的维数是所有实体的总数）。向量每一维的值 $c_j (1 \leq j \leq E)$ 刻画了标签实体 i 与其超链接实体 j 的语义相关度。ESA 模型的设计原则使得具有较强语义关联的两个标签实体的语义向量也会比较接近，因此其语义向量间的距离即可作为两者的语义相似度。

10.3.2 基于知识图谱的可解释推荐

推荐系统（算法）的效果不仅体现在推荐结果的准确性方面，也体现在推荐结果的可解释性方面。推荐结果的可解释性在实际应用中日益受到关注。结果是否可解释往往决定了用户是否会接受推荐结果,因此可解释性成为评价推荐效果好坏的重要因素之一。

已有的可解释推荐系统一般分为两大类。

第一类系统注重设计具有可解释性的推荐模型,在设计模型时往往以用户挑选喜好物品的行为机制为出发点,为模型输入更多的可解释特征,使得模型产生的推荐结果具备较强的可解释性。这一类可解释推荐系统占比较高。

第二类系统则侧重于为推荐结果寻找可解释的依据或原因,并通过合适的形式展现出来(如显示解释文本),这类系统一般被称为事后(post-hoc)可解释推荐系统。

无论哪一类可解释推荐系统,都会从多个维度寻找物品被推荐的可解释理由,包括用户/物品的特征、文本信息(包括用户对商品的评论、商品的描述等)、商品的图像信息、用户的社交关系等。知识图谱中蕴含的丰富语义信息也是推荐结果可解释的重要依据,在两类可解释推荐系统中都能发挥作用。

在第一类可解释推荐系统中,应用知识图谱的算法目标可以形式化地表述为:对于给定的用户 u 与物品 i,根据相关知识图谱 KG,计算用户 u 与物品 i 的匹配分值:

$$s(u, i \mid P_{\mathrm{KG}}(u, i))$$

上式表明分值 s 取决于 $P_{\mathrm{KG}}(u, i)$,即 KG 中链接 u 和 i 的路径集合。这些路径是设计可解释推荐模型的核心,也是推荐结果可解释的依据。

例如,在前面的电影示例中,两部电影拥有共同的演员(吴京)及其同属于"军事电影"都是把《战狼 2》推荐给看过《战狼 1》的用户的重要依据,将它们作为重要特征输入推荐模型,可以提升模型的可解释性。前面介绍的各类基于知识图谱路径的画像以及用户与物品的匹配,在某种意义上都可视作增强推荐系统可解释性的尝试。

事后可解释推荐系统则倾向于在知识图谱中寻找用户与被推荐物品间的关联路径,并以此作为推荐结果的可解释性依据。有研究者基于事后可解释推荐系统设计出一种模型,首先,将用户、商品、商品品牌、评论关键词等组成一个商品知识图谱,在其中用广度优先算法找出所有关联用户和商品的路径,然后基于路径上每个节点(实体)的向量计算每条路径的分值,最后将分值最高的路径作为结果的可解释性依据展现出来。

例如,从如图 10-4 所示的商品知识图谱可知,Bob 以往的商品评论中提到过 iOS,而其他用户关于 iPad 的评论中也提到了 iOS,并且 iPad 与 Bob 曾经购买过的某个商品 i 都属于 Apple 品牌。Bob 与 iPad 间的这些关联路径可作为 Bob 购买 iPad 的可解释性依据。

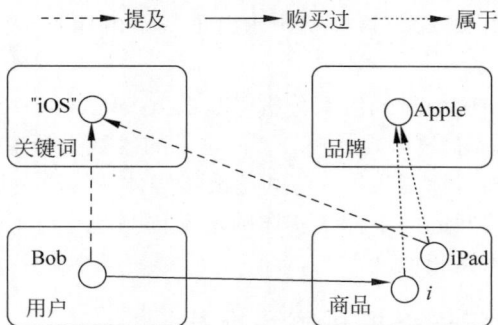

图 10-4　商品知识图谱

10.4 实验：融合知识图谱的用户画像实验

10.4.1 实验内容

用户画像技术是基于用户数据对现实世界中用户的数学建模,一般来说,构建用户画像需要 3 部分:数据、业务应用场景、用户建模算法。用户画像的核心工作就是给用户打"标签"。融合知识图谱的用户画像除了根据用户的直接属性赋予用户标签之外,还会通过标签传播的方式来赋予用户标签。

本实验使用 RippleNet 神经网络,融合知识图谱,完成关于用户是否习惯某部电影的用户画像。

10.4.2 实验目标

(1) 了解用户画像的概念。
(2) 掌握 RippleNet 神经网络。
(3) 掌握 Python 语言的基本操作。

10.4.3 实验步骤

1. 创建项目

具体流程可参考 3.5.3 节的"创建项目"步骤,项目名称为 KnowledgeGraph。

2. 创建文件

具体流程可参考 3.5.3 节的"创建文件"步骤,其中文件名分别设置为 UserPortrait 和 data。

3. 数据导入

如图 10-5 所示,在网络浏览器中输入网址下载文件 UP.zip。文件下载完成后,进入 /home/techuser/Downloads 目录,找到下载的文件。右击该文件,在弹出的快捷菜单中选择 Open Terminal Here 命令。在 Terminal 界面,将 UP.zip 文件解压到 KnowledgeGraph 项目目录下。打开 KnowledgeGraph 项目,可以看到 UP.zip 出现在目录中,如图 10-6 所示。

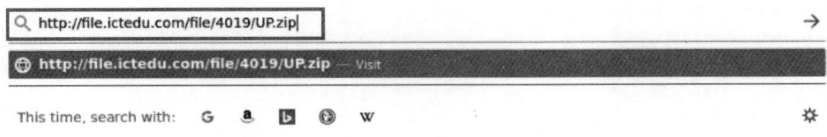

图 10-5 下载文件 UP.zip

4. 算法代码

1) UserPortrait

打开 UserPortrait.py 文件,会看到里面一片空白,依次输入以下代码段(以下代码段均须保存/运行才能通过检测)。

(1) 导入使用到的 Python 工具包。

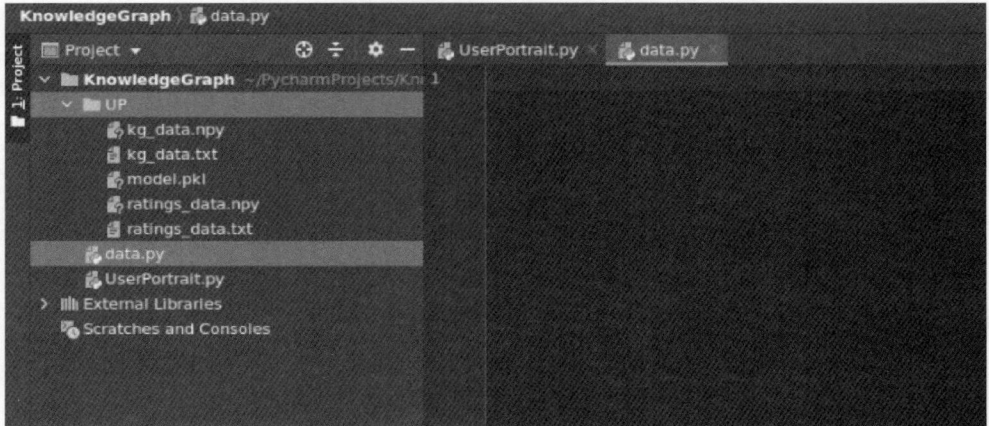

图 10-6　解压后的文件

```
# coding = utf - 8
from data import load_data # 从 data.py 中导入 load_data 函数
import numpy as np # 用于数学计算
# 用于深度学习
import torch
import torch.nn as nn
import torch.nn.functional as F
from sklearn.metrics import roc_auc_score # 用于评价指标
```

（2）RippleNet 神经网络类继承至 nn.Module，运行过程中会把知识图谱的实体与关系都应用起来。

```
class RippleNet(nn.Module):
    def __init__(self, config, entity_num, relation_num):
        super(RippleNet, self).__init__()
        self.init_config(config, entity_num, relation_num)
        self.entity_emb = nn.Embedding(self.entity_num, self.emd_dim)
        self.relation_emb = nn.Embedding(self.relation_num, self.emd_dim * self.emd_dim)
        self.transform_matrix = nn.Linear(self.emd_dim, self.emd_dim, bias = False)
        self.criterion_loss = nn.BCELoss()
    def init_config(self, config, entity_num, relation_num):
        '''
        初始化参数
        :param config:参数配置
        :param entity_num:实体数量
        :param relation_num:关系数量
        :return:
        '''
        self.entity_num = entity_num
        self.relation_num = relation_num
        self.emd_dim = config["emd_dim"]
        self.hop_num = config["hop_num"]
        self.kge_weight = config["kge_weight"]
        self.l2_weight = config["l2_weight"]
        self.lr = config["lr"]
        self.memory_dim = config["memory_dim"]
        self.emb_update_mode = config["emb_update_mode"]
        self.using_all_hops = config["using_all_hops"]
    def forward(self, datas, labels, entity_s, relation, entity_k):
```

```
        '''
        模型运行
        :param datas: id
        :param labels: 标签
        :param entity_s:实体 s
        :param relation: 关系
        :param entity_k: 实体 k
        :return:损失,分数
        '''
        # [batch size, dim]
        entity_embeddings = self.entity_emb(datas)
        s_emb_list = []
        r_emb_list = []
        k_emb_list = []
        for i in range(self.hop_num):
            # [batch size, n_memory, dim]
            s_emb_list.append(self.entity_emb(entity_s[i]))
            # [batch size, n_memory, dim, dim]
            r_emb_list.append(self.relation_emb(relation[i]).view(-1, self.memory_dim, self.
emd_dim, self.emd_dim))
            # [batch size, n_memory, dim]
            k_emb_list.append(self.entity_emb(entity_k[i]))
        obj_list, item_embeddings = self.key_addressing(s_emb_list, r_emb_list, k_emb_list,
entity_embeddings)

        scores = self.predict(item_embeddings, obj_list)
        return_dict = self.compute_loss(scores, labels, s_emb_list, r_emb_list,k_emb_list)
        return_dict["scores"] = scores
        return return_dict
    def compute_loss(self, scores, labels, s_emb_list,r_emb_list, k_emb_list):
        '''
        计算损失
        :param scores: 分数
        :param labels: 标签
        :param s_emb_list: 实体 s 嵌入数组
        :param r_emb_list: 关系嵌入数组
        :param k_emb_list: 实体 k 嵌入数组
        :return:损失值
        '''
        base_loss = self.criterion_loss(scores, labels.float())
        kge_loss = 0
        for hop in range(self.hop_num):
            # [batch size, n_memory, 1, dim]
            s_expanded = torch.unsqueeze(s_emb_list[hop], dim=2)
            # [batch size, n_memory, dim, 1]
            k_expanded = torch.unsqueeze(k_emb_list[hop], dim=3)
            # [batch size, n_memory, dim, dim]
            sRk = torch.squeeze(
                torch.matmul(torch.matmul(s_expanded, r_emb_list[hop]), k_expanded)
            )
            kge_loss += torch.sigmoid(sRk).mean()
        kge_loss = -self.kge_weight * kge_loss
        l2_loss = 0
        for hop in range(self.hop_num):
            l2_loss += (s_emb_list[hop] * s_emb_list[hop]).sum()
            l2_loss += (k_emb_list[hop] * k_emb_list[hop]).sum()
            l2_loss += (r_emb_list[hop] * r_emb_list[hop]).sum()
```

```python
            l2_loss = self.l2_weight * l2_loss
            loss = base_loss + kge_loss + l2_loss
            return dict(base_loss = base_loss, kge_loss = kge_loss, l2_loss = l2_loss, loss = loss)
    def key_addressing(self, s_emb_list, r_emb_list, k_emb_list, entity_embeddings):
        '''
        获取 obj 和 emb
        :param s_emb_list:实体 s 嵌入数组
        :param r_emb_list:关系数组
        :param k_emb_list:实体 k 嵌入数组
        :param entity_embeddings:实体嵌入
        :return:对象数组,实体嵌入
        '''
        obj_list = []
        for hop in range(self.hop_num):
            # [batch_size, n_memory, dim, 1]
            s_expanded = torch.unsqueeze(s_emb_list[hop], dim = 3)
            # [batch_size, n_memory, dim]
            Rs = torch.squeeze(torch.matmul(r_emb_list[hop], s_expanded))
            # [batch_size, dim, 1]
            entity_embeddings = torch.unsqueeze(entity_embeddings, dim = 2)
            # [batch_size, n_memory]
            probs = torch.squeeze(torch.matmul(Rs, entity_embeddings))
            # [batch_size, n_memory]
            probs_softmax = F.softmax(probs, dim = 1)
            # [batch_size, n_memory, 1]
            probs_unsqueeze = torch.unsqueeze(probs_softmax, dim = 2)
            # [batch_size, dim]
            obj = (k_emb_list[hop] * probs_unsqueeze).sum(dim = 1)
            if self.emb_update_mode == "plus":
                entity_embeddings = entity_embeddings + obj
            elif self.emb_update_mode == "plus_transform":
                entity_embeddings = entity_embeddings.squeeze(2)
                entity_embeddings = self.transform_matrix(entity_embeddings + obj)
            else:
                raise Exception("Unknown item updating mode: " + self.item_update_mode)
            obj_list.append(obj)
        return obj_list, entity_embeddings
    def predict(self, entity_embeddings, obj_list):
        '''
        预测
        :param entity_embeddings: 实体嵌入
        :param obj_list: 对象数组
        :return: 分数
        '''
        y = obj_list[ -1]
        if self.using_all_hops:
            for i in range(self.hop_num - 1):
                y += obj_list[i]
        # [batch_size]
        scores = (entity_embeddings * y).sum(dim = 1)
        return torch.sigmoid(scores)
    def evaluate(self, datas, labels, entity_s, relation, entity_k):
        '''
        评价模型
        :param datas: id
        :param labels: 标签
        :param entity_s:实体 s
```

```
        :param relation: 关系
        :param entity_k: 实体 k
        :return: auc 值,准确率
        '''
        return_dict = self.forward(datas, labels, entity_s, relation, entity_k)
        scores = return_dict["scores"].detach().cpu().numpy()
        labels = labels.cpu().numpy()
        auc = roc_auc_score(y_true = labels, y_score = scores)
        predicts = [1 if i >= 0.5 else 0 for i in scores]
        acc = np.mean(np.equal(predicts, labels))
        return auc, acc
```

(3)测试函数声明一个新的 RippleNet 模型,使用 torch. load 加载模型参数,并使用 test 数据集进行测试。

```
def test(config, total_data):
    '''
    测试预训练模型
    :param config: 参数配置
    :param total_data: 所有的数据
    :return:
    '''
    test_data = total_data[2]
    entity_num = total_data[3]
    relation_num = total_data[4]
    user_triple_set = total_data[5]
    model = RippleNet(config, entity_num, relation_num)
    model.load_state_dict(torch.load("./UP/model.pkl"))
    start = 0
    auc_list = []
    acc_list = []
    model.eval()
    while start < test_data.shape[0]:
        ids, labels, entity_s, relation, entity_k = transform_tensor(config, test_data, user_
triple_set, start,
                                                            start + config["batch_
size"])
        auc, acc = model.evaluate(ids, labels, entity_s, relation, entity_k)
        auc_list.append(auc)
        acc_list.append(acc)
        start += config["batch_size"]
    test_auc, test_acc = float(np.mean(auc_list)), float(np.mean(acc_list))
    result_str = "test auc: %.4f  acc: %.4f" % (test_auc, test_acc)
    print(result_str)
    return result_str
```

(4)transform_tensor( )函数负责将输入的各种数据转换为 PyTorch 可以使用的 tensor:

```
def transform_tensor(config, data, user_triple_set, start, end):
    '''
    转换为 tensor
    :param config: 参数配置
    :param data: 数据
    :param user_triple_set:用户三元组
    :param start: 开始位置
    :param end: 结束位置
```

```
    :return:评分 id,标签,实体 s,关系,实体 k
    '''
    ids = torch.LongTensor(data[start:end, 1])
    labels = torch.LongTensor(data[start:end, 2])
    entity_s, relation, entity_k = [], [], []
    for i in range(config["hop_num"]):
        entity_s.append(torch.LongTensor([user_triple_set[user][i][0] for user in data[start:
end, 0]]))
        relation.append(torch.LongTensor([user_triple_set[user][i][1] for user in data[start:
end, 0]]))
        entity_k.append(torch.LongTensor([user_triple_set[user][i][2] for user in data[start:
end, 0]]))
    return ids, labels, entity_s, relation, entity_k
```

（5）获取配置函数，可以获取提前设定好的配置参数，用于后面的模型中。

```
def get_config():
    '''
    获取参数配置
    :return: 参数配置
    '''
    config = {
        "emd_dim":16,
        "hop_num":2,
        "kge_weight":0.01,
        "l2_weight":1e-7,
        "lr":0.02,
        "batch_size":1024,
        "epoch_num":4,
        "memory_dim":32,
        "emb_update_mode":"plus_transform",
        "using_all_hops":True,
        "use_cuda":False
    }
    return config
```

（6）主函数负责程序的主要逻辑，并保存模型的测试结果：

```
if __name__ == "__main__":

    config = get_config()
    show_loss = False
    total_data = load_data(config)
    result = test(config, total_data)
    with open("results.txt", 'w', encoding = "utf-8") as f:
        f.write(str(result))
```

2）data

打开 data.py 文件，会看到里面一片空白，依次输入以下代码段（以下代码段均须保存/运行才能通过检测）。

（1）导入接下来需要使用到的 Python 工具包。

```
# coding = utf-8
import collections                          # 生成数组字典
import os                                   # 用于文件流操作
import numpy as np                          # 用于数学计算
```

（2）加载数据函数，该函数主要负责调用其他函数，加载 rating 和 kg 数据文件。

```
def load_data(config):
    '''
    加载数据
    :param config:参数配置
    :return:
    '''
    train_data, dev_data, test_data, user_dict = load_rating()
    entity_num, relation_num, kg = load_kg()
    user_triple_set = get_user_triple_set(config, kg, user_dict)
    return train_data, dev_data, test_data, entity_num, relation_num, user_triple_set
```

（3）加载评分函数，该函数将会加载 ratings_data.np 文件中的数据，这些数据由 ratings_data.txt 通过 NumPy 转换而来，ratings_data.txt 包括3列数据：第一列是用户 id，第二列是电影 id，第三列是用户是否喜欢该电影。

```
def load_rating():
    '''
    加载评分数据
    :return: 分割好的评分数据
    '''
    print('loading rating file ...')
    # reading rating file
    rating_file = './UP/ratings_data'
    if os.path.exists(rating_file + '.npy'):
        rating_np = np.load(rating_file + '.npy')
    else:
        rating_np = np.loadtxt(rating_file + '.txt', dtype = np.int32)
        np.save(rating_file + '.npy', rating_np)
    return dataset_split(rating_np)
```

（4）切分数据函数，该函数可以按照一定比例将输入的数据划分为3部分：

```
def dataset_split(rating_np):
    '''
    将输入的数据切分为 train,dev,test,
    :param rating_np:评分的 NumPy 文件
    :return:
    '''
    print('splitting dataset ...')
    # train:eval:test = 6:2:2
    dev_ratio = 0.2
    test_ratio = 0.2
    n_ratings = rating_np.shape[0]
    dev_indices = np.random.choice(n_ratings, size = int(n_ratings * dev_ratio), replace = False)
    left = set(range(n_ratings)) - set(dev_indices)
    test_indices = np.random.choice(list(left), size = int(n_ratings * test_ratio), replace = False)
    train_indices = list(left - set(test_indices))
    # print(len(train_indices), len(eval_indices), len(test_indices))
    # traverse training data, only keeping the users with positive ratings
    user_dict = dict()
    for i in train_indices:
        user = rating_np[i][0]
        item = rating_np[i][1]
        rating = rating_np[i][2]
```

```
        if rating == 1:
            if user not in user_dict:
                user_dict[user] = []
            user_dict[user].append(item)
    train_indices = [i for i in train_indices if rating_np[i][0] in user_dict]
    dev_indices = [i for i in dev_indices if rating_np[i][0] in user_dict]
    test_indices = [i for i in test_indices if rating_np[i][0] in user_dict]
    # print(len(train_indices), len(eval_indices), len(test_indices))
    train_data = rating_np[train_indices]
    dev_data = rating_np[dev_indices]
    test_data = rating_np[test_indices]
    return train_data, dev_data, test_data, user_dict
```

（5）加载知识图谱函数，该函数可以从 kg_data.npy 文件加载知识图谱数据。该文件由 kg_data.txt 通过 NumPy 转换而来。kg_data.txt 包括 3 列数据：第一列是实体 s 的 id；第二列是关系，用数字表示；第三列是实体 k 的 id。

```
def load_kg():
    '''
    加载 kg 数据
    :return:实体数量,关系数量,知识图谱数据
    '''
    print('loading KG file ...')
    # reading kg file
    kg_file = './UP/kg_data'
    if os.path.exists(kg_file + '.npy'):
        kg_np = np.load(kg_file + '.npy')
    else:
        kg_np = np.loadtxt(kg_file + '.txt', dtype=np.int32)
        np.save(kg_file + '.npy', kg_np)
    entity_num = len(set(kg_np[:, 0]) | set(kg_np[:, 2]))
    relation_num = len(set(kg_np[:, 1]))
    kg = construct_kg(kg_np)
    return entity_num, relation_num, kg
```

（6）结构化知识图谱函数，该函数主要负责结构化知识图谱，以便进行后续处理。

```
def construct_kg(kg_np):
    '''
    结构化 kg
    :param kg_np: kg 的 NumPy 文件
    :return:知识图谱
    '''
    print('construct KG ...')
    kg = collections.defaultdict(list)
    for head, relation, tail in kg_np:
        kg[head].append((tail, relation))
    return kg
```

（7）获取用户三元组函数，该函数主要是用来获取用户的三元组，根据知识图谱和用户字典来提取对应关系的三元组。

```
def get_user_triple_set(config, kg, user_dict):
    '''
    获取用户对应的三元组
    :param config:参数配置
    :param kg: 读取到 kg
    :param user_dict: 用户字典
```

```
    :return:用户三元组
    '''
    print('construct user triple set ...')
    # user -> [(hop_0_heads, hop_0_relations, hop_0_tails), (hop_1_heads, hop_1_relations,
hop_1_tails), ...]
    user_triple_set = collections.defaultdict(list)
    for user in user_dict:
        for h in range(config["hop_num"]):
            entity_s = []
            relation = []
            entity_k = []
            if h == 0:
                tails_of_last_hop = user_dict[user]
            else:
                tails_of_last_hop = user_triple_set[user][-1][2]
            for entity in tails_of_last_hop:
                for tail_and_relation in kg[entity]:
                    entity_s.append(entity)
                    relation.append(tail_and_relation[1])
                    entity_k.append(tail_and_relation[0])
            if len(entity_s) == 0:
                user_triple_set[user].append(user_triple_set[user][-1])
            else:
                # sample a fixed-size 1-hop memory for each user
                replace = len(entity_s) < config["memory_dim"]
                indices = np.random.choice(len(entity_s), size=config["memory_dim"], replace=
replace)
                entity_s = [entity_s[i] for i in indices]
                relation = [relation[i] for i in indices]
                entity_k = [entity_k[i] for i in indices]
                user_triple_set[user].append((entity_s, relation, entity_k))
    return user_triple_set
```

5. 运行代码

如图 10-7 所示,打开 Terminal 界面,在出现的命令行窗口中输入命令即可运行程序。如图 10-8 所示,程序运行完成后,目录中出现 results.txt 文件,打开此文件,可以看到 RippleNet 的 test auc 值和准确率,如图 10-9 所示。

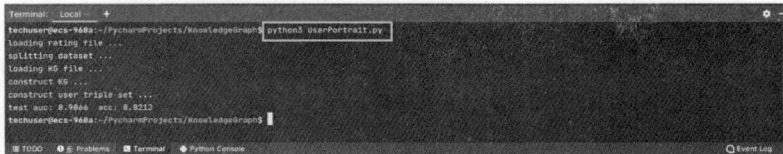

图 10-7 程序运行

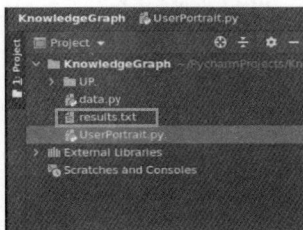

图 10-8 运行后目录

图 10-9 运行结果

10.4.4　实验总结

本实验主要是通过 Python 语言实现 RippleNet 神经网络,通过融合知识图谱数据,去推测出某用户拥有喜欢某部电影的标签。实验中使用的数据都是清洗过的数据,因此看到的只有多列数字,如果需要原始数据进行修改,可以下载 MovieLens 数据集。

课后习题

1. 选择题

1-1 推荐系统存在的基本问题包括数据关系稀疏和(　　　)。

　　A. 冷启动问题　　　　　　　　　　　B. 数据关系密集

　　C. 推荐质量　　　　　　　　　　　　D. 推荐排序

1-2 推荐系统中主要存在的问题:用户和物品之间的行为关系数据过于稀疏不能很好地将用户和行为关联的问题称作(　　　)。

　　A. 冷启动问题　　　　　　　　　　　B. 数据关系稀疏

　　C. 推荐质量　　　　　　　　　　　　D. 推荐排序

1-3 推荐系统中主要存在的问题:推荐系统必须要基于用户的行为日志进行分析推荐,因此对新用户或者新物品进行推荐时存在(　　　)。

　　A. 推荐质量　　　　　　　　　　　　B. 数据关系稀疏

　　C. 冷启动问题　　　　　　　　　　　D. 推荐排序

1-4 借鉴个人的背景知识给用户个人打标签,标签包含了用户的各种属性以及每项属性的权值大小,通过这些标签可以轻松获取用户的行为信息。这种方法称为(　　　)。

　　A. 用户生成　　　　　　　　　　　　B. 用户特征

　　C. 用户标签　　　　　　　　　　　　D. 用户画像

1-5 在知识图谱构建中构建用户画像是至关重要的,下列不属于用户画像构建方法的是(　　　)。

　　A. 基于社交图谱的标签扩展　　　　　B. 基于知识图谱的标签扩展

　　C. 基于知识图谱的标签集合　　　　　D. 基于知识图谱的标签泛化

1-6 下列不属于可解释推荐的分类的是(　　　)。

　　A. 以物品为媒介　　　　　　　　　　B. 以用户为媒介

　　C. 以特征为媒介　　　　　　　　　　D. 以行为为媒介

1-7 在可解释推荐的分类中,以用户喜爱的物品进行筛选推荐的方法是(　　　)。

　　A. 以物品为媒介　　　　　　　　　　B. 以用户为媒介

　　C. 以特征为媒介　　　　　　　　　　D. 以行为为媒介

1-8 在可解释推荐的分类中,以与用户关联或者用户同类型的行为信息进行推荐的分类方法是(　　　)。

　　A. 以物品为媒介　　　　　　　　　　B. 以用户为媒介

　　C. 以特征为媒介　　　　　　　　　　D. 以行为为媒介

2. 判断题

传统的用户画像可能存在数据稀疏、隐私保护、噪声标签、粒度太粗等问题,一般可以通过知识图谱来解决。(　　　)

3. 简答题

3-1 推荐的基本问题有哪些?应该如何解决这些问题?

3-2 用户画像是什么?为什么要做用户画像?怎样去做用户画像?

3-3 可解释推荐分为哪几类?

## 第11章

知 识 问 答

本章介绍知识图谱知识问答的相关内容。知识问答(Knowledge Question Answering, KQA)是指利用自然语言进行知识查询和回答的技术。知识问答与搜索引擎不同,它的目标是直接回答用户提出的问题,而不是提供相关文档或网页链接。知识图谱中的知识问答是将知识图谱中的结构化数据与自然语言处理相结合,使得用户可以通过自然语言查询与知识图谱中的实体、属性和关系进行交互。

本章内容包括知识问答的基本概述、分类体系、系统实现、结果评价以及案例介绍。11.1节从知识问答的基本要素、相关准备工作和应用场景3个方面,对知识问答进行了概述。其中:基本要素主要包括问题、答案、知识库、问答系统和用户5个方面;相关准备工作主要包括问题预处理、实体识别、关系抽取、知识库构建和问答系统设计等;应用场景主要包括智能客服、金融投资和生活领域等。11.2节介绍知识问答的分类体系,包括问题类型和答案类型、知识库类型以及智能体系。其中,问题类型和答案类型主要包括实体型、属性型、事件型等,知识库类型主要包括百科型、本体型和推理型等,智能体系主要包括三元组抽取、实体对齐、关系抽取等。11.3节介绍知识问答系统的实现方式,包括早期的问答系统、基于信息检索的问答系统、基于知识库的问答系统和基于答对匹配的问答系统4部分。其中,基于知识库的问答系统是当前应用最为广泛的方式之一,该部分详细介绍了基于知识库的问答系统实现方法,包括实体识别、意图识别、问句解析、答案抽取等。11.4节介绍知识问答结果的评价方法,主要包括问答系统的评价指标、问答系统的评价数据集等部分内容。其中,评价指标主要包括准确率、召回率、F_1 值等,评价数据集主要包括 WebQuestions、SimpleQuestions 等。

掌握知识问答相关的技术和方法可以帮助我们构建更加智能、高效的对话系统和问答系统,并实现更加自然、直接的人机交互。

(1) 问答概述,包括知识问答的基本要素、相关准备工作以及应用场景。

(2) 问答分类体系,包括问题类型和答案类型、知识库类型以及智能体系等部分内容。

(3) 问答系统的介绍包括早期的问答系统、基于信息检索的问答系统、基于知识库的问答系统和基于答对匹配的问答系统 4 部分内容。

(4) 问答结果的评价方法介绍包括问答系统的评价指标、问答系统的评价数据集等内容。

11.1 知识问答概述

11.1.1 知识问答的基本要素

知识问答系统是一个拟人化的智能系统,它接收使用自然语言表达的问题,理解用户的意图,获取相关的知识,最终通过推理计算形成自然语言表达的答案并反馈给用户。知识问答或问答(Question Answering,QA)是对话的一种形态。它强调以自然语言问答为交互形式,从智能体获取知识,不但要求智能体能够理解问题的语义,还要求基于自身掌握的知识和推理计算能力形成答案。

问答是一种典型的智能行为,例如,著名的图灵测试就是考验能否通过自然语言对话的方式判定答题者是人还是机器。在采用对话方式与用户沟通时,问答系统都需要使用一定的知识来解答问题,所以说问答系统实质上就是知识问答。

一个问答系统应具备如下 4 个要素:

(1) 问题——问答系统的输入,通常以问句的形式出现(问答题),也会采用选择题、多选题、列举答案题和填空题等形式;

(2) 答案——问答系统的输出,除了文本表示的答案(问答题或填空题),有时也需要输出一组答案(列举问答题)、候选答案的选择(选择题),甚至是多媒体信息;

(3) 智能体——问答系统的执行者,需要理解问题的语义,掌握并使用知识库解答问题,并最终生成人可读的答案;

(4) 知识库——存储了问答系统的知识,其形态可以是文本、数据库或知识图谱。系统工作还包括将知识库编码到计算模型中,例如,逻辑规则、机器学习模型和深度学习模型。

11.1.2 知识问答的相关工作

信息检索(Information Retrieval,IR)或搜索以关键词搜索为代表,帮助用户发现包含搜索关键词的网页或文档。近来的信息检索技术也开始使用语义信息,例如,支持查询扩展、语义相似度匹配以及基于知识图谱的实体识别。但是搜索与知识问答有明显差异。

(1) 搜索以文档来承载答案,用户需要阅读搜索到的文档来发现相关答案,而问答直接将答案交付给用户,而且答案通常来自已经结构化的数据或抽取后结构化的数据,结构化数据可以用列表的形式返回,也支持进一步的数据统计分析。

(2) 搜索侧重更简单的用户体验,用户的知识检索诉求主要通过关键词而不是完整的句子提出,这需要用户掌握一定的搜索技巧。

(3) 当用户的问题比较复杂,需要通过多个页面的知识来回答时,搜索无法完成。

数据库查询(database query)同样可以帮助用户获取知识,但是知识问答和数据库查询仍然存在一定差异。

(1) 数据库查询通常需要用户熟悉结构化数据的架构(schema),知道如何指代数据中的概念(包括实体名、属性名等),掌握数据库查询语言(包括使用 JOIN 等复杂操作逻辑),而知识问答降低了对这些知识的要求,人们可以用自然语言来查询数据。值得注意的是,自然语言查询需要处理歧义现象。

(2) 数据库对知识库有严格限制,要求数据必须以结构化形式存储。然而,大量知识存在于文本而非数据库中,知识问答并不限制知识库的类型。

(3) 数据库查询结果不一定能形成用户可使用的最终答案。例如,数据库查询可以查到城市的编码,还需要再查询编码表以得到城市的名称,而知识问答则需要直接返回城市的名称。

知识问答、信息检索和数据库查询的对比如表 11-1 所示。

表 11-1 知识问答、信息检索和数据库查询的对比

对 比 项 目	知 识 问 答	信 息 检 索	数 据 库 查 询
典型交互形式	单轮对话或多轮对话	单轮查询	单轮查询
典型应用场景	回答问题,例如是什么(WHAT)、怎么做(HOW)、为什么(WHY)	简单且可预期的文档关键词搜索,支持大规模非结构化相关信息匹配	数据完善且组织明确的数据库的精准查询
问题表示	自然语言	关键词	结构化查询语言
知识组织	数据库、知识图谱、文本、知识库、问答对和分布式表示模型	文本文档	结构化且致密的数据表,有明确的组织
知识的可信度	通常经过领域专家审核,可信度高	搜索结果按重要性排序,通常不保障结果可信性	数据库通常都是可信的数据源
知识的体量	大。能较完整地覆盖特定领域,也可以有限地覆盖常见的通用领域	超大(全万维网)	有限。单一数据库的数据量一般不大
智能体的要求	不但要理解问题字面含义,还可以利用领域常识、用户画像等上下文信息消解问题歧义;同时要求在理解用户意图之后,利用知识库解答问题,形成用户可读的答案	基于词袋向量模型(VSM)的关键词匹配,支持关键词级别的关键词扩展、语义相似度匹配	处理结构化查询并返回结果
答案表示	自然语言	文本文档或者文档中截取的一段文字	结构化数据

11.1.3 知识问答应用场景

2011 年,IBM 研发的超级计算机"沃森"在美国知识竞赛节目《危险边缘》中上演了"人机问答大战",并一举战胜了两位顶尖的人类选手,成为人工智能发展史上又一标志性事件。自人工智能概念出现开始,问答系统的研究与应用演进过程如下。

(1) 20 世纪 60 年代诞生了基于模板的问答专家系统,如 ELISA、BaseBall、LUNAR、SHRDLU;

(2) 20 世纪 90 年代兴起了基于信息检索的问答,如 MASQUE、TREC;

(3) 21 世纪初,伴随搜索引擎和网络社区出现社区问答,如搜狗问问、百度知道、

YAHOO answers 等；

（4）直到今日，基于结构化数据的知识图谱问答技术、基于文本理解的机器阅读理解技术均取得了长足的进展。

知识问答可以直接嵌入搜索引擎的结果页面，将问答的答案与搜索的结果列表同时展示。

知识问答技术可以应用于智能对话系统、智能客服或智能助理。除了帮助人们获取知识，智能助理也可以跟人闲聊，帮助人执行任务，将用户的问题转化为结构化查询，利用多轮对话补全用户的意图等。

11.2　知识问答分类体系

11.2.1　问题类型与答案类型

在知识问答中，首先可以基于问题的类型（Question Type）理解问答目标。问答系统可以针对问题类型，选择对应的知识库、处理逻辑来生成答案。问题分类体系在很大程度上按照目标答案的差异而区分，所以这里将问题类型和答案类型合并，统一考虑为问题类型。通过对问题的类型（也就是用户问题所期望的答案的类型）的分析，问答系统可以有针对性地选择有效的知识库和处理逻辑解答一类问题。

早期的工作包括 TREC 测试集问题分类研究和 ISI QA 问题类型分类体系。LI 等通过观察 TREC 的 1000 个问题的数据，从答案类型出发建立了一个问题分类体系，包含 6 个大类和 50 个细分类，并对各类问题的占比进行了统计。从统计结果中可以看出，TREC 中的大部分问题都集中在这几类数据，占总体问题数量的 78%。其中，81 个问题询问地点（LOCATION）、138 个问题询问定义或描述（DESCRIPTION）、65 个问题询问人物（HUMAN）、94 个问题询问事物（例如，动物、颜色、食品等）。

可见，在知识问答中，一个合理的分类体系能够体现出问题的类型分布，从而帮助开发者有针对性地设计问答解决方案，并形成良好的问答系统。例如，"Who was Jane Goodall?"这类问题就可以归属为人物定义型问题（WHY-FAMOUS-PERSON）。

有研究者根据"百度知道"的数据，建立了一个基于功能（Function-Based）的问题分类体系，和从答案类型出发构建分类体系相类似，从利用功能以达成用户目标的角度来构建分类体系。与专注于面向事实的知识问答的分类相比，基于功能提出的分类体系更加面向通用问题。

表 11-2 展示了问题分类体系机制。

表 11-2　问题分类体系机制

类型	描　　述	例　　子
事实	人们问这类问题一般是想得到概括性的事实。预期答案是一个短语	谁是美国总统？
列表	人们问这类问题一般是想得到一组答案。每个答案可能是一个独立的短语，也可能是带有解释或评论的短语	所有 1990 年诺贝尔奖的获得者？ 你最喜欢哪些电影明星？

续表

类 型	描 述	例 子
原因	人们问这类问题一般是想征求意见或解释。一个好的摘要答案应该包含多样的意见或全面的解释。可采用句子级的摘要技术实现	你觉得《阿凡达》怎么样?
解决方案	人们问这类问题一般是想解决问题。答案中的句子通常具有逻辑关系,因此不能使用句子级别的摘要技术	发生地震期间我该怎么做? 怎么做比萨?
定义	人们问这类问题一般是想到概念描述。通常这些信息可以在百科中找到。如果答案太长,我们应该总结成较简短的形式	谁是 Lady Gaga? 电影《黑客帝国》讲了什么?
导航	人们问这类问题一般是想找到一个网站或资源。通常如果答案是网站则提供网站名称,如果答案是资源则直接提供	在哪可以下载测试版的《星际争霸 2》?

基于功能的问题分类体系在"百度知道"中的占比,如图 11-1 所示。

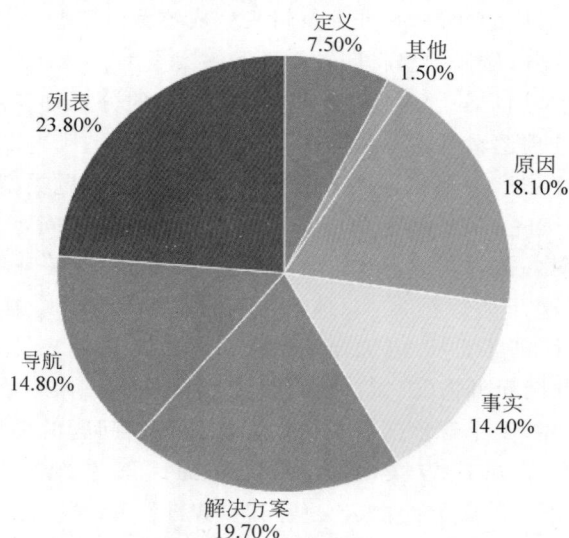

图 11-1　基于功能的问题分类体系在"百度知道"中的占比

综合分类体系探索工作,从问答的功能出发,面向知识图谱问答的构建(即假定知识库的主题为知识图谱)整理出了两种问题类型:事实性客观问题和主观深层次问题。

1. 事实性客观问题

这类问题的特点是语法结构简单(拥有明确的主谓宾结构,不包括并列、否定等复杂结构)、语义结构清晰(通常给出的是某个事物或事件的简单的描述性属性或关系型属性,可以通过简单的数据库查询解答)。

事实性客观问题的答案基本比较客观,常见的问题类型包括事实类问题、是非类问题、定义类问题和列表类问题。事实类问题的答案是现实世界的一个或多个实体。定义类问题的答案是一对一的对象,而列表类问题的答案通常是一个集合。定义类和列表类问题主要是返回某些对象,从查询的角度来看,类似于数据库的 Select 操作。

是非类问题更像 SPARQL 中的 Ask 类型的查询,可以细分如下。

(1) 询问命名实体(ENTITY)的基本定义事物的分类(IS-A)、事物的别名(ALIASES)和事物的定义(WHAT-IS)。

(2) 询问实体属性,包括描述性属性和关系性属性(PROPERTY):人(WHO)、地点(WHERE)、时间(WHEN)、属性(ATTRIBUTE)。

(3) 复杂知识图谱查询,包括询问实体列表或统计结果,询问实体差异,询问实体关系。

2. 主观深层次问题

这类问题包括除事实型问题之外的其他问题,例如,观点型、因果型、解释型、关联型、比较型等。这类问题本身的语法结构并不复杂,但需要一定的专业知识和主观的推理计算才能解答,而且这类问题有时甚至不止有一个答案,需要结合用户偏好和智能体的配置找到不同的最优解。

主观深层次问题可以细分如下:

(1) 问解释(WHY);

(2) 问方法(HOW);

(3) 问专家意见(CONSULT);

(4) 问推荐(RECOMMENDATION)。

另外,问题类型并非问题理解中的唯一语义要素,还包括问题焦点(focus)、问题主题(topic)。问题焦点是指问句中出现的与答案实体或属性相关的元素,问题主题反映问题是关于哪些主题的。

11.2.2　知识库类型

从知识库的内容边界,或者知识库覆盖了哪些领域来看,知识问答可以分两类。

(1) 领域相关的问答系统,只回答与选定领域相关的问题。

这一类系统相对专注,需要领域专家的深入参与,虽然问题覆盖面小,但是答案的正确率高。早期成功的问答系统都是与领域相关的。

(2) 领域无关的问答系统,基于开放知识库回答任意问题。

这一类系统答案虽然覆盖面大,但答案的正确率有限。开放域问答系统经常使用万维网数据(尤其是百科网站、社区问答等)作为数据源解答用户的问题。

从知识库的信息组织格式来看,知识库可以基于文本表示,也可以采用其他组织形式。

(1) 文本类知识库利用纯文本承载知识,也是最常见的知识组织形式。这类知识库不但支持基于搜索的问答系统,也可以与基于知识图谱的结构化抽取技术结合,支持基于语义查询的解决方案。另外,常见问答对(FAQ)或社区问答也是知识问答(尤其是智能客服)最容易获取的知识,可以直接通过问题匹配帮助用户获取答案。

(2) 半结构化或结构化知识库。这一类知识库侧重知识的细粒度组织,利用结构体现知识的语义。电子表格、二维表或者关系数据库是最常见的结构化形式,实体和属性通过简单的二维表表示,大多数事实性客观问题都可以被此类知识解答。图数据库将通过节点、有向边来形成基于图的知识组织,并且利用节点和边的名称与上下文对接自然语言处理并支持语义相似度计算,同时还能支持复杂的结构化图查询机制。

（3）除文字外，知识也可以存储在图片、音频、视频等媒体中，这些都可以作为知识问答中答案的一部分，更有效地反馈给终端用户，从而丰富答案的表示并满足更多的交互场景需求。

（4）知识库并不限定于文本、符号系统或多媒体，也可以利用可计算的机器学习模型承载。例如，近年来出现的端到端的问答系统，它可以直接使用分布式表示模型记录习得的知识。

另外，知识库的存储访问机制也是知识问答需要考虑的因素。知识问答的知识可以采用单一的集中数据存储（如数据表、数据库）或者分布式存储（例如分布式数据、数据仓库），甚至是基于互联网的全网数据（如 LinkedData）。

11.2.3 智能体类型

智能体利用知识库实现推理。根据知识库表示形式的不同，目前的知识问答可以分为传统问答方法（符号表示）以及基于深度学习的问答方法（分布式表示）两种类型。

传统问答方法使用的主要技术包括关键词检索、文本蕴涵推理以及逻辑表达式等，深度学习方法使用的技术主要是 LSTM、注意力模型与记忆网络等。

传统的知识库问答将问答过程切分为语义解析与查询两个步骤。如图 11-2 所示，首先将问句"张三的老婆出生在哪里"通过语义解析转化为 SPARQL 查询语句。这个例子中的难点是将问句中的"老婆"映射到知识图谱中的关系"配偶"，这也是传统的知识库问答研究的核心问题之一，再从知识库（知识图谱）中查询，得到问题的答案"上海"。

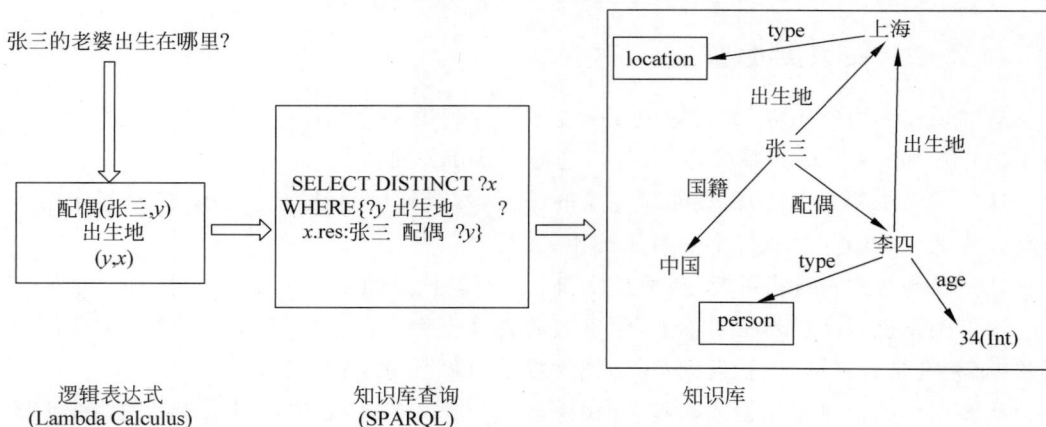

图 11-2　知识库问答将问答过程切分为语义解析与查询

不同于传统方法，基于分布式表示的知识库问答利用深度神经网络模型，将问题与知识库中的信息转化为向量表示，通过相似度匹配的方式完成问题与答案的匹配。图 11-3 描述了一种精简的分布式知识问答过程。首先，利用神经网络模型，将问题"张三的老婆出生在哪里"表示成向量，这里使用的是一个递归神经网络的表达形式；然后根据知识图谱中与实体"张三"相关的实体向量，计算与问句向量的语义相似度，从而完成知识问答的过程。在整个过程中，并不需要确定问句中的"老婆"与知识图谱中的关系"配偶"的映射，这也是基于深度学习的问答方法的优势所在。

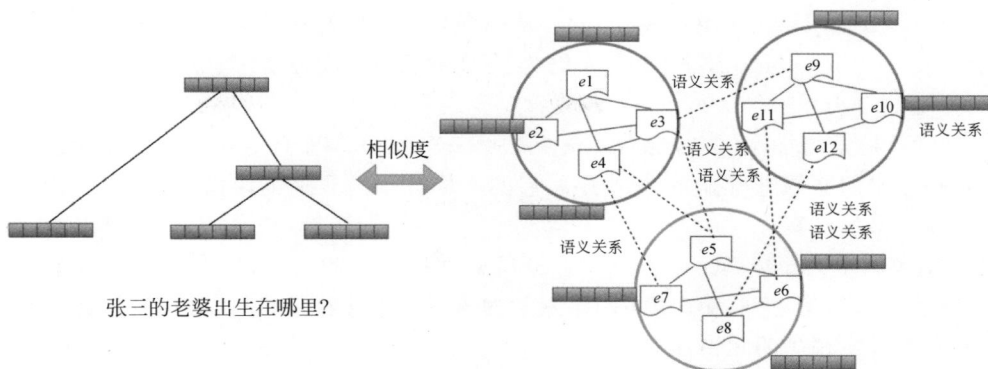

图 11-3　一种精简的分布式知识问答过程

11.3　知识问答系统

11.3.1　早期的问答系统

20 世纪 60—70 年代,早期的 NLIDB(Natural Language Interface to Data Base,数据库自然语言接口)伴随着人工智能的研发逐步兴起,以 1961 年的 BASEBALL 系统和 1972 年的 LUNAR 系统(Woods,1973)为代表。BASEBALL 系统回答了有关一年内棒球比赛的问题。LUNAR 在阿波罗月球任务期间提供了岩石样本分析数据的界面。这些系统一般限定在特定领域,使用自然语言问题询问结构化知识库。这些数据库与如今讲的关系数据库不同,更像基于逻辑表达式的知识库。这类系统通常为领域应用定制,将领域问题语义处理逻辑(自然语言问题转化为结构化数据查询)硬编码为特定的语法解析规则(例如,模板或者简单的语法树),同时手工构建特定领域的词汇表,形成语法解析规则。这些规则很难转移到其他的应用领域。

NLIDB 系统大多采用的模块包括以下几个部分:

(1) 实体识别(Named Entity Recognition),通过查询领域词典识别命名实体;

(2) 语义理解(Question2Query),利用语法解析(例如词性分析,Part-Of-Speech)、动词分析(包括主动和被动)以及语义映射规则等技术,将问题解析成语义查询语句;

(3) 回答问题(Answer Processing),通常通过简单查询和其他复杂操作(例如 Count)获取答案。

这些工作中的语义理解部分各具特色,也就此奠定了后续问答系统中问题解析的基本套路。

11.3.2　基于信息检索的问答系统

基于信息检索的问答系统(Information Retrieval based Question-Answering System,IRQA)的核心思想是根据用户输入的问题,结合自然语言处理以及信息检索技术,在给定文档集合或者互联网网页中筛选出相关的文档,从结果文档内容抽取关键文本作为候选答案,最后对候选答案进行排序返回最优答案。

参考斯坦福 IRQA 的基本架构,问答流程大致分为 3 个阶段。

（1）问题处理（question processing）。从不同角度理解问题的语义，明确知识检索的过滤条件（query formulation，即问句转化为关键词搜索）和答案类型判定（answer type detection）。

（2）段落检索与排序（passage retrieval and ranking）。基于提取出的关键词进行信息检索，对检索出的文档进行排序，把排序之后的文档分割成合适的段落，并对新的段落进行再排序，找到最优答案。

（3）答案处理（answer processing）。最后根据排序后的段落，结合问题处理阶段定义的答案类型抽取答案，形成答案候选集；最终对答案候选集排序，返回最优解。此方法以文档为知识库，没有预先的知识抽取工作。

IRQA 的基本框架如图 11-4 所示。

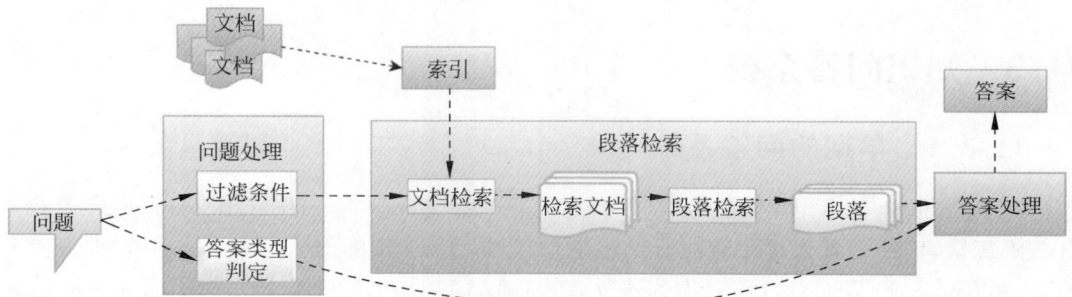

图 11-4　IRQA 的基本框架

11.3.3　基于知识库的问答系统

基于知识库的问答系统（Knowledge-Based Question Answering，KBQA）特指基于知识图谱解答问题的系统。KBQA 实际上是 20 世纪七八十年代对 NLIDB 工作的延续，其中很多技术都借鉴和沿用了以前的研究成果。

KBQA 采用了相对统一的基于 RDF 表示的知识图谱，并且把语义理解的结果映射到知识图谱的本体后生成 SPARQL 查询解答问题。通过本体可以将用户问题映射到基于概念拓扑图表示的查询表达式，也就对应了知识图谱中某种子图。KBQA 的核心问题 Question2Query 是找到从用户问题到知识图谱子图的最合理映射。

Question2Query 的关键步骤如下：

（1）问题分析。主要利用词典、词性分析、分词、实体识别、语法解析树分析、句法依存关系分析等传统 NLP 技术提取问题的结构特征，并且基于机器学习和规则提取分析句子的类型和答案的类型。

知识图谱通常可以为 NLP 工具提供领域词典，支持实体链接；同时，知识图谱的实体和关系也可以分别用于序列化标注和远程监督，支持对文本领域语料的结构化抽取，进一步增补领域知识图谱。

（2）词汇关联。主要针对在问题分析阶段尚未形成实体链接的部分形成与知识库的链接，包括关系属性、描述属性、实体分类的链接。

（3）歧义消解。一方面是对候选的词汇、查询表达式排序选优，另一方面通过语义的容斥关系去掉不可能的组合。在很多系统中，歧义消解与构建查询紧密结合：先生成大量可能的查询，然后通过统计方法和机器学习选优。

（4）构建查询。基于问题解析结果，可以通过自定义转化规则或者特定语义模型＋语法规则将问题转化为查询语言表达式，形成对知识库的查询。QALD 的大多系统使用 SPARQL 表达查询。

11.3.4 基于问答对匹配的问答系统

基于常见问答（Frequently Asked Question，FAQ）以及社区问答（Community Question Answering，CQA）都依赖搜索问答 FAQ 库（许多问答对 < Q, A > 的集合）来发现以前问过的类似问题，并将找到的问答对的答案返回给用户。

FAQ 与 CQA 都是以问答对来组织知识，而且问答对的质量很高，不但已经是自然语言格式，而且得到了领域专家或者社区的认可。二者的差异包括：答案的来源是领域专家还是社区志愿者，答案质量分别由专家自身的素质或者社区答案筛选机制保障。

基于问答匹配的问答系统（FAQ-QA）的核心是计算问题之间的语义相似性。重复问题发现（Duplicate Question Detection，DQD）仅限于疑问句，这是短文本相似度计算的一个特例。

事实上，语义相似性面临两个挑战。

（1）泛化。相同的语义在自然语言表达中有众多的表示方式，不论从词汇还是语法结构上都可以有显著差异。

（2）歧义。两个近似的句子可以具有完全不同的语义。语义相似度计算一直是 NLP 研究的前沿。一种类型的方法试图通过利用语义词典（例如 WordNet）计算词汇相似度，这些语义相似网络来自语言学家的经验总结，受限于特定的语言；另一种方法将此任务作为统计机器的翻译问题进行处理，并采用平行语料学习逐字或短语翻译概率，这种方法需要大量的平行问题集学习翻译概率，通常很难实现或成本高昂。

11.4 知识问答评价的方法

11.4.1 问答系统的评价指标

1. 功能评价指标

问答系统通常可以通过一组预定的测试问题集以及一组预定的维度来评价。问答系统的功能评价重点关注返回的答案，正确的答案应当同时具备正确性及完整性，正确但内容不完整的答案被称为不准确答案，没有足够证据及论证表明答案与问题相关性的则是无支撑答案，当答案与问题完全无关时，意味着答案是错误的。答案评价通常可以从如下角度考虑。

（1）正确性。答案是否正确地回答了问题。

（2）精确度。答案是否缺失信息。

（3）完整性。如果答案是一个列表，那么应当返回问题要求的所有答案。

（4）可解释性。在给出答案的同时，也给出引文或证明说明答案与问题的关联。

（5）用户友好性。答案质量由人工评分，很多非事实性问题并非一个唯一的答案，所以需要人工判定答案的质量。如果答案被认为没错则按质量打分：Fair 为 1 分、Good 为 2 分、Excellent 为 3 分，如果答不上来或答错则算零分。

（6）额外的评价维度。当答案类型更为复杂时，例如有排序、统计、对比等其他要求，还应该有额外的评价维度。

2. 性能评价指标

除了功能评价指标，问答系统从性能角度可以考虑如下指标：

（1）问答系统的响应时间（response time）。问答系统对用户输入或者请求做出反应的时间。

（2）问答系统的故障率（error rate）。在限定时间内给出答案即可，不考虑答案是否正确。系统返回错误或者系统运行过程中发生错误数的统计。

11.4.2 问答系统的评价数据集

1. TREC QA：评价 IRQA

TREC QA 是美国标准计量局在 1999—2007 年针对问答系统设定的年度评价体系。此评价体系主要针对基于搜索的问答解决方案（IRQA）。问题集主要来自搜索引擎的查询日志（也有少部分问题由人工设计）。知识库主要包括跨度为几年的主流媒体的新闻。问答系统返回的结果包括两部分<答案，文档 ID >，前者为字符串，后者为问题答案来源的文档的 ID。评价方法主要选取大约 1000 个测试问题，由 1～3 人标注评价答案的正确性（答案是否正确）、精确度（答案中是否包含多余的内容）以及对应文章的支持度（对应的文章是否支持该答案）。评价指标区分了单一答案和列表答案的评价方法。

2. TREC LIVE QA：评价 CQA 社区问答

TREC LIVE QA 是美国标准计量局在 2015—2017 年从更真实的网络问答出发，主要面向 CQA 社区问答解决方案的评价体系。问题集主要来自 Yahoo Answer 的实时新问题。知识库主要来自 Yahoo Answer 的社区问答数据，以及过往标注的千余条数据。评价方法主要选取大约 1000 个测试问题，每个问题要求在 1 分钟内回答。问题类型不限于简单知识问答，所有的答案由 1～3 人标注并直接按答案质量打 0、1、2 或 3 分。另外，评价系统也针对测试问题，获取赛后的社区人工答案做类似的评价，然后对比自动生成的答案和人工产生的答案的体验差异。

3. QALD：评价 KBQA

QALD 是指 2011—2017 年的链接数据的问答系统评测（Question Answering on Linked Data，QALD），为自然语言问题转化为可用的 SPARQL 查询以及基于语义万维网标准的知识推理提供了一系列的评价体系和测试数据集。

QALD 的主要任务如下：给定知识库（一个或多个 RDF 数据集以及其他知识源）和问题（自然语言问题或关键词），返回正确的答案或返回这些答案的 SPARQL 查询。这样，QALD 就可以利用工业相关的实际任务评价现有的系统，并且找到现有系统中的瓶颈与改进方向，进而深入了解如何开发处理海量 RDF 数据方法。这些海量数据分布在不同的数据集之间，并且它们是异构的、有噪声的。

每一年 QALD 通过不同的任务覆盖了众多的评价体系，包括：

（1）面向开放领域的多语种问答；

（2）面向专业领域的问答；

（3）结构化数据与文本数据混合的问答；

（4）海量数据的问答；

（5）新数据源的问答。

4. SQuAD：评价端到端的问答系统解决方案

SQuAD是斯坦福大学推出的一个大规模阅读理解数据集，由众多维基百科文章中的众包工作者提出的问题构成，每个问题的答案都对应阅读段落的一段文字。在500多篇文章中，有超过1000个问题-答案对，SQuAD显著大于以前的阅读理解数据集。

SQuAD评价指标主要分为两部分：

（1）精准匹配。正确匹配标准答案，目前效果最好的算法达到74.5%，人类表现是82.3%。这个指标准确地匹配任何一个基本事实答案的预测百分比。

（2）F_1值。这个指标衡量了预测和基本事实答案之间的平均重叠数。在给定问题的所有基础正确答案中取最大F_1值，然后对所有问题求平均值。

5. Quora QA：评价问题相似度计算

Quora在Kaggle发布的数据集包含约40万个问题对，每个问题包含两个问题的ID和原始文本，另外还有一个数字标记这两个问题是否等价，即是否对应到同一个意图上。来自社区问答网站Quora的数据集主要用于验证社区问答或FAQ问答的语义相似度计算算法，目前在Kaggle上的竞赛结果最优者的对数损失（LogLoss，用于评估分类模型性能的常见损失函数）已经达到0.11。

对Quora数据集来说，这种规模的抽样数据会存在少量噪声问题。另外，Quora网站的社区问答中只有少量问题是真正等价的，因此如果通过$C(n,2)$随机组合抽取两个问题，得到的绝大多数问题对也是不等价的。这40万条数据首先需要大量正例（等价的问题对），然后利用"相关性问题"关系添加负例（相关但不等价的问题对），才能形成一个相对平衡的训练数据集。

6. SemEval：词义消歧评测

SemEval是由ACL词汇与语义小组组织的词汇与语义计算领域的国际权威技术竞赛。该竞赛从1998年开始举办，包括多方面不同的词汇语义评测任务，如文本语义相似度计算、推特语义分析、空间角色标注、组合名词的自由复述、文本蕴含识别、多语种的词义消歧等。词汇消歧评测主要包括以下几方面的内容。

（1）推特情感与创造性语句分析。该部分的处理对象来自推特的社交文本数据，其中涵盖英语、阿拉伯语以及西班牙语等多种语言的文本。分析的定位包括情感分析、符号预测、反讽语义识别。

（2）实体关联。该部分包含两个子任务。

① 多人对话中的人物识别。目标是识别对话中提及的所有人物。值得一提的是，这些人物并不一定是对话中的某个谈话者，可能是他们提及的其他人。如何有效地识别出对话中提及人物的字符具体指向什么人物实体，是本任务需要解决的重要问题。

② 面向事件的识别以及分析。针对给定的问题，从给定文本中找出问题相关的一个事件或多个事件，以及参与角色之间的关系。

（3）信息抽取。该部分介绍的信息抽取包含关系（关系抽取与分类）、时间（基于语义分析的时间标准化）等。

（4）词汇语义学。该部分从词汇语义的角度入手，提出了用于反映词汇之间高度关系的上位词发现以及判别属性识别。与传统计算词汇语义相似不同，本任务关注词的语义相异性，目标是预测一个词是其他词的一个判别属性。

（5）阅读理解与推理。该部分由两个子任务构成：一个子任务是研究任务包括如何利用常识完成文本阅读理解，另一个子任务是通过推理方式对给定的由声明和理由组成的论点，从两个候选论据中选出正确的论据。

11.5　实验：中英文知识问答实验

11.5.1　实验介绍

基于知识图谱的知识问答实验的第一步就是构建知识图谱数据库，通过获取网上积累的大量数据，通过主题模型的方式进行挖掘、标注与清洗，再通过预设定好的关系进行实体之间关系的定义来构建知识图谱数据库。第二步就是对输入的问题进行分析，判断该类问题是在针对实体的哪一部分进行提问，再根据问题的类型，在知识图谱数据库中获取对应的答案。

本实验将会使用 Python 语言操作 Neo4j 图数据库，构建电影知识图谱，再通过问题分类器获取输入的问题类型，查询问题类型对应的答案，最终输出答案。

11.5.2　实验目标

（1）掌握 Neo4j 的安装与配置。
（2）了解 Neo4j 如何构建知识图谱。
（3）掌握如何使用 Python 操控 Neo4j。
（4）掌握如何使用 Python 判断输入的问题类型。

11.5.3　实验内容

1. 环境配置
（1）OpenJDK11 的安装及环境配置参考 1.6.3 节的"OpenJDK11 安装"步骤。
（2）Neo4j 的安装及配置参考 1.6.3 节的"Neo4j 图数据库简介与安装"及"Neo4j 的启动"步骤。
2. 创建项目
具体流程可参考 3.5.3 节的"创建项目"步骤，项目名称为 KnowledgeGraph。
3. 创建文件
具体流程可参考 3.5.3 节的"创建文件"步骤，其中文件名分别设置为 MovieQA 和 Neo4jBuild。
4. 数据导入
如图 11-5 所示，在网络浏览器中输入网址下载文件 data.zip。文件下载完成后，进入

/home/techuser/Downloads 目录,找到下载的文件。右击该文件,在弹出的快捷菜单中选择 Open Terminal Here 命令。在 Terminal 界面,将 data.zip 文件解压到 KnowledgeGraph 项目目录下。打开 KnowledgeGraph 项目,可以看到 data 出现在目录中,如图 11-6 所示。

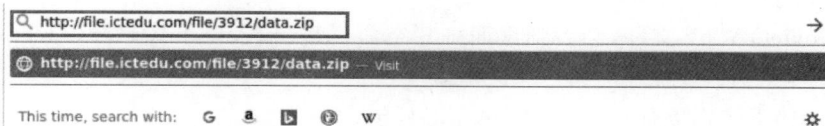

图 11-5 下载文件 data.zip

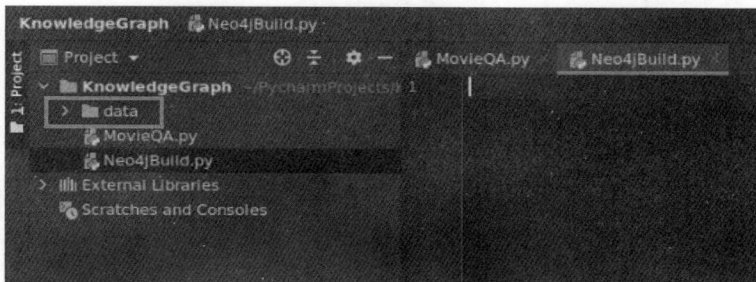

图 11-6 解压后的文件

5. 算法代码

1) Neo4jBuild

打开 Neo4jBuild.py 文件,会看到里面一片空白,依次输入以下代码段(以下代码段均须保存/运行才能通过检测)。

(1) 导入使用到的 Python 工具包:

```
# coding = utf - 8
from py2neo import Node, Graph # 操作 Neo4j 图数据库
import pandas as pd # 读取 .csv 文件
```

(2) 构建图节点函数,该函数主要负责根据 .csv 文件构建对应的图节点:

```
def BulidNode(graph):
    '''
    构建图节点
    :param graph: 图
    :return:
    '''
    f = open("./data/movies_100.csv", 'r', encoding = 'utf - 8')
    df = pd.read_csv(f)
    for index, row in df.iterrows():
        tempNode = Node("Movie", name = row['title'])
        tempNode.update({"mid":row['mid'], "introduction": str(row['introduction']), "rating":
str(row['rating']), "releasedate": str(row['releasedate'])})

        graph.create(tempNode)
```

(3) 主函数,负责连接图数据库,并调用 BuildNode 函数。

```
if __name__ == "__main__":
    graph = Graph("http://0.0.0.0:7474",
                  username = 'neo4j',
```

```
                    password = '123456')            # 连接图数据库
```

```
BulidNode(graph)
```

2）MovieQA

打开 MovieQA.py 文件，会看到里面一片空白，依次输入以下代码段（以下代码段均须保存/运行才能通过检测）。

（1）导入接下来需要使用到的 Python 工具包。

```python
# coding = utf - 8
import re# 正则表达式
import jieba.posseg# 词性标注
from sklearn.naive_bayes import MultinomialNB# 引入模型
from sklearn.feature_extraction.text import TfidfVectorizer# 提取特征
import os# 文件流操作
import jieba# 用于分词
from py2neo import Graph# 操控图数据库
```

（2）问题类负责将问题进行保存，并标注词性，分辨问题类型，然后根据问题类型获取答案。

```python
class Question():
    def __init__(self,user_dict_file):
        '''
        初始化函数
        :param user_dict_file:用户字典文件
        '''
        self.user_dict_file = user_dict_file
        # 初始化相关设置:读取词汇表,训练分类器,连接数据库
        self.init()
    def init(self):
        '''
        初始化问题类
        :return:
        '''
        # 训练分类器
        self.classify_model = QuestionClassifier()
        for i in range(3):
            self.classify_model.train_model()
        self.question_types = {0:"评分",1:"上映时间",2:"简介"}
        # 创建问题模板对象
        self.answerer = Answerer()
    def get_question_answer(self,question,language = 'chi'):
        '''
        获取问题的答案
        :param question:问题
        :param language: 主体的语言
        :return: 答案
        '''
        self.raw_question = str(question).strip()
        # 词性标注
        tag_question = self.question_tagging()
        # 问题类型
        question_type_str = self.get_question_type()
        # 获取到答案
        try:
```

```
                answer = self.answerer.get_question_answer(tag_question, question_type_str,
language=language)
            except:
                answer = "抱歉,我尚未收录该类问题"
            return answer
    def question_tagging(self):
        '''
        标注词性
        :return:词性标注后的问题
        '''
        jieba.load_userdict(self.user_dict_file)
        clean_question = re.sub("[\s+\.\!\/_,$%^*(+\"\')]+|[+——()?【】""!,.?、~@
#¥%……&*()]+","",self.raw_question)
        self.clean_question = clean_question
        question_seged = jieba.posseg.cut(str(clean_question))
        result = []
        question_word, question_flag = [], []
        for w in question_seged:
            temp_word = f"{w.word}/{w.flag}"
            result.append(temp_word)
            word, flag = w.word, w.flag
            question_word.append(str(word).strip())
            question_flag.append(str(flag).strip())
        assert len(question_flag) == len(question_word)
        self.question_word = question_word
        self.question_flag = question_flag
        return result
    def get_question_type(self):
        '''
        获取问题类型
        :return:问题类型字符串
        '''
        # 抽象问题
        for item in ['nm','eng']:
            while (item in self.question_flag):
                ix = self.question_flag.index(item)
                self.question_word[ix] = item
                self.question_flag[ix] = item + "ed"
        # 将问题转化字符串
        str_question = "".join(self.question_word)
        # 通过分类器获取问题模板编号
        question_type_id = self.classify_model.predict(str_question)
        question_type = self.question_types[question_type_id]
        question_type_str = str(question_type_id) + "\t" + question_type
        return question_type_str
```

(3)问题分类器类负责根据预先设定的数据,训练机器学习模型,用于后续的问题分类。

```
class QuestionClassifier():
    def __init__(self):
        self.train_x, self.train_y = self.read_train_data()
        self.model = self.train_model()
    # 获取训练数据
    def read_train_data(self):
        '''
        获取训练数据
```

```python
        :return: 训练数据
        '''
        train_x = []
        train_y = []
        files_list = self.get_files_list("./data/question/")
        label_num = 0
        # 遍历所有文件
        for file_path in files_list:
            # 读取文件内容
            with(open(file_path, "r", encoding = "utf-8")) as fr:
                data_list = fr.readlines()
                for one_line in data_list:
                    word_list = list(jieba.cut(str(one_line).strip()))
                    # 将这一行加入结果集
                    train_x.append(" ".join(word_list))
                    train_y.append(label_num)
            label_num += 1
        return train_x, train_y
    def train_model(self):
        '''
        训练模型
        :return: 模型
        '''
        X_train, y_train = self.train_x, self.train_y
        self.tv = TfidfVectorizer()
        train_data = self.tv.fit_transform(X_train).toarray()
        clf = MultinomialNB(alpha = 0.01)
        clf.fit(train_data, y_train)
        return clf


    def predict(self, question):
        '''
        预测函数
        :param question:问题
        :return: 预测结果
        '''
        question = [" ".join(list(jieba.cut(question)))]
        tv_result = self.tv.transform(question).toarray()
        model_predict = self.model.predict(tv_result)[0]
        return model_predict
    # 获取所有的文件
    def get_files_list(self, root_path):
        '''
        获取 root_path 下的所有文件
        :param root_path:根目录
        :return: 文件列表
        '''
        files_list = []
        walk = os.walk(root_path)
        for root, dirs, files in walk:
            for name in files:
                filepath = os.path.join(root, name)
                files_list.append(filepath)
        return files_list
```

（4）回答者类负责连接图数据库，根据问题类型，检索对应的问题答案：

```python
class Answerer():
    def __init__(self):
        # 连接数据库
        self.graph = Graph("http://0.0.0.0:7474", username = "neo4j", password = "123456")
    def get_question_answer(self, question, question_type, language):
        '''
        获取问题的答案
        :param question:问题
        :param question_type: 问题类型
        :param language: 问题的语言
        :return: 答案
        '''
        type_id = int(str(question_type).strip().split("\t")[0])
        question_word, question_tag = [], []
        for que_str in question:
            word, tag = que_str.split("/")
            question_word.append(str(word).strip())
            question_tag.append(str(tag).strip())
        assert len(question_tag) == len(question_word)
        self.question_word = question_word
        self.question_tag = question_tag
        self.raw_question = question
        self.language = language
        answer = None
        # 0 评分 1 上映时间 2 简介
        if type_id == 0:
            answer = self.get_movie_rating()
        elif type_id == 1:
            answer = self.get_movie_releasedate()
        elif type_id == 2:
            answer = self.get_movie_introduction()
        return answer
    def get_movie_name(self):
        '''
        获取电影名字
        :return: 名字
        '''
        movie_name = ""
        if self.language == "chi":
            tag_index = self.question_tag.index("nm")
            movie_name = self.question_word[tag_index]
        elif self.language == 'eng':
            tag_index = self.question_tag.index("eng")
            str_split = list(filter(None, re.split("([A-Z][^A-Z]*)", self.question_word[tag_index])))
            temp_str = ""
            for index in range( len(str_split) - 1):
                temp_str += str(str_split[index]) + " "
            temp_str += str_split[len(str_split) - 1]
            movie_name = temp_str
        return movie_name
    def get_movie_rating(self):
        '''
        获取电影评分
        :return: 评分
```

```
    '''
    # 获取电影名称,这个是在原问题中抽取的
    movie_name = self.get_movie_name()
    match_str = f"MATCH(m:Movie{{name:'" + str(movie_name) + "'}) return m.rating"
    answer = list(self.graph.run(match_str))[0][0]
    answer = round(float(answer), 2)
    answer_str = movie_name + "电影评分为" + str(answer) + "分!"
    return answer_str
def get_movie_releasedate(self):
    '''
    获取电影上映时间
    :return: 上映时间
    '''
    movie_name = self.get_movie_name()
    match_str = f"MATCH(m:Movie{{name:'" + str(movie_name) + "'}) return m.releasedate"
    answer = list(self.graph.run(match_str))[0][0]
    answer_str = movie_name + "的上映时间是" + str(answer) + "!"
    return answer_str
def get_movie_introduction(self):
    '''
    获取电影简介
    :return: 简介
    '''
    movie_name = self.get_movie_name()
    match_str = f"MATCH(m:Movie{{name:'" + str(movie_name) + "'}) return m.introduction"
    answer = list(self.graph.run(match_str))[0][0]
    answer_str = movie_name + "主要讲述了" + str(answer) + "!"
    return answer_str
```

(5)主函数负责测试 3 种问题类型的答题过程是否可行,并保存答案。

```
if __name__ == "__main__":
    que = Question("./data/userdict.txt")
    results = []
    # 评分
    result = que.get_question_answer("《英雄》电影的评分为")
    print(result)
    results.append(result)
    # 英文,剧情
    result = que.get_question_answer("Forrest Gump 的剧情是什么", language = 'eng')
    print(result)
    results.append(result)
    # 上映时间
    result = que.get_question_answer("《卧虎藏龙》的上映时间是")
    print(result)
    results.append(result)
    with open("results.txt",'w',encoding = 'utf-8')as f:
        for result in results:
            f.write(result + "\n")
```

6. 运行代码

如图 11-7 所示,打开 Terminal 界面,在出现的命令行窗口中输入命令即可运行程序。如图 11-8 所示,程序运行完成后,目录中出现 results.txt 文件,打开此文件,可以看到所问 3 个问题的答案,如图 11-9 所示。

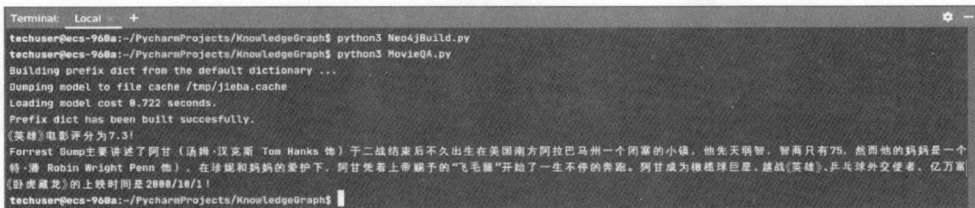

图 11-7 运行程序

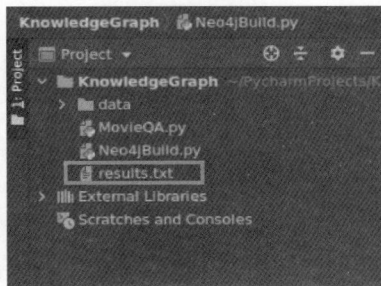

图 11-8 运行后目录

图 11-9 运行结果

11.5.4 实验总结

本实验主要是使用 Python 语言操作 Neo4j 图数据库,完成了电影的知识图谱构建。然后训练机器学习朴素贝叶斯模型判断问题类型,之后根据问题类型在图数据库中,检索对应的问题。由于时间问题,采用的电影知识数据只有 100 条,且只创建了节点,如果希望扩展,可增加数据量和创建关系。

课后习题

1. 选择题

1-1 知识问答或问答是对话的一种形态,一个知识问答系统往往必须具备 4 种条件,其中不包括(   )。

A. 问题　　　　　　　B. 答案　　　　　　　C. 知识库　　　　　　　D. 用户

1-2 下列操作中,(   )的答案通常来自已经结构化的数据或抽取后结构化的数据,而且结构化数据可以用列表的形式返回,也支持进一步的数据统计分析。

A. 信息检索　　　　　B. 问答　　　　　　　C. 数据库检索　　　　　D. 搜索

1-3 知识问答系统按照所具备的 4 个条件可以分为 3 个类型,其中不包括(   )。

A. 知识问题与答案类型　　　　　　　　　B. 知识库类型

C. 智慧体类型　　　　　　　　　　　D. 提问类型

1-4 一种问答类型是按照答案所区分知识库的,当接收到问题时,先对问题分析匹配所对应的问题知识库,在所对应的知识库中搜索答案,这种问答是(　　)。

A. 知识问题与答案类型　　　　　　　B. 知识库类型

C. 智慧体类型　　　　　　　　　　　D. 提问类型

1-5 一种问答类型是针对某一个领域类的问题直接使用该领域的知识库问答,如果不是领域类问题,则通过非领域知识库即开放性知识库来检索问题,这种问答是(　　)。

A. 知识问题与答案类型　　　　　　　B. 知识库类型

C. 智慧体类型　　　　　　　　　　　D. 提问类型

1-6 一种知识问答系统的核心就是信息检索,利用各种信息检索技术检索答案。将相关答案全部检索出,然后给这些答案排序,最后返回最优的答案,这类问答系统是(　　)。

A. 基于信息检索的问答系统　　　　　B. 基于知识库的问答系统

C. 基于问答对匹配的问答系统　　　　D. 混合问答系统框架

1-7 基于信息检索的问答系统根据用户输入的问题,结合自然语言处理以及信息检索技术,在给定文档集合或者互联网网页中筛选出相关的文档,从结果文档内容抽取关键文本作为候选答案,这样的问答系统一般包括 3 个阶段,这 3 个阶段中不包括(　　)。

A. 问题预处理　　　　　　　　　　　B. 信息检索与排序

C. 问题匹配处理　　　　　　　　　　D. 答案预处理

1-8 依赖搜索问答库来发现以前问过的类似问题,并将找到的问答对的答案返回给用户的是(　　)。

A. 基于信息检索的问答系统　　　　　B. 基于知识库的问答系统

C. 基于问答对匹配的问答系统　　　　D. 混合问答系统框架

1-9 表示在限定时间内给出答案,不考虑答案是否正确。系统返回错误或者系统运行过程中发生错误数的统计指标是(　　)。

A. 故障率　　　　B. 响应时间　　　　C. 精确度　　　　D. 准确度

1-10 表示问答系统对用户输入或者请求做出反应的时间的指标是(　　)。

A. 故障率　　　　B. 响应时间　　　　C. 精确度　　　　D. 准确度

1-11 下列评价指标不属于功能评价指标的是(　　)。

A. 精确度　　　　B. 完整性　　　　C. 故障率　　　　D. 准确度

2. 判断题

信息检索以关键词搜索为代表,发现包含搜索关键词的网页或文档。信息检索与知识问答有明显差异。问答以文档来承载答案,用户需要阅读搜索找到的文档来发现相关答案,信息检索直接将答案交付给用户。(　　)

3. 简答题

3-1 一个知识问答系统必须具备的 4 个条件是什么?

3-2 知识问答系统可以分为哪些类别? 各自的类别特点是什么?

3-3 简要列举知识问答系统以及各自的特点。

3-4 知识问答系统的评价方法中的功能评价指标有哪些?

第12章

知识图谱系统与应用

★本章导读★

本章的主要内容是关于知识图谱系统与应用。知识图谱系统与应用是指基于知识图谱技术实现的系统和应用。该领域的主要目标是将不同数据源中的信息整合到一个知识图谱中，使得信息可以更加精准地被访问、发现和利用。

12.1节了解知识图谱系统的外部环境、关键要素和典型架构，深入探讨知识图谱的核心要素，包括本体、三元组、推理引擎、实体链接等；此外，还介绍了知识图谱系统的典型架构，包括知识图谱的存储、查询和推理等方面。12.2节深入探讨知识图谱工程的基本原则、过程模型以及可行性分析；介绍知识图谱工程的六大原则，包括可扩展性、可维护性、可信度等。同时介绍知识图谱工程的典型过程模型，包括需求分析、知识建模、知识融合等环节。最后，介绍知识图谱工程的可行性分析，帮助我们评估知识图谱的技术可行性和商业可行性。12.3节介绍电商知识图谱的构建流程、电商知识图谱的应用等部分；深入探讨了电商知识图谱的构建过程，包括知识抽取、本体建模、知识融合等环节；同时介绍电商知识图谱在商品推荐、搜索排序、智能客服等方面的应用，帮助读者更好地理解知识图谱在实际应用中的作用。

本章学习需要掌握该章节的知识要点，需要了解知识图谱系统的关键要素和典型架构，以及知识图谱工程的基本原则和过程模型。同时，需要了解知识图谱应用的实际场景和案例，以及如何使用可视化工具对知识图谱进行探索和展示。

★知识要点★

（1）图谱系统的关键要素和典型架构，包括知识图谱的存储方式、知识表示和推理、知识图谱的应用接口等。

（2）图谱工程的基本原则、过程模型和可行性分析，包括需求分析、数据采集、数据处理和知识图谱的构建等环节。

（3）知识图谱的构建流程和应用，包括电商知识图谱的数据来源、构建流程、知识图谱应用案例等。

12.1 知识图谱系统

12.1.1 知识图谱系统的外部环境

知识图谱系统是一类以知识图谱建设与应用为核心内容的人机协作系统。作为一类大规模复杂系统,知识图谱系统是企业庞大信息系统或智能系统的一部分。与传统的信息系统相比,知识图谱的构建与应用是知识图谱系统的基本标志。在当前的企业信息化与智能化建设过程中,知识图谱系统对于其他信息系统会起到助推与赋能的作用,而不会代替它们。各类管理信息系统(例如,企业的财务、人事管理信息系统)以及智能信息系统(例如,智能门禁系统、商务智能系统)有其不可替代的价值,没有这些系统积累的数据与业务知识,知识图谱系统建设难以成功。

知识图谱系统给其他信息系统带来认知能力,这种能力体现为一系列具体的认知服务。知识图谱系统与其他信息系统这种赋能关系决定了知识图谱建设不是"大破大立"式的另起炉灶与重新建设,而是"和风细雨"式的柔性改造与能力升级。

知识图谱系统与企业其他信息系统之间的关系如图 12-1 所示。

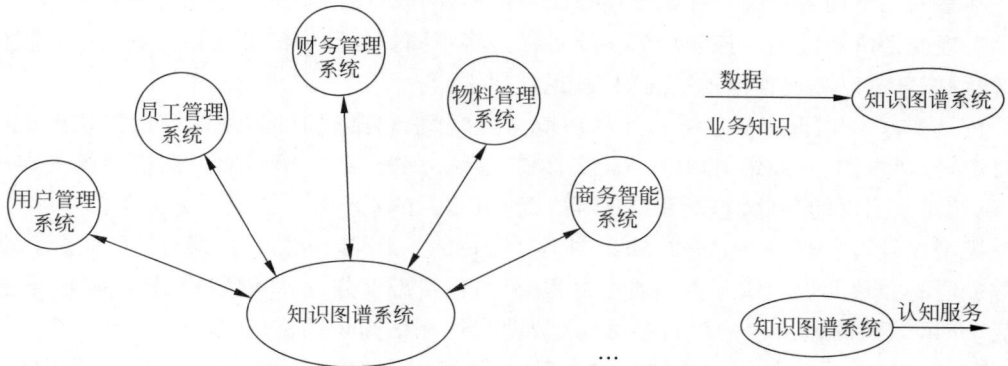

图 12-1 知识图谱系统与企业其他信息系统之间的关系

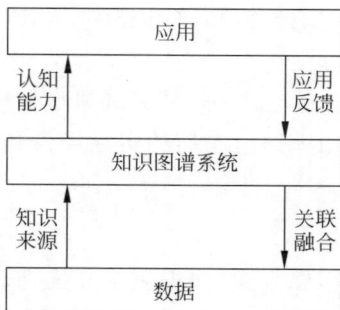

图 12-2 知识图谱与数据之间的关系

随着知识图谱应用的推广,知识图谱系统日益占据向上支撑应用、向下统摄数据的核心地位,如图 12-2 所示。在一个典型的企业知识图谱系统中,知识图谱与数据之间的关系是双向的。一方面,各业务系统的数据是构建知识图谱的知识来源;另一方面,知识图谱中的关联关系也为各业务数据的关联与融合提供了支撑,使得自主、普适的数据关联成为可能。

知识图谱系统与应用之间的关系也是双向的。一方面,知识图谱系统的各类认知服务支撑企业各种典型应用的智能化升级;另一方面,各类应用为知识图谱系统提供反馈。这里的反馈包含两个主要内容:一是对认知服务能力效果的反馈;二是对知识图谱中的知识质量的反馈。

很多大型企业,由于业务多元、服务多样,因此对于技术与服务的平台化提出了诉求。越来越多的技术中台与业务中台的建设被提上了议事日程。随着智能化技术的推进,中台的智能化已经成为鲜明的发展趋势。知识图谱系统向上支撑应用、向下统摄数据的这一核心地位决定了其将成为未来智能化平台的核心引擎。

12.1.2 知识图谱系统的关键要素

知识图谱系统的关键要素包括人、算法与数据,如图 12-3 所示,三者相互影响,密不可分,共同构成了知识图谱系统的坚实基础。算法需要人定义特征、选择模型;算法还需要标注数据;数据来自人的活动,来自人的标注;算法的结果支撑人的行为与决策。

图 12-3 知识图谱系统的关键要素

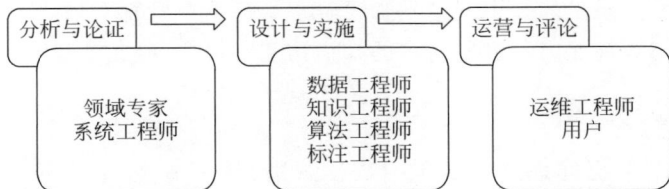

这里的"人"是指知识图谱系统的各人类角色。人是知识图谱系统的发起者、设计者、实施者与评价者,是知识图谱系统的核心。知识图谱系统中的人员涉及众多角色,根据知识图谱系统生命周期的 3 个主要阶段,"人"可以分为以下几类角色,如图 12-4 所示。

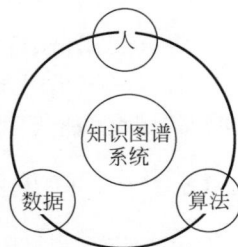

图 12-4 知识图谱系统生命周期的 3 个主要阶段

(1) 在分析与论证阶段,需要领域专家与知识图谱系统工程师共同开展需求分析,论证知识图谱系统建设的必要性与可行性。对于必要性,应从应用需求的迫切性与业务价值等角度进行评判;对于可行性,则从数据资源禀赋、应用要求以及知识表示的复杂程度等角度来评估,并进一步合理规划知识图谱系统建设所需要的数据资源、人员投入以及资金投入等。

(2) 在设计与实施阶段,需要各类工程师完成数据治理、知识加工、算法设计以及样本标注等各环节的任务。

(3) 在运营与评价阶段,需要运维工程师对知识图谱系统进行长期运维,需要用户对系统实施效果加以评价。

这里的"数据"特指作为知识图谱知识来源的数据。数据是符号化的记录,数据经过知识加工而成为知识,知识是数据升华的结果。作为大数据知识工程的代表,知识图谱能否实现自动化知识获取是关键,而自动化知识获取的前提是数据。

知识图谱系统所使用的数据类型众多,可以是事实数据,也可以是元数据(关于数据的数据);可以按照模态分为关系数据、文本数据、多媒体数据;也可以按照业务类型分为人事、财务、物料等各类数据;还可以按照来源分为内部数据与外部数据,外部数据可以分为百科数据、Web 数据、社交媒体数据、新闻媒体数据、企业内部业务数据等;而从业务知识来源的角度可以分为领域本体、叙词表、领域百科、企业社区数据等。

大数据的一个基本特点是多样性(variety)。知识图谱的数据来源往往是多样的,不同数据来源的模式常常是异构的,这些都对大规模知识加工提出了巨大挑战,因为知识获取、知识验证等算法都需要定制。因此,大规模自动化知识获取在数据处理层面面临着巨大的挑战。

这里的"算法"是知识图谱系统整个生命周期内涉及的自动化计算过程、模型、策略的总称。知识图谱的构建、管理与应用等各个环节均涉及大量算法。知识图谱的构建环节涉及知识的获取模型、知识的融合策略、知识的验证机制以及知识的评估方法。知识图谱的管理环节涉及知识图谱的存储模型、组织方法、索引方式、查询模型、检索方法等。知识图谱的应用环节涉及基于识图谱的语言理解模型、语义搜索模型、智能推荐模型、自然语言问答模型、面向知识图谱的推理机制与解释方法等。

12.1.3 知识图谱系统的典型架构

知识图谱系统接收外部数据作为输入,历经数据处理、知识加工、知识管理和认知服务,最终为各种场景下的应用提供认知服务能力。数据处理层接收原始数据作为输入,经过数据处理形成高质量数据。高质量数据进入知识加工层,经过各种知识加工工序形成高质量知识图谱。大规模、高质量的知识图谱是知识管理层的主要管理对象,知识管理层提供知识图谱的存储、索引与查询能力。这些基本的知识访问能力 一步支撑基于知识图谱的认知服务的实现。

1. 数据处理层

如图 12-5 所示,数据处理层主要包括数据甄别、数据清洗、数据转换和数据融合等步骤。数据甄别旨在明确建立领域知识图谱的数据来源。知识图谱的源数据可以来自对互联网各领域百科的爬取,也可以来自通用百科图谱的导出,还可以来自内部业务数据的转换,或者来自外部业务系统的导入。应该尽量选择结构化程度较高、质量较好的数据源,从而尽可能降低知识获取的代价。

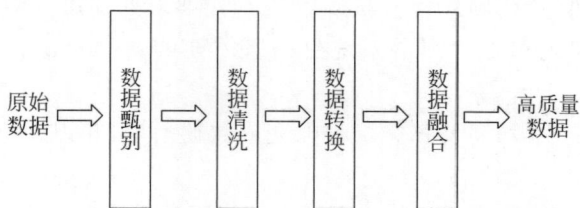

原始数据 ⇒ 数据甄别 ⇒ 数据清洗 ⇒ 数据转换 ⇒ 数据融合 ⇒ 高质量数据

图 12-5 数据处理层

不同的数据来源有着不同的数据质量,数据加工的方式也不尽相同。数据清洗、数据转换与数据融合等步骤与传统构建数据仓库所需要的数据处理步骤相似。

数据清洗是对数据中的噪声,特别是来自互联网的错误、虚假信息等进行清洗,对表示不规范的数据进行统一与规范化。

数据转换是将不同形式、不同格式的数据转换成统一的表达形式。

数据融合是针对不同来源的数据在数据层面进行融合。

2. 知识加工层

知识加工层是整个知识图谱系统的核心。它接收数据处理层生成的高质量数据作为输入,输出高质量知识图谱,如图 12-6 所示。

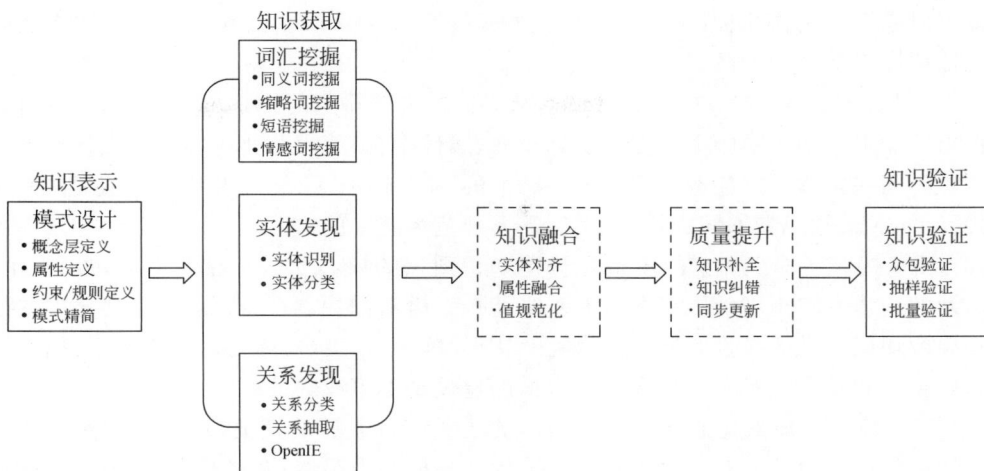

图 12-6　知识加工层

知识加工的核心步骤有 3 个：知识表示、知识获取与知识验证。

知识表示旨在明确应用所需的知识表示形式。

知识获取旨在在相应的知识表示框架下获取相应的知识实例。

知识验证对知识的质量展开验证。当存在多个数据来源时，往往还需要通过知识融合对从不同来源获取的知识进行融合。

另外，质量提升可以作为单独的环节，也可以融于知识获取的具体实现中。因此，知识融合与质量提升都是可选的模块。

在领域知识图谱应用中，知识表示体现为模式设计，知识获取通常包含词汇挖掘、实体发现、关系发现 3 个主要内容。整个流程中的关键模块分别介绍如下。

（1）模式设计。这一模块与传统的本体设计极为相似。基本内容包括指定领域的基本概念，以及概念之间的 subclassOf 关系，明确领域的基本属性，明确属性的适用概念，明确属性值的类别或者范围。此外，领域还需要定义约束或规则。这些元数据对于消除知识库不一致、提升知识库质量具有重要意义。

（2）词汇挖掘。人们对某个行业知识的学习，都是从该行业的基本词汇开始的。在传统图书情报学领域，领域知识的积累往往是从叙词表的构建开始的。叙词表中涵盖的大部分词汇都是领域的主题词，以及这些词汇之间的基本语义关联。这一模块需要识别领域的高质量短语、同义词、缩略词，有时也包括领域的情感词。

（3）实体发现。需要指出的是，领域词汇只是领域中被识别出的重要短语和词汇，但是这些短语和词汇未必是一个领域实体。从领域文本中识别某个领域的常见实体是理解领域文本和数据的关键步骤。在识别实体后，还需要对实体进行归类。将实体归到相应的类别（或者说将某个实体与领域类别或概念进行关联）是实体归类的基本目标，是理解实体的关键步骤。

（4）关系发现。关系发现或者知识库中的关系实例填充是整个领域知识图谱构建的重要模块。关系发现根据不同的问题模型又可以分为关系分类、关系抽取和开放关系抽取等不同变种。关系分类旨在将给定的实体对分类到某个已知关系；关系抽取旨在从文本中抽取某个实体对的具体关系；OpenIE（开放关系抽取）从文本中抽取出实体对之间的关系描述。也可以综合使用这几种模型与方法,比如根据开放关系抽取得到的关系描述将实体对分类到知识库中的已知关系。

（5）知识融合。知识抽取的来源多样,从不同的来源得到的知识不尽相同,这就对知识融合提出了需求。知识融合需要完成实体对齐、属性融合、值规范化等步骤。实体对齐识别不同来源的同一实体。属性融合识别同一属性的不同描述。不同来源的数据值通常有不同的格式、不同的单位或者不同的描述形式,需要规范为统一的格式。

（6）质量提升。知识图谱的质量是构建知识图谱的核心要素。在大规模知识表示中,数据驱动的构建方式是当前知识图谱的基本特点。语料的偏置（bias）以及自动化方法的错误势必导致知识图谱的质量问题（包括缺漏、错误、陈旧等）,因此需要对知识图谱进行补全、纠错和更新。质量提升对于大规模知识图谱的建设是不可或缺的。

（7）知识验证。知识验证是对知识图谱的质量进行最后的把关,现阶段仍然需要由人来完成知识的最终验证。对于数据量以亿计的大规模知识图谱,全量验证代价极大,故通常通过抽样来完成验证,也可以通过众包方式将验证任务分发给众包工人并完成验证。

3. 认知服务层

认知服务层旨在基于知识图谱向各种应用提供认知能力,包括语言理解和认知服务两类基本能力以及推理引擎这一核心模块。在语言理解层级,提供从自然语言到知识图谱中的知识要素的映射,包括实体理解（实体链接）、概念理解（概念识别）、属性理解、主题理解（主体识别）等。在有些应用中,需要将自然语言映射到事件描述框架,因此还需要开展框架映射。

基于语言理解的基本能力形成认知服务,包括语义搜索、智能推荐、问答交互以及解释生成。这些认知服务都是基于知识图谱形成的。比如,知识图谱中的实体与概念可以帮助识别搜索中的实体或概念,从而识别搜索意图。在概念图谱的支撑下,可以实现基于上下位关系的推荐。其中,问题理解、属性匹配、会话引导与答案生成都可以利用知识图谱的知识。

随着可解释需求日益增多,为机器决策生成解释日益重要。比如,从知识图谱中找到关联路径解释实体对之间的关系（对应路径发现）,为一个待解释问题匹配相应的知识图谱子图等（对应解释匹配）。

此外,在整个认知服务的实现过程中,推理引擎的实现也十分重要,推理在某种意义上是符号知识存在的最独特的价值。知识图谱上推理引擎的实现可以弥补知识的缺失,提升系统的智能程度。

知识图谱上的推理有以下几种主要的实现方式:

（1）另行定义规则,以知识图谱作为基本事实开展推理。

（2）基于知识图谱的分布式推理。

（3）基于知识图谱的显式推理。

在实际应用中,往往是多种推理机制并存,最后通过特定的协同机制完成最终的推理。比如,往往先用分布式推理进行粗筛选,再利用显式推理和基于规则的推理生成可解释的结果,并将最终推理结果呈现给终端用户。

4. 知识管理层

知识管理层旨在实现知识图谱数据的有效管理和高效访问,其主要模块如图 12-7 所示。知识图谱的管理涉及知识图谱的建模、存储、索引和查询。建模部分明确知识图谱的数据结构。存储部分完成知识图谱在硬盘或者分布式环境下的存储与组织方式。为了加快大规模知识图谱上的查询速度,通常需要建立相应的索引结构,包括子结构索引和关键词索引。最终基于这些索引方式实现各类查询,包括特定子图结构的查询。

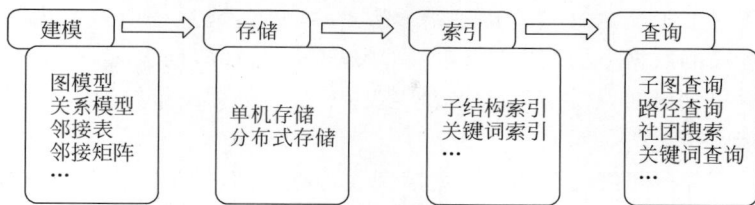

图 12-7 知识管理层主要模块

12.2 知识图谱工程

12.2.1 基本原则

知识图谱工程实践过程中呈现出一些普适的基本原则。坚持这些基本原则是保障知识图谱工程顺利实施的前提。

1. 合理定位

为知识图谱项目设定合理的目标十分重要。期望过高或者期望明显高于当前技术水平会带来不良后果。任何一个普通人在知识方面所具有的智能,都是当前的机器无法企及的。以当前的技术水平,让机器代替专家助理工作是一个合适的目标,而代替领域专家工作仍然十分困难。专家的很多知识是隐性的、难以言明的、难以外化的,需要经年累月的学习与训练,所积累的不单单是简单的关联事实,更涉及思维方式、场景适配、异常处理等知识,还会涉及大量的元知识(meta-knowledge,也就是有关知识的知识),以及大量难以有效表达的知识。而专家助理的工作相对简单,是规则性的简单知识工作,普通人只需要具备简单的词汇知识、了解基本的事实即可胜任,因此机器代替专家助理是有可能率先在实际应用场景中取得成效的。

2. 应用牵引

应用牵引的发展思路是与平台支撑的思路相对而言的。前者从应用出发,明确技术需求;后者从技术能力与平台出发,适配应用。当前人工智能的发展多以场景化应用为主,基于知识图谱的认知智能还没发展到普适、通用智能的阶段,不同应用、不同场景所需要的知识表示不同、知识获取手段不同、数据资源禀赋不同,这些都决定了知识图谱技术平台化发展异常艰难。

3. 循序渐进

知识图谱技术体系复杂多样,每类关键技术的成熟度不同,有的已进入实用化阶段,有的仍处于学术研究阶段。一个技术体系的发展历程通常呈现出部分技术先成熟然后逐步带动相关技术发展的特点。知识图谱各项技术成熟度不均衡是当前知识图谱产业实践中的基本特征。知识图谱的大部分技术仍然只能在特定测试集上取得一定的效果,还难以在广泛而多样的数据上取得稳定效果。

4. 先易后难

在知识图谱的整个技术栈中，仍然存在一些瓶颈，比如，从文本中获取知识仍然面临不少困难，落地困难重重。即便是一个简单的中文分词任务，仍然需要做大量的研究工作。准确的分词依赖于对上下文语义的准确理解。因此，实际落地过程应遵循先易后难的原则：先从结构化程度高的数据中抽取出易于获得的语言知识（如叙词表、上下位概念），再从半结构化数据中抽取出世界知识，进而总结出业务知识，最后处理决策知识。

5. 由粗到细

知识表示是有粒度粗细之分的。粒度越细表达越精准，但是知识获取的难度也越大，知识的不确定性也越大。比如，在概念图谱中，实例的概念归属往往随着概念粒度变细而变得不确定。因此，知识资源的建设应该遵循由粗到细、逐步求精的基本原则。

6. 求同存异

知识是人们认知世界的结果。不同的认知主体对于同一个世界的认识是有差异的，知识因此具有主观性。在当前阶段，深究知识的主观性问题可能十分困难，因为知识的主观性差异往往是细微的。因此，比较务实的做法是求同存异、搁置争议。随着系统的上线，用户反馈的数据日益增多，有争议的事实可以使用数据驱动的方法来加以界定。在知识图谱落地的过程中，应该暂且搁置争议，先解决容易解决的问题，剩下的问题在时机成熟时或许就水到渠成，自然能够解决了。

7. 人机协同

当前知识图谱的落地需要机器和人，二者缺一不可。传统知识工程对人有着较强的依赖，限制了知识库的规模与效用；大数据知识工程强调数据驱动的知识获取，依赖机器实现自动化知识获取。

当前的知识获取自动化仍然需要人的干预，人在环中（human-in-the-loop）仍是常态，如图 12-8 所示。当前的人工智能总体上是人类指导下的智能（human supervised AI），机器智能在以下几方面需要人类的指导。

首先，机器需要人类赋予其认知世界、认知特定领域的基本概念框架。

其次，机器需要人类标注样本、反馈结果。

因此，人机协同是知识图谱工程推进的基本原则之一。

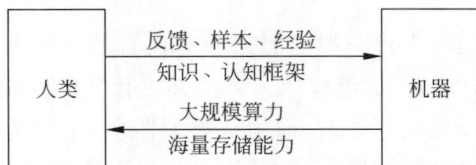

图 12-8　知识获取自动化与人工干预

8. 快速启动

很多行业或者企业在开展知识图谱项目时，或多或少已经拥有了很多相关知识资源，比如领域本体、叙词表等。互联网上的公开数据来源中也存在不少相关的百科资源，通用百科图谱已经涵盖了某个领域大量的实体。这些知识资源往往消耗了巨大的人工成本，是经过多年持续积累而得到的，是构建相关知识图谱的宝贵财富。充分利用这些资源，是提高领域知识图谱构建的起点以及知识图谱项目成功落地的关键思路之一。

此外,跨领域迁移也是降低构建知识图谱成本的重要思路,因为相近领域的知识是可以复用的。这个原则也意味着在知识图谱落地过程中将来会涌现出一大批面向特定行业提供知识图谱解决方案的企业。因此,复用是知识资源建设的重要策略之一。

12.2.2 过程模型

知识图谱工程的生命周期包含 3 个主要阶段:分析与论证、设计与实施以及运营与评价,每个阶段都作为后续阶段的输入。3 个阶段相继完成后,整个工程进入下一轮循环,如此迭代进行,直至实现智能化。知识图谱工程的过程演进模型如图 12-9 所示。

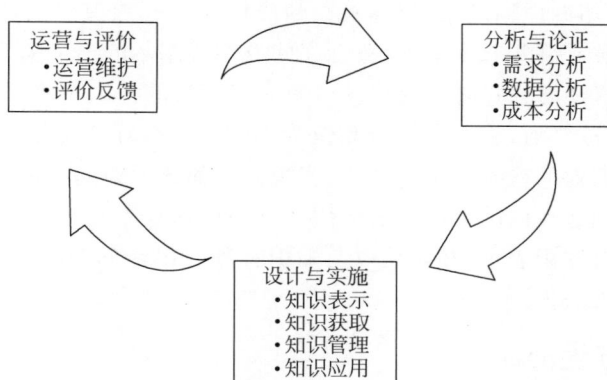

图 12-9 知识图谱工程的过程演进模型

1. 分析与论证

目标:理解和定义项目需求,通过详细的分析和论证确定项目的可行性和方向。

需求分析:通过与利益相关者的沟通,确定知识图谱需要解决的问题和达到的目标。包括收集用户需求、定义功能和性能需求等。

数据分析:对现有数据进行分析,确定数据来源、数据质量和数据结构。评估数据的可用性和完整性。

成本分析:评估项目所需的资源和成本,包括人力、时间、资金等。确定项目预算并进行成本效益分析。

2. 设计与实施

目标:根据分析结果,设计和构建知识图谱的具体实现方案,并进行实际的开发和部署。

知识表示:选择合适的知识表示方法和技术,设计知识图谱的结构和格式,例如,选择RDF、OWL 等技术标准。

知识获取:从各种数据源中提取知识,包括结构化数据、非结构化数据和半结构化数据。使用自然语言处理、信息抽取等技术获取知识。

知识管理:设计和实现知识的存储、索引和检索机制。确保知识的可管理性和可扩展性。

知识应用:开发和部署知识图谱应用,支持具体业务需求,如问答系统、推荐系统、数据分析等。

3. 运营与评价

目标:确保知识图谱系统的持续运行和性能优化,通过评价反馈进行改进。

运营维护：监控知识图谱系统的运行状态，进行日常维护，确保系统的稳定性和可靠性。处理系统故障和性能问题。

评价反馈：评估知识图谱的效果和性能，通过用户反馈和系统监控数据，分析系统的优缺点。制订改进计划，不断优化系统。

通过上述 3 个部分的循环，知识图谱工程能够不断改进和演进，适应不断变化的需求和环境。各个部分紧密相连，形成一个持续改进的闭环过程。

从知识的加工流程角度来看，知识图谱系统的设计与实施阶段包含 4 个重要环节：知识表示、知识获取、知识管理与知识应用。4 个环节环环相扣，彼此构成相邻环节的输入与输出。知识应用环节明确应用场景，明确知识的应用方式。知识表示环节定义了领域的基本认知框架，明确领域有哪些基本概念，概念之间有哪些基本的语义关联。知识表示除提供机器认知的基本框架，还要通过知识获取环节来充实大量的知识实例。

知识实例获取完成之后，就可以进行知识管理了。这个环节将知识加以存储并建立索引，为上层应用提供高效的检索与查询方式，实现高效的知识访问。最后，形成知识服务，支撑包括搜索、推荐与问答在内的各种智能应用。在知识的具体应用过程中，会不断得到用户的反馈，这些反馈会对知识表示、知识获取与知识管理提出新的要求，因此整个生命周期会不断迭代、持续演进下去。

12.2.3　可行性分析

知识图谱技术仍然是发展中的技术，其中很多技术还不成熟，因此做好可行性分析十分重要。知识图谱落地的可行性与以下几个因素关系密切。

1. 是否是封闭应用

封闭的对立面是开放。所谓"开放"，是指无法预期可能发生的事态，从而无法有效预设先验规则。换言之，在开放性环境中，机器很容易碰到无法合理处理的情况，因为这些情况没有被定义过、没有被描述过，使得机器无所适从。开放性问题是知识工程乃至整个人工智能领域的根本难题。它与一系列我们经常提及的人工智能难题都有着密切的关系。开放性问题对于知识工程的挑战体现在知识的需求难以闭合方面，也就是说，实际应用所需要的知识往往会超出领域预先设定的知识边界。因此，行业应用中的知识需求难以封闭于领域知识的边界范围内。

2. 是否涉及常识

越少涉及常识，应用就越容易成功。常识是每个人都无须言明即可理解的知识。对常识的获取与理解是实现通用人工智能的关键基础问题。然而，常识存在难以建模、难以获取、理解机制不明等问题。

（1）常识难以建模。至今我们还给不出关于常识的严格定义。不同人所言及的"常识"在内涵与外延上都可能存在差异。

（2）常识难以获取。每个人都可以理解常识，而且无须说明就能理解，因此，文本或者语料中对于常识鲜有提及，也就无从抽取。常识缺失成了知识库的常态。

（3）常识的理解机制尚不明确。人类究竟是如何形成对常识的理解的？人类对常识的理解大都是以直接且近乎直觉的方式完成的。那么，机器是否也有与人类类似的常识理解机制？机器的常识理解之路与人类的是否一致？对这些问题均有待深入研究。

3. 是否涉及元知识

所谓元知识,是指有关知识的知识。属性的领域(domain)与范围(range)就是一类典型的元知识。元知识还可以包括领域内的约束,也可以是如何使用知识的知识。为特定场景或应用适配相关知识是智能的重要体现之一。越来越多的实际应用对这类元知识提出了诉求。总体而言,对元知识的需求越大,其应用就越困难,这种情况的根本原因在于机器的归纳能力有限。任何归纳都是按照既定的认知框架进行的。比如,从样本学习一个分类器,本质上也是在归纳,但是分类器的模型不管是支持向量机还是深度学习模型,都需要预先指定,模型本身就是一类元知识。当前的机器智能还不足以自我发展出具有框架性质的元知识。

12.3 知识图谱应用案例

视频讲解

12.3.1 电商知识图谱的构建

典型的通用知识图谱项目有 DBpedia、WordNet、ConceptNet、YAGO、Wikidata 等。领域知识图谱常常用来辅助完成各种复杂的分析应用或决策支持,并且在多个领域均有应用,不同领域的构建方案与应用形式则有所不同。下面以电商领域为例,从图谱构建与知识应用两个方面介绍领域知识图谱的技术构建。

当下,电商的交易规模巨大,对每个人的生活都有影响。随着 O2O 零售行业的发展,电商交易场景不再是单纯的线上交易场景,而是新零售、多语言、线上线下相结合的复杂购物场景,电商企业对数据互联的需求越来越强烈。在此基础上,电商交易逐渐转变为集 B2C、B2B、跨境于一体,覆盖"实物+虚拟"商品,结合跨领域搜索发现、导购、交互多功能的新型电商交易。

因而电商知识图谱变得非常重要。相对于通用知识图谱,它有很多不同之处。

首先,电商平台是围绕着商品,买卖双方在线上进行交易的平台,故而电商知识图谱的核心是商品。整个商业活动中有品牌商、平台运营、消费者、国家机构、物流商等多角色参与,相对于网页来说,数据的产生、加工、使用、反馈控制得更加严格,约束性更强。如果电商数据以知识图谱的方法组织,则可以从数据的生产端开始遵循顶层设计,电商数据的结构化程度相对于通用域来说做得更好。

此外,面向不同的消费和细分市场,不同角色、不同市场、不同平台对商品描述的侧重都不相同,使得对同一个体描述时会有不同的定义。知识融合就变得非常重要。

最后,与通用知识图谱比较,电商知识图谱受到大量的国家标准、行业规则、法律法规对其商品描述的约束。要做到与消费者需求匹配,需要大量的人的经验,在这种背景下,知识推理显得更为重要。

下面以阿里巴巴知识图谱为例,介绍电商知识图谱的相应技术模块和应用。在商品知识的表示方面,电商知识图谱以商品为核心,以人、货、场为主要框架。目前共涉及 9 类一级本体和 27 类二级本体。一级本体分别为人、货、场、百科知识、行业竞争对手、品质、类目、资质和舆情。人、货、场构成了商品信息流通的闭环,其他本体主要给予商品更丰富的信息描述。

电商知识图谱主要的获取来源为知识众包,其中的关键就是知识图谱本体设计。在设计上既要考虑商品本身,又要考虑消费者需求和便于平台运营管理。另一个核心工作是要开发面向电商各种角色的数据采集工具。

此外,电商知识的另一个来源是文本数据,例如,商品标题、图片、详情、评价以及舆情中的品牌、型号、卖点、场景等信息。这就要求命名识别系统具有跨越大规模实体类型的识别能力,能够支持电商域数据、人机语言交互自然语言问题以及更广泛的微博、新闻等舆情域数据的识别,并且把识别出的实体与知识图谱链接起来。特别地,商品属性和属性值涉及上千的实体类型,一般可以分为以下几类。

(1) 商品域:类目、产品词、品牌、商品属性、属性值、标准产品。

(2) LBS 域:小区、超市、商场、写字楼、公司。

(3) 通用域:人物、数字、时间。

最后,对知识图谱实体的描述,除了基础的属性与属性值,很多是通过实体标签来实现的。相对来说,标签变化快、易扩展。这类知识大多是通过推理获得的。例如,在食品的标签生成中,知识推理主要通过食品的配料表数据和国家行业标准实现,如以下常见的数据。

(1) 无糖:碳水化合物含量小于或等于 0.5g/100g(固体)或 0.5g/100ml(液体);

(2) 无盐:钠含量小于或等于 5mg/100g 或 5mg/100ml。

通过推理,可以把配料表数据转化为"无糖""无盐"等知识点,从而真正地把数据变成知识标签,并改善消费者的购物体验。

大量的多源异构数据的汇集需要考虑知识的融合,主要涉及商品和产品两个核心节点的知识融合。知识融合主要利用大规模聚类、大规模实体链接、大规模层次分类等技术,依据商品或产品的图片、文本、属性结构化等数据,其中图片的处理涉及相似图计算、OCR 等技术。

大规模层次分类需要把目标商品或产品归到上千个商品的 1 级和 2 级类目中去。其中的难度在于类目的细分和混淆度,以及大规模训练数据的生成和去噪。

大规模聚类的目的是先对统一数据源的信息做一次融合。大规模实体链接的核心是通过知识图谱的候选实体排序,把新的实体与知识图谱目标识别进行关联,从而把新知识融入知识图谱。在新知识融入工程中,涉及不同数据源属性名称和属性值的映射和标准化。这就需要大规模电商词语仓库的建设和挖掘。

通常来说,电商知识图谱的实体量比通用知识图谱的实体量要大很多,选择存储方案时,需要考虑很多因素,例如,支持的查询方式、支持的图查询路径长度、响应时间、机器成本等。因此,存储主要采取多种存储方式混合的方案。

另一方面,考虑到成本因素,全量的图谱数据通过离线关系数据库存储,包含实体表、关系表、类目表 3 种表类型。为了更好地支持在线图查询和逻辑查询,与在线业务相关的知识图谱子图采用在线图数据库来存储。离线关系数据库支持在线图数据库导入。考虑到图数据的查询性能与节点路径长度关系很大,为保证毫秒级的在线响应,部分数据支持在线关系数据库查询。

12.3.2　电商知识图谱的应用

在应用方面,作为商品的"大脑",电商知识图谱的主要有以下几方面的应用。

（1）电商知识图谱的主要应用场景就是智能导购。所谓导购,就是让消费者更容易找到他们想要的东西,例如,买家输入"我需要一条漂亮的真丝丝巾",商品的"大脑"会通过语法词法分析来提取语义要点"一""漂亮""真丝""丝巾"这些关键词,从而帮买家搜索到合适的商品。在导购中,为了让发现更简单,商品的"大脑"还学习了大量的行业规范与国家标准,例如,全棉、低糖、低嘌呤等。

（2）商品的"大脑"可以从公共媒体、专业社区的信息中识别出近期热点词,跟踪热点词的变化,由运营人员确认是否成为热点词,之后买家在输入热点词后,就会出现自己想要的商品。

（3）商品的"大脑"还能通过实时学习构建出场景。例如,输入"海边玩买什么",结果中就会出现泳衣、游泳圈、防晒霜、沙滩裙等商品。

电商平台管控从过去的"巡检"模式升级为在发布端实时逐一检查。在海量的商品发布量的挑战下,最大限度地借助大数据和人工智能阻止坏人、问题商品进入电商生态。为了最大限度地保护知识产权,保护消费者权益,电商知识图谱推理引擎技术满足了智能化、自学习、毫秒级响应、可解释等更高的技术要求。

例如,在检索商品的父类时,通过上下位推理把子类的对象召回,同时利用等价推理（实体的同义词、变异词、同款模型等）扩大召回范围。以拦截"产地为某核污染区域的食品"为例,推理引擎翻译为"找到产地为该区域,且属性项与'产地'同义,属性值是该区域下位实体的食品,以及与命中的食品同款的食品"。

12.4 实验：人物关系知识图谱实验

12.4.1 实验介绍

知识图谱构建从最原始的数据开始,采用一系列自动或半自动的技术手段,从原始数据库和第三方数据库中提取知识事实,并将其存入知识库的数据层和模式层。中国四大名著之一的《红楼梦》,一直都以人物众多、人物关系复杂著称,在本实验中,我们将对《红楼梦》的人物关系,使用知识图谱的方式进行梳理,将其转变为图的格式进行展示,使我们能够对《红楼梦》的人物关系一目了然。

12.4.2 实验目标

（1）掌握 Neo4j 的安装与配置。
（2）了解 Neo4j 如何构建知识图谱。
（3）掌握如何使用 Python 操控 Neo4j。

12.4.3 实验内容

1. 环境配置

（1）OpenJDK11 的安装及环境配置参考 1.6.3 节的"OpenJDK11 安装"步骤。
（2）Neo4j 的安装及配置参考 1.6.3 节的"Neo4j 图数据库简介与安装"及"Neo4j 的启动"步骤。

2. 创建项目

具体流程可参考 3.5.3 节的"创建项目"步骤,项目名称为 KnowledgeGraph。

3. 创建文件

具体流程可参考 3.5.3 节的"创建文件"步骤,其中文件名称为 PersonRelation。

4. 数据导入

如图 12-10 所示,在网络浏览器中输入网址下载文件 triple.csv。文件下载完成后,进入/home/techuser/Downloads 目录,找到下载的文件。右击文件,在弹出窗口中选择 Open Terminal Here。在 Terminal 界面,将 data.zip 文件解压到 KnowledgeGraph 项目中。打开 KnowledgeGraph 项目,可以看到 triple.csv 出现在目录中,如图 12-11 所示。

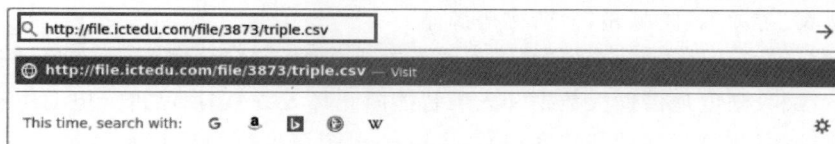

图 12-10　下载文件

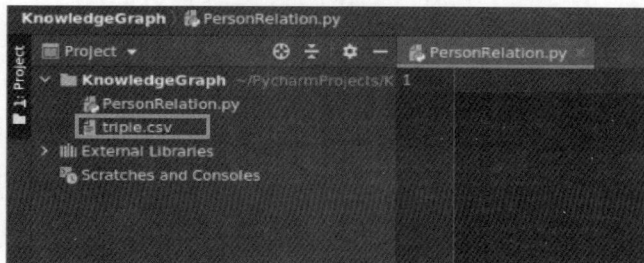

图 12-11　triple.csv 已导入

5. 算法代码

打开 PersonRelation.py 文件,会看到里面一片空白,依次输入以下代码段(以下代码段均须保存/运行才能通过检测)。

(1) 导入接下来需要使用到的 Python 工具包。

```
# coding = utf - 8
import pandas as pd # 用于读取 CSV 文件 coding = utf - 8
from py2neo import Node, Relationship, Graph, NodeMatcher # Python 连接 Neo4j 数据库所需工具包
```

(2) 构建数据函数,该函数会根据 file_path 中的数据构建相应的节点和关系。

```
def BulidData(graph, file_path):
    '''
    构建数据
    :param graph:连接到的图数据库
    :param file_path:csv 文件路径
    :return:
    '''
    f = open(file_path, 'r', encoding = 'gbk')
    df = pd.read_csv(f)
    # 构建节点
    persons = set()
    for index, row in df.iterrows():
```

```
        persons.add(row['head'])
        persons.add(row['tail'])
    for person in persons:
        tempNode = Node("Person", name = person)
        graph.create(tempNode)
    #构建关系
    Matcher = NodeMatcher(graph)
    for index, row in df.iterrows():
tempRelationship = Relationship(Matcher.match('Person', name = row['head']).first(),
                        row['label'], Matcher.match('Person', name = row['tail']).first
())
        graph.create(tempRelationship)
```

（3）主函数负责连接图数据库，并调用 BulidData 函数。

```
if __name__ == "__main__":
    graph = Graph("http://0.0.0.0:7474",
                username = 'neo4j',
                password = '123456')
    BulidData(graph, "triple.csv")
```

6. 运行结果

如图 12-12 所示，打开 Terminal 界面，在出现的命令行窗口中输入命令即可运行程序。

图 12-12　程序运行

代码正式开始运行，等待程序运行完成。进入 Neo4j 数据库，在指令输入栏中输入：

MATCH (n:Person) RETURN n LIMIT 300

便会显示 300 个节点间的关系图（见图 12-13）。

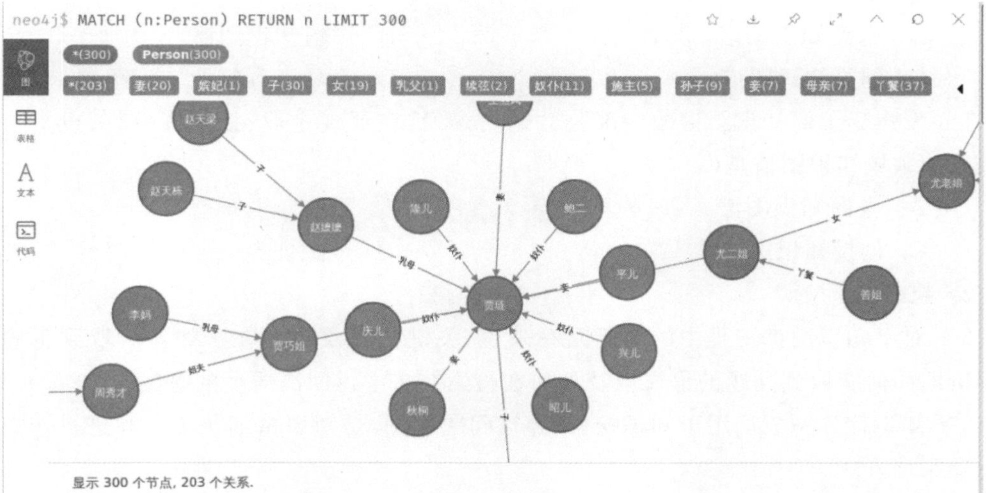

图 12-13　运行结果

12.4.4 实验总结

在本实验中,通过 Neo4j 图数据库对《红楼梦》的人物关系进行了一个梳理。通过这样一张关系图,我们能够对《红楼梦》中的人物关系拥有一个较为清晰的了解。最终得到的显式图由于指令限制,其中会出现很多单一的节点,出现这种单一节点的原因是与它们有联系的节点并没有出现在这张图中。如果你想查找某个人物的详细关系图,可以自行去网上检索相关指令,进行匹配操作。

课后习题

1. 选择题

1-1 （   ）是指从不同来源、不同数据中进行知识提取,形成知识并存入知识图谱的过程。

    A. 知识融合   B. 知识存储   C. 知识抽取   D. 知识计算

1-2 （   ）是指为针对构建完成的知识图谱设计底层存储方式,完成各类知识的存储,包括基本属性知识、关联知识、事件知识、时序知识、资源类知识等。

    A. 知识融合   B. 知识存储   C. 知识抽取   D. 知识应用

1-3 在构建知识图谱的过程中,数据的来源有 3 种,其中不包括（   ）。

    A. 结构化的数据   B. 半结构化数据

    C. 非结构化数据   D. 三元组 RDF

1-4 （   ）是指将知识图谱特有的属性以及实体之间的关系和结构特点应用到领域数据的业务场景之中,推动业务不断升级。

    A. 知识融合   B. 知识存储   C. 知识抽取   D. 知识应用

1-5 可以提供知识搜索、知识标引、决策支持等形态的知识应用,服务于行业内的从业人员、科研机构及行业决策者的领域知识图谱是（   ）。

    A. 电商知识图谱   B. 图情知识图谱

    C. 创投知识图谱   D. 金融证券行业知识图谱

1-6 聚焦于工商知识图谱的一部分数据内容,旨在展现企业、投融资事件、投资机构之间关系的领域知识图谱是（   ）。

    A. 电商知识图谱   B. 图情知识图谱

    C. 创投知识图谱   D. 金融证券行业知识图谱

2. 判断题

2-1 对于知识图谱工程中的智能问答来说,关键技术及难点在于如何获取到正确的语义解析即如何获取到问题的语义以及如何在检索结果中返回高质量的答案。（   ）

2-2 知识计算一般运用于知识挖掘、异构问题检测,是知识精细化工作和进行知识决策的主要实现方式。（   ）

2-3 金融知识图谱的建立可以分为以下 3 个部分:从海量异构非结构化数据中辨别金

融实体、定义并挖掘金融实体之间的各种关系生成知识图谱、定义并表达业务逻辑。（ ）

3. 简答题

3-1 简述领域知识图谱构建的一般流程。

3-2 什么是知识图谱工程？

3-3 知识图谱在目前的生活中有哪些应用场景？

参 考 文 献

[1] 刘峤,李杨,段宏,等.知识图谱构建技术综述[J].计算机研究与发展,2016,53(3):582-600.

[2] 谭荧,张进,夏立新.语义网络发展历程与现状研究[J].图书情报知识,2019(6):102-110.

[3] 黄恒琪,于娟,廖晓,等.知识图谱研究综述[J].计算机系统应用,2019,28(6):1-12.

[4] 徐增林,盛泳潘,贺丽荣,等.知识图谱技术综述[J].电子科技大学学报,2016,45(4):589-606.

[5] 龚立群,高琳.RDF 查询语言的比较研究[J].计算机时代,2007,3.

[6] 王继新.加强知识科学研究 促进知识工程发展[J].科技进步与对策,2006,23(1):147-149.

[7] 魏斌.符号主义与联结主义人工智能的融合路径分析[J].自然辩证法研究,2022,38(2).

[8] 王军平,张文生,王勇飞,等.面向大数据领域的事理认知图谱构建与推断分析[J].中国科学:信息科学,2020,50(7):988-1002.

[9] 肖仰华.知识图谱与认知智能 [J].张江科技评论,2019(4):4.

[10] 冯耀功,于剑,桑基韬,等.基于知识的零样本视觉识别综述[J].软件学报,2020,32(2):370-405.

[11] 常亮,张伟涛,古天龙,等.知识图谱的推荐系统综述[J].智能系统学报,2019,14(2):207-216.

[12] BENGIO Y,DUCHARME R,VINCENT P. A neural probabilistic language model[J]. Advances in Neural Information Processing Systems,2000,13.

[13] BORDES A,USUNIER N,GARCIA-DURAN A,et al. Translating embeddings for modeling multi-relational data[J]. Advances in Neural Information Processing Systems,2013,26.

[14] 季培培,鄢小燕,岑咏华.面向领域中文文本信息处理的术语识别与抽取研究综述[J].图书情报工作,2010,54(16):124.

[15] 王鑫,邹磊,王朝坤,等.知识图谱数据管理研究综述[J].软件学报,2019,30(7):36.

[16] 张晓林.Semantic Web 与基于语义的网络信息检索[J].情报学报,2002,021:4.

[17] 吴刚,杨梦冬. RDF 数据的并行处理及性能评价 [J]. Journal of Computer Research and Development,2009,4(6):22-28.

[18] 何炎祥,罗楚威,胡彬尧.基于 CRF 和规则相结合的地理命名实体识别方法[J].计算机应用与软件,2015,32(1):179-185.

[19] 孙飞,郭嘉丰,兰艳艳,等.分布式单词表示综述[J].计算机学报,2019,7.

[20] RONG X. Word2vec parameter learning explained[J]. arXiv preprint arXiv:14112738,2014.

[21] 邵天阳,肖卫东,赵翔.噪声知识图谱表示学习:一种规则增强的方法[J].计算机科学与探索,2023,17(12):2999-3009.

[22] WANG Z,ZHANG J,FENG J,et al. Knowledge graph embedding by translating on hyperplanes[C]. Proceedings of the AAAI Conference on Artificial Intelligence,2014.

[23] LIN Y,LIU Z,SUN M,et al. Learning entity and relation embeddings for knowledge graph completion[C]. Proceedings of the AAAI Conference on Artificial Intelligence,2015.

[24] JI G,HE S,XU L,et al. Knowledge graph embedding via dynamic mapping matrix[C]. Proceedings of the 53rd Annual Meeting of the Association for Computational Linguistics and the 7th International Joint Conference on Natural Language Processing (volume 1:Long papers),2015:687-696.

[25] XIAO H,HUANG M,HAO Y,et al. TransA:An adaptive approach for knowledge graph embedding[J]. arXiv Preprint arXiv:150905490,2015.

[26] XIAO H,HUANG M,HAO Y,et al. TransG:A generative mixture model for knowledge graph embedding[J]. arXiv Preprint arXiv:150905488,2015.

[27] BLEI D M, NG A Y, JORDAN M I. Latent dirichlet allocation[J]. Journal of Machine Learning Research, 2003, 3(1): 993-1022.

[28] GU X, WANG Z, BI Z, et al. Ucphrase: Unsupervised context-aware quality phrase tagging[J]. arXiv Preprint arXiv: 210514078, 2021.

[29] JOACHIMS T. A Probabilistic Analysis of the Rocchio Algorithm with TFIDF for Text Categorization [R]: Carnegie-Mellon Univ Pittsburgh pa dept of Computer Science, 1996.

[30] 宋文杰, 顾彦慧, 周俊生, 等. 多策略同义词获取方法研究[J]. 北京大学学报: 自然科学版, 2015, 51(2): 301-306.

[31] 申德荣, 余恩运, 张旭, 等. SKM: 一种基于模式结构和已有匹配知识的模式匹配模型[J]. 软件学报, 2009, 20(2): 327-338.

[32] 吴云芳, 石静, 金澎. 基于图的同义词集自动获取方法[J]. 计算机研究与发展, 2011, 48(4): 610-616.

[33] LAFFERTY J, MCCALLUM A, PEREIRA F C. Conditional random fields: Probabilistic models for segmenting and labeling sequence data [C]//18th International Conference on Machine Learning, 2001.

[34] 焦妍, 王厚峰. 基于机器学习方法与搜索引擎验证的缩略语预测[J]. 中国计算语言学研究前沿进展(2009—2011), 2011.

[35] CHEN Y. Convolutional neural network for sentence classification [D]. University of Waterloo, 2015.

[36] ZAREMBA W, SUTSKEVER I, VINYALS O. Recurrent neural network regularization[J]. arXiv Preprint arXiv: 14092329, 2014.

[37] GRAVES A, GRAVES A. Long short-term memory[J]. Supervised Sequence Labelling with Recurrent Neural Networks, 2012: 37-45.

[38] ZHANG Y, YANG J. Chinese NER using lattice LSTM[J]. arXiv Preprint arXiv: 180502023, 2018.

[39] ALFONSECA E, MANANDHAR S. An unsupervised method for general named entity recognition and automated concept discovery[C]. Proceedings of the 1st International Conference on General WordNet, Mysore, India, 2002: 34-43.

[40] 鄂海红, 张文静, 肖思琪, 等. 深度学习实体关系抽取研究综述[J]. 软件学报, 2019, 30(6): 1793-1818.

[41] 王昊, 邓三鸿. HMM 和 CRFs 在信息抽取应用中的比较研究[J]. 现代图书情报技术, 2007, 2(12): 57-63.

[42] COLLINS M, SINGER Y. Unsupervised models for named entity classification[C]. Proceedings of 1999 Joint SIGDAT Conference on Empirical Methods in Natural Language Processing and Very Large Corpora, 1999.

[43] 邓依依, 邬昌兴, 魏永丰, 等. 基于深度学习的命名实体识别综述[J]. 中文信息学报, 2021, 35(9): 30-45.

[44] 李保利, 陈玉忠, 俞士汶. 信息抽取研究综述[J]. 计算机工程与应用, 2003, 39(10): 1-5.

[45] 陈少飞, 郝亚南, 李天柱, 等. Web 信息抽取技术研究进展[J]. 河北大学学报（自然科学版）, 2003, 23(1): 106.

[46] 刘剑, 许洪波, 易绵竹, 等. 面向知识级应用的多维语义本体构建[J]. 山东大学学报（理学版）, 2015, 50(09): 13-20.

[47] 刘方驰, 钟志农, 雷霖, 等. 基于机器学习的实体关系抽取方法 [D], 2013.

[48] BRIN S. Extracting patterns and relations from the world wide web[C]. Proceedings of The World Wide Web and Databases: International Workshop WebDB'98, Valencia, Spain, March 27-28, 1998 Selected Papers, 1999: 172-183.

[49] AGICHTEIN E,GRAVANO L. Extracting relations from large plain-text collections[J]. 1999.

[50] ETZIONI O,CAFARELLA M,DOWNEY D,et al. Web-scale information extraction in knowitall：(preliminary results)[C]. Proceedings of Proceedings of the 13th International Conference on World Wide Web,2004：100-10.

[51] 陈泽峰,赵占芳.基于深度神经网络和注意力机制的实体关系抽取方法研究[J].计算机科学与应用,2022,12(10)：2395-2404.

[52] 张智雄,吴振新,刘建华,等.当前知识抽取的主要技术方法解析[J].2008.

[53] YATES A,BANKO M,BROADHEAD M,et al. Textrunner：open information extraction on the web[C]. Proceedings of Proceedings of Human Language Technologies：The Annual Conference of the North American Chapter of the Association for Computational Linguistics（NAACL-HLT），2007：25-26.

[54] SCHMITZ M,SODERLAND S,BART R,et al. Open language learning for information extraction[C]. Proceedings of Proceedings of the 2012 Joint Conference on Empirical Methods in Natural Language Processing and Computational Natural Language Learning,2012：523-534.

[55] 胡瑞娟,周会娟,刘海砚,等.基于深度学习的篇章级事件抽取研究综述[J].计算机工程与应用,2022,58(24)：47-60.

[56] 王嘉庆,杨卫东,何亦征.关系数据库的实体间关系提取方法的研究[J].计算机应用与软件,2019,36(10)：10-6.

[57] 杜小勇,李曼,王珊.本体学习研究综述[J].软件学报,2006,17(009)：1837-1847.

[58] AUER S,BIZER C,KOBILAROV G,et al. Dbpedia：A nucleus for a web of open data[C]. Proceedings of The Semantic Web：6th International Semantic Web Conference,2nd Asian Semantic Web Conference,ISWC 2007＋ASWC 2007,Busan,Korea,November 11-15,2007 Proceedings,2007：722-735.

[59] NIU X,SUN X,WANG H,et al. Zhishi. me-weaving chinese linking open data[C]. Proceedings of The Semantic Web - ISWC 2011：10th International Semantic Web Conference,Bonn,Germany,October 23-27,2011,Proceedings,Part Ⅱ 10,2011：205-220.

[60] WANG Z,LI J,WANG Z,et al. XLore：A Large-scale English-Chinese Bilingual Knowledge Graph[C]. Proceedings of ISWC（Posters & Demos）,2013：121-124.

[61] XU B,XU Y,LIANG J,et al. CN-DBpedia：A never-ending Chinese knowledge extraction system[C]. Proceedings of Advances in Artificial Intelligence：From Theory to Practice：30th International Conference on Industrial Engineering and Other Applications of Applied Intelligent Systems,IEA/AIE 2017,Arras,France,June 27-30,2017,Proceedings,Part Ⅱ,2017：428-438.

[62] 王志华,魏斌,李占波,等.基于本体的 Web 信息抽取系统[J].计算机工程与设计,2012,33(7)：2634-2639.

[63] 张昱,付雄.含 XPath 的表达式的解析与应用[J].小型微型计算机系统,2004,25(3)：442-446.

[64] 韩家炜,裴健,范明,等.数据挖掘：概念与技术[M].北京：机械工业出版社,2012.

[65] 王瑞,李弼程,杜文倩.基于上下文词向量和主题模型的实体消歧方法[J].中文信息学报,2019,33(11)：46-56.

[66] 高艳红,李爱萍,段利国.面向实体链接的多特征图模型实体消歧方法[J].计算机应用研究,2017,34(10)：2909-2914.

[67] 怀宝兴,宝腾飞,祝恒书,等.一种基于概率主题模型的命名实体链接方法[J].软件学报,2014,25(9)：2076-2087.

[68] 戴望州,周志华.归纳逻辑程序设计综述[J].计算机研究与发展,2019,56(1)：138-154.

[69] 林泽斐,欧石燕.融合结构与文本特征的知识图谱关系预测方法研究[J].图书情报工作,2020,64(21)：99.

[70] 王汀,冀付军,徐天晟.一种面向中文网络百科非结构化信息的知识获取方法[J].图书情报工作, 2016,60(13):126.

[71] SINGH S,SIWACH M. Handling heterogeneous data in knowledge graphs:A survey[J]. Journal of Web Engineering,2022:1145-1186.

[72] 李娜,金冈增,周晓旭,等.异构网络中实体匹配算法综述[J].华东师范大学学报（自然科学版）, 2018,5:41-55.

[73] 马良荔,孙煜飞,柳青.语义 Web 中的本体匹配研究[J].计算机应用研究,2017,34(5):1287-1292.

[74] 于娟,党延忠.本体集成研究综述[J].计算机科学,2008,35(7):9-13.

[75] 吕刚,郑诚,胡春玲.基于概念分类的多本体映射方法研究[J].计算机应用研究,2011,28(9): 3335-7.

[76] 官赛萍,靳小龙,贾岩涛,等.面向知识图谱的知识推理研究进展[J].软件学报,2018,29(10): 2966-94.

[77] 张少华,张应中.OWL 本体知识库的面向对象表示[J].软件工程与应用,2018,7:132-141.

[78] 葛悦光,张少林,蔡莹皓,等.本体知识表示方法在机器人领域的应用研究综述[J].智能科学与技术 学报,2022,4(2):212-222.

[79] 侯中妮,靳小龙,陈剑赟,等.知识图谱可解释推理研究综述[J].软件学报,2021,33(12): 4644-4667.

[80] 夏毅,兰明敬,陈晓慧,等.可解释的知识图谱推理方法综述[J].网络与信息安全学报,2022,8(5): 1-25.

[81] 吴运兵,朱丹红,廖祥文,等.路径张量分解的知识图谱推理算法[J].模式识别与人工智能,2017,30 (5):473-480.

[82] 杜方,陈跃国,杜小勇.RDF 数据查询处理技术综述[J].软件学报,2013,6.

[83] 章登义,吴文李,欧阳黜霏.基于语义度量的 RDF 图近似查询[J].电子学报,2015,43(7):1320.

[84] 李盼,张霄雁,孟祥福,等.空间关键词个性化语义近似查询方法[J].智能系统学报,2020,15(6): 1163-1174.

[85] 邱涛,王屿涵,邓国鹏,等.面向图数据的结构化正则路径查询方法[J].计算机应用研究,2023,40 (10):3022-3027.

[86] 韩卫国,彭伟,唐晋韬.基于路标的最短路径长度快速估计算法[J].重庆理工大学学报:自然科学, 2013,27(7):96-102.

[87] SUN Y,HAN J,YAN X,et al. Pathsim:Meta path-based top-k similarity search in heterogeneous information networks[J]. Proceedings of the VLDB Endowment,2011,4(11):992-1003.

[88] HOU U L,YAO K,MAK H F. PathSimExt:revisiting PathSim in heterogeneous information networks[C]. Proceedings of Web-Age Information Management:15th International Conference, WAIM 2014,Macau,China,June 16-18,2014 Proceedings 15,2014:38-42.

[89] 李宪越.关于一些网络最优化问题的近似算法的研究[D].兰州:兰州大学,2009.

[90] 张玲玉,尹鸿峰.基于 OAN 的知识图谱查询研究[J].软件,2018,39(1):54-59.

[91] 张玲玉.基于本体和邻居信息的知识图谱查询算法研究 [D].北京:北京交通大学,2018.

[92] 孙光浩,刘丹青,李梦云.个性化推荐算法综述[J].软件,2017,38(7):70-78.

[93] 朱扬勇,孙婧.推荐系统研究进展[J].计算机科学与探索,2015,9(5):513-525.

[94] 周万珍,曹迪,许云峰,等.推荐系统研究综述[J].河北科技大学学报,2020,41(1):76-87.

[95] 林怿星,唐华.基于异构信息网络的混合推荐模型[J].计算机应用,2021,41(5):1348.

[96] 阳德青,夏西,叶琳,等.知识驱动的推荐系统:现状与展望[J].信息安全学报,2021,6(5):35-51.

[97] 刘语晗.基于知识图谱的可解释推荐算法研究 [D].北京:北京邮电大学,2021.

[98] 曹书林,史佳欣,侯磊,等.知识库问答研究进展与展望[J].计算机学报,2023,46(3).

[99] FAN Y,TANG Y,CHEN J,et al. Challenges and advances in generative information retrieval[C]//

Proceedings of Proceedings of the 22nd Chinese National Conference on Computational Linguistics (Volume 2：Frontier Forum)，2023：57-66.

[100] 赵芸,刘德喜,万常选,等.检索式自动问答研究综述[J].计算机学报,2021,44(6)：1214-1232.

[101] 陈子睿,王鑫,王林,等.开放领域知识图谱问答研究综述[J].计算机科学与探索,2021,15(10)：1843.

[102] 刘喜平,舒晴,何佳壕,等.基于自然语言的数据库查询生成研究综述[J].软件学报,2021,33(11)：4107-4136.

[103] 邵明锐,马登豪,陈跃国,等.基于社区问答数据迁移学习的FAQ问答模型研究[J].华东师范大学学报（自然科学版）,2019,5：74-84.

[104] 张克亮,李芊芊.基于本体的语义相似度计算研究[J].郑州大学学报（理学版）,2019,51(2)：52-59.

[105] AHN D,JIJKOUN V,MISHNE G,et al. Using Wikipedia at the TREC QA track[C]. Proceedings of TREC,2004.

[106] AGICHTEIN E,CARMEL D,PELLEG D,et al. Overview of the TREC 2015 LiveQA track[C]. Proceedings of TREC,2015.

[107] USBECK R,NGOMO A-C N,HAARMANN B,et al. 7th open challenge on question answering over linked data （QALD-7）[C]. Proceedings of Semantic Web Challenges：4th SemWebEval Challenge at ESWC 2017,Portoroz,Slovenia,May 28-June 1,2017,Revised Selected Papers,2017：59-69.

[108] RAJPURKAR P,JIA R,LIANG P. Know what you don't know：Unanswerable questions for SQuAD[J]. arXiv Preprint arXiv:180603822,2018.

[109] ROSENTHAL S,FARRA N,NAKOV P. SemEval-2017 task 4：Sentiment analysis in Twitter[J]. arXiv Preprint arXiv:191200741,2019.

[110] 赵晔辉,柳林,王海龙,等.知识图谱推荐系统研究综述[J].计算机科学与探索,2023,17(4)：771.